高等院校高等数学规划教材

文科高等数学

程东旭　冯　琪　主　编

郑玉晖　李燕楠　李旭红　陈媛媛　副主编

Wenke
Gaodeng Shuxue Yinlun

·广州·

图书在版编目(CIP)数据

文科高等数学引论/程东旭，冯琪主编；郑玉晖，李燕楠，李旭红，陈媛媛副主编.—广州：中山大学出版社，2018.7

ISBN 978-7-306-06353-3

Ⅰ.①文…　Ⅱ.①程…②冯…③郑…④李…⑤李…⑥陈…　Ⅲ.①高等数学—高等学校—教材　Ⅳ.①O13

中国版本图书馆 CIP 数据核字(2018)第 104252 号

出 版 人：王天琪
策划编辑：李　文
责任编辑：李　文
封面设计：曾　斌
责任校对：梁嘉璐　付　辉
责任技编：何雅涛
出版发行：中山大学出版社
电　　话：编辑部 020-84111996，84113349，84111997，84110779
　　　　　发行部 020-84111998，84111981，84111160
地　　址：广州市新港西路 135 号
邮　　编：510275　　　　传　　真：020-84036565
网　　址：http://www.zsup.com.cn　　E-mail：zdcbs@mail.sysu.edu.cn
印 刷 者：湛江日报社印刷厂
规　　格：787mm×1092mm　1/16　16.75 印张　432 千字
版次印次：2018 年 7 月第 1 版　2018 年 7 月第 1 次印刷
定　　价：50.00 元

前　言

大学文科开设高等数学课程的目的是为了让学生摆脱应试教育的束缚，真正认识到数学不仅是一种重要的“工具”或“方法”，同时也是一种思维模式，即数学方式的理性思维（包括抽象思维、逻辑论证思维等）。因此，数学不仅是一门科学，也是一种文化，即数学文化；数学不仅是一类知识的集合，更重要的是它体现了一种基本素质，即数学素质。

包括史、哲、政、法、外语、艺术等的所谓“文科”，由于涉及到的专业众多，对数学的要求各不一样，不同的专业教学计划中“文科高等数学”课程的课时也有多有少，差别很大。由于受应试教育及思想观念等多种原因的影响，我国大学文科学生的数学基础普遍比较薄弱。另外，我国大学的文科高等数学教育起步较晚，各高等院校在大学文科高等数学教学还处于起步探索阶段，多年来一直在努力探寻适合文科类学生的特点和专业要求的教学内容、教学模式和教学方法。

为了充分调动大学文科学生学习数学的兴趣和积极性，我们对大学文科高等数学教学内容进行改革，在传授数学知识的同时，引入大量的扩展阅读资料，通过介绍数学家的故事、数学典故、数学方法以及名家谈数学等内容，有机地渗透和融入了辩证唯物主义、历史唯物主义、爱国主义等数学的人文精神，体现了数学的艺术和内涵，融会基本的数学思想方法和数学文化。

我们在多年教学实践和教学经验的基础上，编写了这本适合大学文科学生使用的高等数学教材。本教材主要涵盖数学史简介，函数、极限与连续性，导数与微分，积分，多元函数微积分，微分方程，线性代数导论和概率论与数理统计初步等八章内容，各章配有少量习题。

本书由程东旭、冯琪任主编，郑玉晖、李燕楠、李旭红、陈媛媛任副主编，王虹教授对全书进行了审阅。

本书的出版得到了“河南省高等学校青年骨干教师培养计划（NO. 2015GGJS－193）项目”的资助，在此表示诚挚的感谢！

限于编者水平有限，编写时间比较仓促，错误不妥之处在所难免，希望广大读者提出批评和指正。

编者

2018 年 4 月

目　录

第 1 章　数学史简介

数学史的研究对象是数学概念、方法和数学思想的起源与发展，及其与社会、经济和一般文化之间的关系.

若要全面地了解数学科学，首先得了解数学史. 世界上凡是有真知灼见的数学家在这方面都有真切的体会. 德国数学家外尔（H. Weyl, 1885—1955 年）指出:“除了天文学以外，数学是所有学科中最古老的一门科学. 如果不去追溯自古希腊以来各个时代所发现与发展起来的概念、方法和结果，我们就不能理解前 50 年数学的目标，也不能理解它的成就.”法国数学家庞加莱说:“若想预见数学的将来，正确的方法是研究它的历史和现状.”英国科学史家丹皮尔说:“再没有什么故事能比科学思想发展的故事更有魅力了.”事实上，数学史不仅仅具有魅力，而且它对于深刻认识数学科学本身以及全面了解整个人类文明的发展都具有重要的意义.

1.1　世界数学史简介

由于数学的发展是一个错综复杂的知识过程与社会过程，如果采用单一的线索将数学史进行分期难免会有所偏颇，因此，本节将综合考虑，将数学史分为如下几个时期：

(1) 数学的起源与早期发展（公元前 6 世纪前）.

(2) 初等数学时期（公元前 6 世纪—16 世纪）.

1) 古代希腊数学（公元前 6 世纪—6 世纪）.

2) 中世纪东西方数学（3 世纪—15 世纪）.

3) 欧洲文艺复兴时期（15 世纪—16 世纪）.

(3) 近代数学时期，也称变量数学时期（17 世纪—18 世纪）.

(4) 现代数学时期（1820 年—至今）.

下面我们将分时期分阶段具体说明，对于其间出现的三次数学危机将在本节最后单独列出. 本节中为了叙述的连贯性，凡是牵涉到中国数学史的部分我们都放到第二节中国数学史简介中一并讲述.

1.1.1　数学的起源与早期发展

1.1.1.1　数与形概念的产生

从原始的"数"到抽象的"数"概念的形成，是一个缓慢、渐进的过程. 人从生产活动中认识到了具体的数，从而产生了记数法.

以下是后来世界上出现的几种古老文明的早期计数系统：古埃及的象形数字（出现于公元前 3400 年左右），巴比伦楔形数字（出现于公元前 2400 年左右），中国甲骨文数字（出现于公元前 1600 年左右），希腊阿提卡数字（出现于公元前 500 年左右），中国筹算数码（出现于公元前 500 年左右），印度婆罗门数字（出现于公元前 300 年左右）. 其中除了巴比伦楔形数字采用六十进制、玛雅数字采用二十进制外，其余均采用十进制. 世界上不同年代出现了五花八门的进位制和眼花缭乱的记数符号体系，足以证明数学起源的多元性和数学符号的多样性.

1.1.1.2　河谷文明与早期数学

"河谷文明"通常指的是兴起于埃及、美索不达米亚、中国和印度等地的古代文明. 早期数学就是在尼罗河、幼发拉底河与底格里斯河、黄河与长江、印度河与恒河等河谷地带首先发展起来的. 为方便起见，印度数学史部分将放到后文"中世纪东西方数学"中一并讲述.

1. 古埃及数学

现今对古埃及数学的认识，主要是依据两卷用僧侣文写成的纸草书：一卷藏在伦敦，叫作莱因德纸草书；一卷藏在莫斯科，叫作莫斯科纸草书. 这两部纸草书实际上都是各种类型的数学问题集，这些问题大部分来源于现实生活. 这两部纸草书可以说是古埃及最重要的传世数学文献.

单位分数的广泛使用成为埃及数学一个重要而有趣的特色，埃及人将所有的真分数都表示为一些单位分数的和. 在莱因德纸草书中用了很大的篇幅来记载 $2/n$（n 从 5 到 101）型的分数分解成单位分数的结果. 埃及人对单位分数情有独钟的原因尚不清楚，但无论如何，利用单位分数，分数的四则运算就能进行，尽管做起来比较麻烦. 埃及人最基本的算术运算是加法，乘法运算可以通过逐次加倍来实现. 在莱因德纸草书中显示了埃及人在此方面熟练的计算技巧.

埃及地处尼罗河两岸，由于尼罗河定期泛滥，淹没全部谷地，水退后，要重新丈量居民的耕地面积，因此，多年积累起来的测地知识便逐渐发展成为几何学. 可以说，埃及的几何学是尼罗河的赠礼. 现存的纸草书中可以找到求解正方形、矩形、等腰梯形等图形面积的正确公式. 此外，埃及人对圆面积也给出了很好的诠释，在体积计算中也达到了很高的水平.

总之，古代埃及人积累了一定的实践经验，但是在一些计算中对于精确计算和近似计算不作区分使得埃及的这种实用几何带有粗糙的色彩，这都阻碍了埃及数学向更高层次发展. 到公元前 4 世纪希腊人征服埃及以后，这一古老的数学完全被蒸蒸日上的希腊数学所取代.

2. 美索不达米亚数学

西亚美索不达米亚地区（即底格里斯河与幼发拉底河流域）是人类早期文明发祥地之一. 一般称公元前 19 世纪至公元前 6 世纪间该地区的文化为巴比伦文化，相应的数学称为巴比伦数学. 对巴比伦数学的了解，依据是 19 世纪初考古发掘出来的楔形文字泥板，约有 300 块是纯数学内容的，其中约有 200 块是各种数表，包括乘法表、倒数表、平方和立方表等. 在公元前 1600 年的一块泥板上，记录了许多组毕达哥拉斯三元数组（即勾股数组）. 美索不达米亚数学在代数领域已经达到了相当的高度. 埃及代数主要讨论线性方程，对于二次方程仅涉及最简单的情形，而巴比伦人却能够有效地处理某些三次方程和可化为二次方程的四次方程.

总的来说，古代美索不达米亚数学和古代埃及数学一样，主要是解决各类具体问题的实用知识，处于原始算法的积累时期，几何学还不能称之为一门独立的学问. 向理论数学的过渡，大概是从公元前 6 世纪地中海沿岸开始，在那里迎来了初等数学的第一个黄金时代——以论证几何为主的希腊数学时代.

1.1.2　初等数学时期

1.1.2.1　古代希腊数学

希腊人从埃及和巴比伦人那里学习了代数和几何的原理，但是，埃及和巴比伦人的数学基本上是经验的总结，是零散的. 希腊人将这些零散的知识组成一个有序的、系统的整体并努力使数学更加深刻、抽象和理性化.

公元前 3 世纪，出现了欧几里得、阿基米德和阿波罗尼奥斯三位大数学家，他们的成就标志着古典希腊数学进入了巅峰时代，但是，终止于公元 6 世纪. 欧几里得是希腊论证几何学的集大成者，他所著的《几何原本》是数学史上一个伟大的里程碑. 这部著作一直流传至今，其影响远远超出了数学本身，对整个人类文明都产生了重大影响. 阿基米德的著述极为丰富，主要集中探讨了与面积和体积计算相关的问题，他对数学作出的最突出的贡献是积分方法的早期发展. 阿波罗尼奥斯的贡献涉及几何学和天文学，但是，最重要的数学成就是在前人的基础上创立了非常完美的圆锥曲线理论.

公元前 30 年到公元 6 世纪这段时期被称为希腊数学的“亚历山大后期”，这一时期的希腊数学的一个重要特征就是突破之前以几何学为中心的传统，使算数和代数成为独立的学科. 后来由于历史变迁，古希腊学术中心亚历山大城几经战火，使得古希腊数学至此落下帷幕.

1.1.2.2　中世纪东西方数学

古印度数学的最高成就是婆什迦罗的两部数学著作《算法本源》和《莉拉沃蒂》. 其中《算法本源》主要探讨了代数问题，《莉拉沃蒂》则从一个印度教信徒的祈祷开始展开，探讨的是算术问题.

印度数学始终保持着东方数学以计算为中心这一实用化的特点. 现代初等算术运算方法的发展，起始于印度，后被阿拉伯人采用，又传到欧洲，在那里，它们被改造成了现在的形式.

正如埃及人发明了几何学，阿拉伯人命名了代数学并且远比希腊人和印度人的著作更接近于近代初等代数. 阿拉伯人对于三角学理论最突出的贡献是利用二次插值法制定了正弦、正切函数表，并证明了一些我们现在熟知的三角公式，如正弦公式、和差化积公式等.

中世纪的欧洲数学经历了黑暗时期和科学复苏时期. 中世纪基督教日益封建化并且战火连绵，使黑暗时代的欧洲在数学领域毫无成就. 欧洲黑暗时期过后第一位有影响力的数学家是斐波那契（意大利，1170—1250 年），代表作是《算盘书》，对改变欧洲数学的面貌产生了很大的影响. 科学在欧洲的复苏，加速了欧洲手工业、商业的发展，最终引起了文艺复兴时期欧洲数学的高涨.

1.1.2.3　欧洲文艺复兴时期

欧洲人在数学上的推进是从代数学开始的，它是文艺复兴时期成果最突出、影响最深远的领域，拉开了近代数学的序幕，主要包括三、四次方程的求解与符号代数的引入这两个方面. 在 16 世纪，三角学从天文学中分离出来，成为了一个独立的数学分支. 欧洲第一部脱离天文学的三角学专著是雷格蒙塔努斯（德国，1436—1476 年）的《论各种三角形》. 文艺复兴时期绘画艺术的盛行产生了透视学，从而诞生了射影几何学. 由于天文和航海计算的需要，欧洲人把实用的算术计算放在数学的首位，计算技术最大的改进是对数的发明与应用. 到 16 世纪末、17 世纪初，整个初等数学的主要内容已基本定型，文艺复兴促进了东西方数学的融合，为近代数学的兴起及发展奠定了基础.

1.1.3　近代数学时期

近代数学本质上可以说是变量数学. 它产生于 17 世纪，大体上经历了两个决定性的重大步骤：第一步是解析几何的产生；第二步是微积分的创立.

变量数学建立的第一个决定性步骤出现在 1637 年法国数学家笛卡儿的著作《几何学》，这本书奠定了解析几何的基础. 解析几何将变量引进了数学，为微积分的创立奠定了基础.

变量数学发展的第二个决定性步骤是英国科学家牛顿和德国学者莱布尼茨在 17 世纪后半叶建立了微积分. 他们使微积分成为能普遍适用的算法，同时又将面积、体积等问题归结为微分运算. 随着微积分的发展，一系列新的数学分支在 18 世纪成长起来，如常微分方程、偏微分方程、变分法、微分几何和概率论等.

1.1.4　现代数学时期

现代数学发展的特征是它的主要分支——几何学、代数和分析发生了深刻的变化．几何学研究的空间变为无限多，而现实世界的某些形式成为几何学的研究对象，因而出现了高维欧几里得空间、射影空间、拓扑空间等等．现代代数不仅仅研究数及一般性质的量，还研究向量及其不同种类的移动的运算．代数运算范围已扩大到其运算对象既不是数，也不是量．代数的现代方法的应用逐步渗透到分析、物理、结晶学等学科中，同时它也在发展中得到更广泛的应用，如代数方程和微分方程．现代分析的形成深受集合论的影响，实变函数论、泛函分析等新的数学分支得到了很大发展．以哲学历史和逻辑原理为基础的数理逻辑正在科学和技术中得到应用．

以上是世界数学的一个大致发展历程，从中可以看出，数学在人类社会的发展中起的作用是巨大的，可以说数学是人类科学中最基础的学科．但在数学的发展史中，并不是那么一帆风顺的，下面将简要叙述一下历史上的三次数学危机．

第一次数学危机发生在公元前 5 世纪的古希腊，由于不可通约量的发现导致了毕达哥拉斯悖论．当时的毕达哥拉斯学派重视自然及社会中不变因素的研究，他们认为：宇宙间一切事物都可归结为整数或整数之比．毕达哥拉斯学派的一项重大贡献是证明了勾股定理，但由此也发现了一些直角三角形的斜边不能表示成整数或整数之比（不可通约）的情形，如直角边长均为 1 的直角三角形就是如此．这一悖论直接触犯了毕氏学派的根本信条，导致了当时认识上的“危机”，从而产生了第一次数学危机．

第二次数学危机发生在 17 世纪．对于无穷小量究竟是不是零这一问题，数学界出现了混乱的局面，即第二次数学危机．微积分的主要创始人牛顿在一些典型的推导过程中，第一步用了无穷小量作分母进行除法，当然无穷小量不能为零；第二步牛顿又把无穷小量看作零，去掉那些包含它的项，从而得到所要的公式．由力学和几何学的应用证明了这些公式是正确的，但它的数学推导过程却在逻辑上自相矛盾，焦点是：无穷小量是零还是非零？如果是零，怎么能用它做除数？如果不是零，又怎么能把包含着无穷小量的那些项去掉呢？直到 19 世纪，法国数学家柯西详细而又系统地发展了极限理论，他认为无穷小量应该是要怎样小就怎样小的量，因此本质上它是变量，而且是以零为极限的量，至此柯西澄清了前人的无穷小的概念，而且把无穷小量从形而上学的束缚中解放出来，第二次数学危机基本得到了解决．

第三次数学危机出现在 19 世纪末，它是在康托的一般集合理论的边缘发现悖论造成的．1897 年，福尔蒂揭示了集合论中的第一个悖论．两年后，德国数学家康托发现了与此很相似的悖论．1902 年，英国数学家罗素又发现了一个悖论，它除了涉及集合概念本身外不涉及别的概念．罗素悖论曾被以多种形式通俗化．其中最著名的是罗素于 1919 年给出的，它涉及某村理发师的困境．理发师宣布了这样一条原则：他给所有不给自己刮脸的人刮脸，并且，只给村里这样的人刮脸．当人们试图回答下列疑问时，就认识到了这种情况的悖论性质：“理发师是否自己给自己刮脸？”如果他不给自己刮脸，那么他按原则就该为自己刮脸；如果他给自己刮脸，那么他就不符合他的原则. 罗素悖论动摇了整个数学的根基. 尽管悖论可以消除，矛盾可以解决，然而数学的确定性却在一步一步地丧失. 第三次危机表面上是解决了，但实质上是更深刻地以其他形式延续着.

这三次数学危机从某种意义上来说并不是什么坏事，我们应该用辩证的观点去看待它们. 实际上它们给数学发展带来了新的动力，推进了科学的进程.

1.2 中国数学史简介

数学在中国不仅历史悠久，而且也取得了辉煌的成就. 纵观整个中国数学发展历程，可将中国数学史分为以下几个阶段：①中国数学的起源与早期发展；②中国古代数学体系的形成与奠基；③中国古代数学的稳定发展；④中国古代数学发展的高峰；⑤中国古代数学的衰落与中西合璧；⑥近现代数学的引进与开拓.

1.2.1 中国数学的起源与早期发展

先秦典籍中有“隶首作数”“结绳记事”的记载，说明我们的先民在生产和生活的实践中，从判别事物的多寡中逐渐认识了数. 从有文字记载开始，我国的计数法就遵循十进制. 算筹是中国古代的计算工具，而这种计算方法称为筹算. 中国古代数学的光辉成就，大都得益于筹算的便利. 筹算为建立高效的加、减、乘、除等运算方法奠定了基础，直到15世纪元朝末才逐渐被珠算所取代. 这个时期的测量数学由于在生产上有着广泛应用，因此也有了很大的发展. 战国时期的百家争鸣也促进了数学的发展，一些学派还总结和概括出与数学有关的许多抽象概念与思想，如“圆：一中同长也”，“一尺之棰，日取其半，万世不竭”等. 几何概念的定义、极限思想和其他数学命题等，这些宝贵的数学思想对中国古代数学理论的发展是很有意义的.

1.2.2 中国古代数学体系的形成与奠基

这一时期包括从秦汉、魏晋到南北朝共400年间的数学发展历史.

在秦汉时期经济文化发展迅速，中国古代数学体系就是形成于这个时期，它的主要标志是算术作为一个专门学科而出现. 形成于西汉初年的竹简著作《算数书》，内容包括整数和分数四则运算、比例问题、面积和体积问题等，是目前所知道的中国传统数学最早的著作. 编纂于西汉末年的《周髀算经》，反映了中国古代数学与天文学的密切联系，但从数学上看，它的主要成就是分数运算，勾股定理及其在天文测量中的应用，其中关于勾股定理的论述最为突出. 成书于东汉初年的《九章算术》是从先秦至西汉中叶的长时期里经众多学者编纂修改而成的古代数学经典著作，它的出现标志着中国古代数学体系的形成. 它的成就是多方面的：在算数方面给出了世界上最早的系统分数理论；在代数方面，主要有线性方程组的解法，不定方程及其解、开平方、开立方、一元二次方程解法等；在几何方面，主要是提出了各种平面图形的面积和多面体体积的计算公式，给出了重要的“以盈补虚”的方法和勾股理论的应用. 就《九章算术》的特点来说，它注重应用，注重理论联系实际，形成了以筹算为中心的数学体系，在中国数学史和世界数学史上都影响深远.

1.2.3　中国古代数学的稳定发展

魏晋时期中国数学在理论上有了较大的发展，其中三国吴人赵爽和三国魏人刘徽的工作被认为是中国古代数学理论体系的开端. 赵爽是中国古代对数学定理和公式进行证明与推导的最早的数学家之一. 他在《周髀算经》中补充的“勾股圆方图及注”和“日高图及注”都是十分重要的数学文献. 在“勾股圆方图及注”中他用几何方法严格证明了勾股定理，体现了割补原理的思想. 在“日高图及注”中，他用图形面积证明了汉代普遍应用的重差公式. 刘徽注释了《九章算术》，他主张对一些数学名词特别是重要的数学概念给以严格的定义. 在《九章算术注》中，他不仅对原书的方法、公式和定理进行一般的解释和推导，而且在论述的过程中做了很大的改进. 例如，刘徽从“率”（后称为比）的定义出发论述了“分数运算”和“今有术”的道理，并推广“今有术”得到合比定理，他又根据率、线性方程组和正负数的定义阐明方程组解法中消元的道理；在卷1《方田》中创立“割圆术”(即用圆内接正多边形面积无限逼近圆面积的方法)，为圆周率的研究奠定理论基础并提供了科学的算法，他运用“割圆术”得出圆周率的近似值为3 927/1 250（即3.1416）；在《商功》章中，为解决球体积公式的问题而构造了“牟合方盖”的几何模型，为彻底解决球的体积寻找到了正确的途径.

南北朝时期的社会长期处于战争和分裂状态，但由于社会的需要，数学仍在发展，在此期间出现了《孙子算经》《夏侯阳算经》《张丘建算经》等算学著作. 公元5世纪，祖冲之、祖暅父子的工作在这一时期最具代表性，他们在刘徽的《九章算术注》的基础上，将传统数学大大向前推进了一步，成为重视数学思维和数学推理的典范. 他们的数学工作主要有下列几项：①祖冲之得到 $3.1415926<\pi<3.1415927$，后来又创造了新的方法，得到圆周率的两个分数值，即约率22/7和密率355/113. 他的这一工作，使中国在圆周率计算方面，比西方领先了1000年之久. ②祖暅总结了刘徽的有关工作，提出“幂势既同，则积不容异”，即二立体等高处截面积均相等则二体体积相等，这就是著名的祖暅公理. 祖暅应用这个公理和刘徽的“牟合方盖”模型，解决了刘徽尚未解决的球体积公式. ③发展了二次与三次方程的解法.

隋朝隋炀帝大兴土木，在客观上促进了数学的发展. 唐初王孝通的《缉古算经》，主要是通过土木工程中计算土方、工程的分工与验收以及仓库和地窖计算等实际问题，讨论如何以几何方式建立三次多项式方程，发展了《九章算术》中的《少广》《勾股》章中的开方理论. 由于南北朝时期的一些重大天文发现在隋唐之交开始落实到历法编算中，这使得唐代历法中出现了一些重要的数学成果. 公元600年，隋代刘焯在制订《皇极历》时，在世界上最早提出了等间距二次内插公式，唐代僧一行在其《大衍历》中将其发展为不等间距二次内插公式. 唐朝后期，计算技术有了进一步的改进和普及，它使乘除法可以在一个横列中进行运算，它既适用于筹算，也适用于珠算.

1.2.4 中国古代数学发展的高峰

公元960年，北宋王朝的建立结束了五代十国割据的局面. 北宋的农业、手工业和商业空前繁荣，科学技术突飞猛进，这些都为数学发展创造了良好的条件. 从11世纪—14世纪约300年期间，出现了一批著名的数学家和数学著作，下面列举部分研究成果.

1050年左右，北宋贾宪在《黄帝九章算法细草》中创造了开任意高次幂的“增乘开方法”，直到1819年英国人霍纳才得出同样的方法. 贾宪还列出了二项式定理系数表，比欧洲后来才出现的“巴斯加三角”早了600多年.

1088—1095年间，北宋沈括从“酒家积罂”数与“层坛”体积等生产实践问题提出了“隙积术”，开始对高阶等差级数的求和进行研究，并创立了正确的求和公式. 沈括还提出“会圆术”，得出了我国古代数学史上第一个求弧长的近似公式. 他还运用运筹思想分析和研究了后勤供粮与运兵进退的关系等问题.

1247年，南宋秦九韶在《数书九章》中推广了“增乘开方法”，叙述了高次方程的数值解法，他列举了20多个来自实践的高次方程的解法，最高为十次方程. 欧洲到16世纪意大利人菲尔洛才提出三次方程的解法. 秦九韶还系统地研究了一次同余式理论.

1303年，元代朱世杰在《四元玉鉴》中把“天元术”推广为“四元术”(四元高次联立方程)，并提出消元的解法，并对高阶等差数列求和公式进行了研究，在此基础上得出了高次差的内插公式. 朱世杰以他自己的杰出著作，把中国古代数学推向更高的境界，为中国古代数学增添了新的篇章，形成了宋代中国数学发展的最高峰.

总而言之，从北宋到元代中叶，我国数学有了一套严整的系统和完备的算法，是我国古代数学的全盛时期.

1.2.5 中国古代数学的衰落与中西合璧

明代最大的成就是珠算的普及. 程大位的《算法统宗》(1592年)的编成及广泛流传，标志着从筹算到珠算转变的完成. 从这时起，珠算就成了重要的计算工具，古代的筹算几乎被人遗忘以致失传了，数学逐渐陷入衰落之中.

16世纪末开始，西方传教士开始到中国活动，将与天文历算有关的西方初等数学知识传入中国，中国数学家在“西学中源”的思想支配下，数学研究出现了一个中西融会贯通的局面. 在徐光启主持下编译的《崇祯历书》，主要是介绍欧洲天文学家第谷的地心学说，作为这一学说的数学基础，希腊的几何学、欧洲的三角学以及纳皮尔算筹、伽利略比例规等计算工具也同时介绍进来. 在传入的数学中，影响最大的是《几何原本》.《几何原本》是现传的中国第一部数学翻译著作. 绝大部分数学名词都是首创，其中许多至今仍在沿用. 其次，应用最广的是三角学，介绍西方三角学的著作有邓玉函编译的《大测》2卷（1631年)、《割圆八线表》6卷和罗雅谷的《测量全义》10卷（1631年).

在学者中，梅文鼎是集中西数学之大成者. 他对传统数学中的线性方程组解法、勾股形解法和高次幂求正根方法等方面进行整理和研究，使濒于枯萎的明代数学出现了生机，在介绍西方数学中有校正、证明和补充．清代数学家对西方数学做了大量的会通工作，并取得了许多独创性的成果．

对于传统数学的整理与研究方面，在乾嘉年间逐渐形成一个以考据学为主的乾嘉学派，编成《四库全书》，先后收集到《算经十书》和宋元时期的数学著作．随着《算经十书》与宋元数学著作的收集与注释，出现了一个研究传统数学的高潮，其中成果突出的有焦循、汪莱、李锐、李善兰等．在传统数学研究出现高潮的同时，阮元与李锐等编写了一部天文学家和数学家的传记——《畴人传》(1795—1810 年)，开创了数学史研究之先河，在学术界颇有影响．

1.2.6　近现代数学的引进与开拓

中国近现代数学开始于清末民初的留学活动．较早出国学习数学的有 1910 年留美的胡明复和赵元任，1913 年留日的陈建功和留比利时的熊庆来(1915 年转留法)，1919 年留日的苏步青等人．他们中的多数回国后从事现代数学的教育和引进工作，成为著名数学家和数学教育家，为中国现代数学发展奠定了重要的基础．解放以前的数学研究集中在纯数学领域．在分析学方面，陈建功的三角级数论、熊庆来的亚纯函数与整函数论研究是代表作，另外还有泛函分析、变分法、微分方程与积分方程的成果；在数论与代数方面，华罗庚等人的解析数论、几何数论和代数数论以及近世代数研究取得令世人瞩目的成果；在概率论与数理统计方面，许宝騄在一元和多元分析方面得到许多基本定理和严密的证明；在几何与拓扑学方面，苏步青在微分几何学，江泽涵在代数拓扑学，陈省身在纤维丛理论和示性类理论等方面也做出了突出的成绩．此外，李俨和钱宝琮开创了中国数学史的研究，他们在古算史料的注释整理和考证分析方面做了许多奠基性的工作，使我国的民族文化遗产重放光彩．

中华人民共和国成立后的数学研究取得了长足的进步，除了在一些传统领域取得的新成绩外，还在一些数学分支中有所突破，在许多方面已经达到世界先进水平，同时还培养和成长起一大批优秀的数学家．

21 世纪，科技的进步、网络的发展、生产实际的需要都将向数学提出更多、更复杂的新课题，必将产生许多更深刻的数学思想和更强有力的数学方法，数学将会探索更高、更广、更深的领域，成为分析和理解世界上各种现象的重要工具和手段．

本章小结

世界数学史

(1) 数学的起源与早期发展(公元前6世纪前). 代表作: 纸草书.

(2) 初等数学时期(公元前6世纪—16世纪).

1) 古代希腊数学(公元前6世纪—6世纪). 代表人物: 欧几里得、阿基米德和阿波罗尼奥斯.

2) 中世纪东西方数学(3世纪—15世纪). 代表人物: 婆什迦罗、斐波那契.

3) 欧洲文艺复兴时期(15世纪—16世纪). 代表人物: 雷格蒙塔努斯.

(3) 近代数学时期 (17世纪—18世纪). 代表人物: 笛卡尔、牛顿、莱布尼茨.

(4) 现代数学时期(1820年—至今).

中国数学史

(1) 中国数学的起源与早期发展.

(2) 中国古代数学体系的形成与奠基. 代表作:《算数书》《周髀算经》《九章算术》.

(3) 中国古代数学的稳定发展. 代表人物: 赵爽、刘徽、祖冲之、祖暅.

(4) 中国古代数学发展的高峰. 代表人物: 贾宪、沈括、秦九韶、朱世杰.

(5) 中国古代数学的衰落与中西合璧. 代表人物: 梅文鼎、焦循、汪莱、李锐、李善兰.

(6) 近现代数学的引进与开拓. 代表人物: 陈建功、熊庆来、苏步青、华罗庚.

习题1

1. 有人说:"不了解数学史, 就不可能全面了解整个人类文明史."请谈谈你对此的认识.

2. 简述《几何原本》的作者、主要内容以及在数学发展史上的意义.

3. "一个违反万物皆数的理论, 葬身了一双发现的眼睛; 一次对真理苦苦的追寻, 造就了基础数学中最重要的课程; 一回回不断地完善理论系统, 奠定了数学的基石"指的是数学史上的哪三次重大事件? 请对这三次事件进行简单的描述.

4. 牛顿与莱布尼茨微积分思想的异同有哪些?

5. 不管是在世界数学史中, 或是在中国数学史中, 数学的发展总是伴随着数学思想方法的发展. 数学家在研究数学的过程中, 创造性地运用了许多数学思想方法. 试举三例并加以说明.

第2章　函数、极限与连续性

初等数学研究的基本上是不变的量，而高等数学则以变量为研究对象．变量与变量之间相互依赖的关系是函数关系，而研究函数的主要工具是极限，极限是变量变化的终极状态，它在微积分学中占有重要的地位．

2.1　数列与函数

数列是特殊的函数，而函数是高等数学中最重要的概念之一，函数关系在自然科学、经济学和管理学的研究中处处可见．

2.1.1　数列

定义1　若按照某一法则，对每一个 $n \in \mathbf{N}_+$，都对应着一个确定的实数 a_n，将这些 a_n 按其下标从小到大依次排列下去，则得到序列 a_1，a_2，a_3，…，a_n，…，该序列被称为数列$\{a_n\}$．数列中的每一个数叫作数列的项，a_n 被称为该数列的通项．

下面举几个有关数列的例子：

(1) 数列 $1, \frac{1}{\sqrt{2}}, \frac{1}{\sqrt{3}}, \frac{1}{\sqrt{4}}, \cdots$ 的通项为 $a_n = \frac{1}{\sqrt{n}}$；

(2) 数列 $-1, 1, -1, 1, \cdots$ 的通项为 $a_n = (-1)^n$；

(3) 数列 $2, 4, 8, 16, \cdots$ 的通项为 $a_n = 2^n$．

2.1.2　函数

2.1.2.1　函数与反函数的概念

定义2　设数集 $D \subset R$，若有一个对应法则 f，使得对 $\forall x \in D$，都有唯一的一个实数 y 与它相对应，则称 f 是定义在D上的函数，记做 $y = f(x)$，$x \in D$．其中 x 叫作自变量，y 叫作因变量．x 的取值范围D叫作函数的定义域，x 所对应的数 y 称为f在点 x 的函数值，常记作 $f(x)$．函数值 $f(x)$ 的全体所构成的集合称为函数的值域，记作 $f(D)$ 或 R_f，即 $R_f = f(D) = \{y \mid y = f(x), x \in D\}$．

【例2−1】　求函数 $y = \frac{1}{\lg(3x-2)}$ 的定义域．

解 要使函数有意义，必须$\begin{cases}3x-2>0\\3x-2\neq 1\end{cases}$，即$\begin{cases}x>\dfrac{2}{3}\\x\neq 1\end{cases}$，亦即 $x>\dfrac{2}{3}$ 且 $x\neq 1$.

故函数的定义域为$\left(\dfrac{2}{3},1\right)\cup(1,+\infty)$.

需要指出，对于求定义域有一定的原则，如果函数已经用解析式表出，则要使函数有意义，自变量只需满足运算要求的条件，如分式的分母不能为0，对数的真数要大于0等；但如果是实际问题，还要使变量有实际意义.

在两个变量的函数关系中，自变量和因变量的地位是相对的. 如果在函数 $y=f(x)$ 中，x 与 y 的取值是一一对应的，则可以把因变量 y 当作自变量，而把自变量 x 当作因变量，从而定义一个新的函数.

定义3 设函数 $y=f(x)$，$x\in D$. 如果对于值域 $f(D)$ 内的任一 y，在 D 内都有唯一的 x 与之相对应使 $f(x)=y$，则在 $f(D)$ 上确定了一个函数，这个函数为 $y=f(x)$ 的反函数，记作 $x=f^{-1}(y)$，$y\in f(D)$，相对应地原来的函数 $y=f(x)$ 被称为直接函数.

按照习惯，我们通常用 x 作为自变量的记号，y 作为因变量的记号，故把 $y=f(x)$ 的反函数 $x=f^{-1}(y)$ 记作 $y=f^{-1}(x)$.

对于函数与反函数我们再作以下几点说明：

(1) 若给定一个函数，则意味着其定义域是同时给定的. 今后若说函数 $y=f(x)$ 在 x_0 处有定义，指的是对于确定的 $x_0\in D$，通过对应法则 f，y 有唯一的实数值 y_0 与之相对应，也就是说 x_0 是函数 $y=f(x)$ 定义域内的一个点.

(2) 若两个函数相同，是指它们有相同的定义域和对应法则，这两个条件是缺一不可的. 如 $y=\lg x^2$ 与 $y=2\lg x$ 是两个不同的函数，因为二者的定义域不同. 但需要注意的是，两个相同的函数其对应法则的表达形式可能不同，如 $f(x)=|x|$，$x\in\mathbf{R}$ 与 $g(x)=\sqrt{x^2}$，$x\in\mathbf{R}$.

(3) 由函数与反函数的定义可知，函数 $y=f(x)$ 的定义域和值域分别是其反函数 $y=f^{-1}(x)$ 的值域和定义域.

(4) 单调函数存在反函数. 直接函数与其反函数的图象关于直线 $y=x$ 对称且具有相同的单调性. 证明可由读者自行给出.

【例2—2】 三角函数 $y=\sin x$ 在整个定义域内因其不具有单调性，所以没有反函数. 但若考察 $y=\sin x,x\in\left[-\dfrac{\pi}{2},\dfrac{\pi}{2}\right]$，则存在反函数，即 $y=\arcsin x$ 是正弦函数 $y=\sin x$ 在$\left[-\dfrac{\pi}{2},\dfrac{\pi}{2}\right]$上的反函数，其定义域为$[-1,1]$，值域是$\left[-\dfrac{\pi}{2},\dfrac{\pi}{2}\right]$，并在定义域上单调递增.

同理，$y=\arccos x$ 是余弦函数 $y=\cos x$ 在$[0,\pi]$上的反函数，其定义域为$[-1,1]$，值域是$[0,\pi]$，并在定义域上单调递减.

$y=\arctan x$ 是正切函数 $y=\tan x$ 在区间$\left(-\dfrac{\pi}{2},\dfrac{\pi}{2}\right)$内的反函数，其定义域为$(-\infty,+\infty)$，值域是$\left(-\dfrac{\pi}{2},\dfrac{\pi}{2}\right)$，并在定义域上单调递增.

$y = \operatorname{arccot}x$ 是余切函数 $y = \cot x$ 在区间 $(0, \pi)$ 内的反函数，其定义域为 $(-\infty, +\infty)$，值域是 $(0, \pi)$，并在定义域上单调递减.

【例 2—3】 求 $y = 2x - 3$ 的反函数.

解 由 $y = 2x - 3$ 可得 $x = \frac{1}{2}(y + 3)$，故 $y = 2x - 3$ 的反函数为

$$y = \frac{1}{2}(x + 3).$$

【例 2—4】 考察 $y = x^2$ 的反函数.

解 因在函数的整个定义域 $(-\infty, +\infty)$ 内 x 与 y 并非一一对应，$x = \pm\sqrt{y}$，所以函数 $y = x^2$ 没有反函数. 但若限制了 x 的取值范围，则

函数 $y = x^2 (0 < x < +\infty)$ 有反函数，其反函数为 $y = \sqrt{x}$；

函数 $y = x^2 (-\infty < x < 0)$ 有反函数，其反函数为 $y = -\sqrt{x}$.

2.1.2.2　函数表示法

由中学内容可知函数表示法通常有三种，即解析法、图象法和列表法，这里就不再详细讲述. 有些函数在自变量的不同变化范围中，对应法则用不同的式子来表示，这样的函数叫作分段函数. 需要指出，分段函数虽有几个式子，但它们合起来表示的是一个函数，而不是几个函数. 下面举几个分段函数的例子.

【例 2—5】 $y = \operatorname{sgn}x = \begin{cases} 1, & x > 0 \\ 0, & x = 0 \\ -1, & x < 0 \end{cases}$ 为符号函数，它的定义域是 $D = (-\infty, +\infty)$，值域 $R_f = \{-1, 0, 1\}$，其图象如图 2 - 1 所示.

【例 2—6】 $y = |x| = \begin{cases} x, & x \geqslant 0 \\ -x, & x < 0 \end{cases}$ 为绝对值函数. 它还可以表示为 $y = x\operatorname{sgn}x$，它的定义域是 $D = (-\infty, +\infty)$，值域 $R_f = [0, +\infty)$，其图象如图 2 - 2 所示.

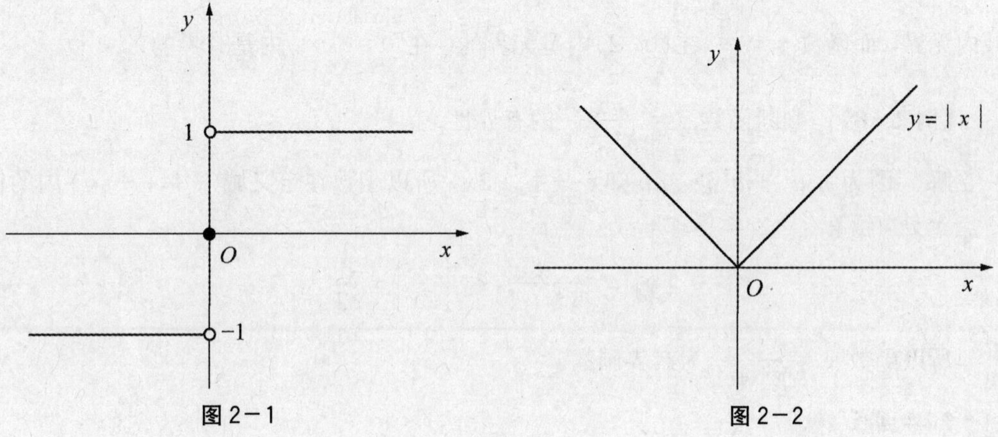

图 2—1　　　　图 2—2

【例 2-7】 设 x 为任一实数，不超过 x 的最大整数为 x 的整数部分，记作$[x]$. 例如$[-2.8]=-3$，$[\sqrt{3}]=1$，则 $y=[x]$ 这一函数被称作取整函数，定义域为 $D=(-\infty,+\infty)$，值域 $R_f=\mathbf{Z}$，其图象如图 2-3 所示.

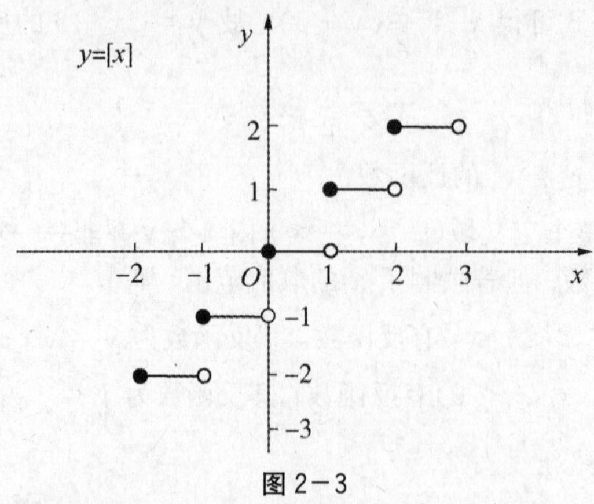

图 2-3

2.1.2.3 函数的几种属性

设函数 $y=f(x)$，$x\in D$ 且有区间 $I\subset D$.

1. 有界性

$\exists M>0$，对 $\forall x\in D$，均有 $|f(x)|\leqslant M$，则称函数 $f(x)$ 在 I 上是有界的. 显然，如果函数 $f(x)$ 有界，则其界不唯一. 从图象上看，函数的有界性指的是，该函数在所给的区间上的图象介于两条直线 $y=M$ 和 $y=-M$ 之间. 如果不存在这样的常数 M，则称函数在 I 上无界.

例如，余弦函数 $y=\cos x$ 在区间$(-\infty,+\infty)$上来说，$|\cos x|\leqslant 1$ 对于 $\forall x\in\mathbf{R}$ 恒成立，所以 1 是它的一个上界，-1 是它的一个下界，当然此处所有大于等于 1 的数均可作它的上界，所有小于等于 -1 的数均可作它的下界. 再如正切函数 $y=\tan x$ 在其定义域内无界，而函数 $y=\dfrac{1}{x}$ 在$(0,2)$内是无界的，在$[1,+\infty)$内是有界的.

【例 2-8】 判断函数 $y=\dfrac{x}{x^2+1}$ 的有界性.

解 因为由 $a^2+b^2\geqslant 2ab$ 知 $x^2+1\geqslant 2x$，所以函数在定义域$(-\infty,+\infty)$内的任一点 x 处，恒有

$$|y|=\left|\frac{x}{x^2+1}\right|\leqslant\left|\frac{x}{2x}\right|=\frac{1}{2},$$

所以函数 $y=\dfrac{x}{x^2+1}$ 为有界函数.

2. 单调性

对于 $\forall x_1,x_2\in I$，当 $x_1<x_2$ 时，若 $f(x_1)<f(x_2)$，则称 $f(x)$ 在区间 I 上是单调递增的，如图 2-4；若 $f(x_1)>f(x_2)$，则称 $f(x)$ 在区间 I 上是单调递减的，如

图2－5所示.

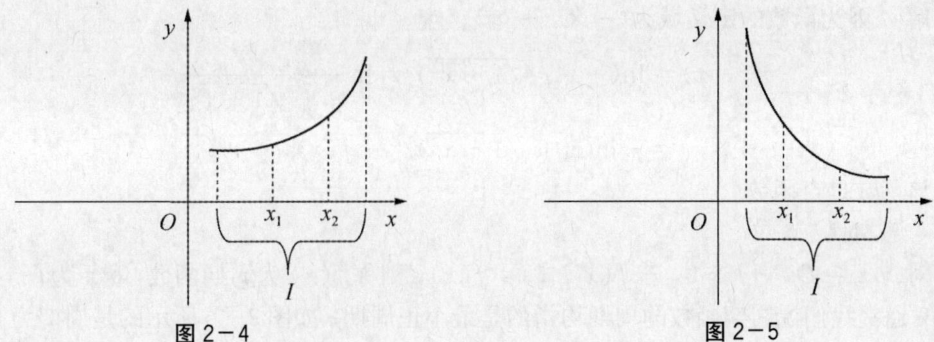

图2－4　　图2－5

将单调递增和单调递减的函数统称为单调函数. 单调递增函数的图象是沿 x 轴正向上升的，单调递减函数的图象是沿 x 轴正向下降的.

例如，$y=|x|$ 在 $(-\infty, 0)$ 内是单调递减的，在 $(0, +\infty)$ 内是单调递增的，但是在区间 $(-\infty, +\infty)$ 内不是单调的.

【例2－9】 考察函数 $y=x^3$ 的单调性.

解 在函数 $y=x^3$ 的定义域 $(-\infty, +\infty)$ 任取 x_1，x_2，且 $x_1<x_2$，相应的函数值为 y_1 与 y_2，由

$$y_2-y_1=x_2^3-x_1^3=(x_2-x_1)(x_2^2+x_1x_2+x_1^2)$$
$$=\frac{1}{2}(x_2-x_1)[(x_2+x_1)^2+x_2^2+x_1^2]$$

可知，当 $x_1<x_2$ 时，恒有 $y_1<y_2$，即函数 $y=x^3$ 在 $(-\infty, +\infty)$ 内单调递减，它是一个增函数.

【例2－10】 考察函数 $y=e^{-x}$ 的单调性.

解 取任意的 $x_1, x_2\in(-\infty, +\infty)$，且 $x_1<x_2$，由 $\frac{y_2}{y_1}=\frac{e^{-x_2}}{e^{-x_1}}=e^{x_1-x_2}$ 可知：

当 $x_1<x_2$ 时，恒有 $x_1-x_2<0$，$e^{x_1-x_2}<1$，即 $\frac{y_2}{y_1}<1$.

因为 $y_1>0$，$y_2>0$，所以 $y_1>y_2$，所以，函数 $y=e^{-x}$ 在 $(-\infty, +\infty)$ 内是一个减函数.

3. 奇偶性

对 $\forall x\in D$ 且有 $-x\in D$，若 $f(-x)=f(x)$，则称 $f(x)$ 为偶函数；若 $f(-x)=-f(x)$，则称 $f(x)$ 为奇函数. 从函数的图象上看，偶函数的图象关于 y 轴对称，奇函数的图象关于原点中心对称.

例如，余弦函数 $y=\cos x$ 是偶函数，正弦函数 $y=\sin x$ 是奇函数，但是 $y=\cos x+\sin x$ 既不是偶函数也不是奇函数. 因为若取 $x_0=-\frac{\pi}{4}$，则 $f(-x_0)=\sqrt{2}$，$f(x_0)=0$，显然既不成立 $f(-x_0)=f(x_0)$，也不成立 $f(-x_0)=-f(x_0)$.

【例 2—11】 判断函数 $f(x)=\ln(x+\sqrt{1+x^2})$ 的奇偶性.

解 因为函数的定义域为$(-\infty,+\infty)$，且

$$f(-x)=\ln(-x+\sqrt{1+x^2})=\ln\frac{1}{x+\sqrt{1+x^2}}$$

$$=-\ln(x+\sqrt{1+x^2})=-f(x),$$

所以该函数是奇函数.

4. 周期性

对 $\forall x\in D$，$\exists l>0$，若 $f(x\pm l)=f(x)$，则称 $f(x)$ 为周期函数，称 l 为 $f(x)$ 的周期，通常我们说周期函数的周期均指的是最小正周期. 如图 2-6 所示的是周期为 π 的一个周期函数.

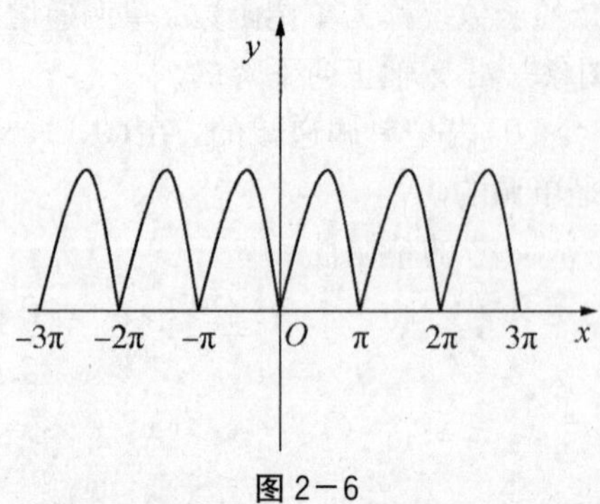

图 2—6

从图 2-6 中可以看出，在每个长度为 π 的区间上，函数具有相同的形状. 需要注意的是，周期函数不一定有最小正周期，例如，常量函数 $f(x)=c$ 是以任意正数为周期的周期函数，所以它没有最小正周期. 再如下面的狄利克雷函数.

【例 2—12】 狄利克雷函数 $y=f(x)=\begin{cases}1, & x\in Q\\ 0, & x\in \overline{Q}\end{cases}.$

易看出它是一个周期函数，但是由于任意的有理数 r 都是它的周期，所以它没有最小正周期.

需要指出的是，常见的三角函数 $y=\sin x$ 和 $y=\cos x$ 的周期都是 2π，$y=\tan x$ 和 $y=\cot x$ 的周期都是 π，而函数 $y=A\sin(Bx+C)+D$ 的周期是 $T=\frac{2\pi}{|B|}$.

2.1.2.4 复合函数

所谓复合函数，就是由两个或两个以上的函数组合成一个新的函数.

定义 4 设函数 $y=f(u)$ 的定义域为 D_1，函数 $u=g(x)$ 的定义域为 D 且 $g(D)\subset D_1$，则称 $y=f(g(x))$，$x\in D$ 为由函数 $u=g(x)$ 和 $y=f(u)$ 组成的复合函数，并称 f 为外函数，g 为内函数，u 为中间变量. 函数 f 和 g 的复合运算也可简记为 $f\cdot g$，即 $(f\cdot g)(x)=f(g(x))$.

例如，函数 $y=f(u)=\arcsin u$，$u=g(x)=1-x$ 可定义复合函数 $y=\arcsin(1-$

$x)$，$x \in D = [0, 2]$，但是函数 $y = f(u) = \arcsin u$ 与 $u = g(x) = 3 + x^2$ 不能构成复合函数，因为外函数的定义域 $D_1 = [-1, 1]$ 与内函数的值域 $[3, +\infty)$ 不相交. 也就是说，两个函数 f 与 g 构成复合函数的关键在于内函数的值域要包含在外函数的定义域中.

需要说明的是，复合函数也可由多个函数相继复合而成. 例如由三个函数 $y = \cos u$，$u = \sqrt{v}$，$v = 1 - x^2$ 相继复合得到复合函数 $y = \cos\sqrt{1 - x^2}$，$x \in [-1, 1]$.

利用复合函数的概念，可以对一个较复杂的函数适当地引入中间变量，把它看成是由几个简单函数复合而成，这样便于对函数进行讨论.

例如，函数 $y = \ln^2(\sin x)$ 可看成是由 $y = u^2$，$u = \ln v$，$v = \sin x$ 复合而成的.

2.1.2.5　初等函数

在中学数学中，我们已经熟知下列六类函数，将它们统称为基本初等函数：

常值函数：$y = c$（c 是常数）；

幂函数：$y = x^\alpha$（α 是实数）；

指数函数：$y = a^x$（$a > 0$ 且 $a \neq 1$）；

对数函数：$y = \log_a x$（$a > 0$ 且 $a \neq 1$）；

三角函数：$y = \sin x$（正弦函数），$y = \cos x$（余弦函数），
　　　　　$y = \tan x$（正切函数），$y = \cot x$（余切函数）；

反三角函数：$y = \arcsin x$（反正弦函数），$y = \arccos x$（反余弦函数），
　　　　　　$y = \arctan x$（反正切函数），$y = \operatorname{arccot} x$（反余切函数）.

定义 5　基本初等函数以及对基本初等函数作有限次四则混合运算与有限次函数复合运算而得到的能用一个式子表示的函数叫作初等函数，否则为非初等函数.

根据定义知，如 $A\cos(\omega t + \varphi_0)$，$\dfrac{2 + \sin x^2}{\arctan x}$ 等都是初等函数，而本节例 2 - 5 中的符号函数，例 2 - 7 中的取整函数以及例 2 - 12 中的狄利克雷函数都是非初等函数. 需要注意的是，例 2 - 6 中的绝对值函数是初等函数，因为它经过变形后可以写成 $y = \sqrt{x^2}$ 的形式.

2.2　数列的极限

从极限产生的历史背景来看，它是在解决实际问题中逐渐形成的. 在人们的日常生活中，用市场的变化趋势来研究产品的供给情况等都要用到极限. 数列极限是极限的最基本情况，本节主要介绍数列极限以及它的一些性质及运算.

2.2.1　数列极限的概念

关于数列极限，先举一个我国古代有关数列的例子. 春秋战国时期的哲学家庄子在《庄子 · 天下篇》中引用过一句话“一尺之棰，日取其半，万世不竭”. 据此，我们若把每

天截取下来的木棒的长度依次列出来，便得到一个数列$\frac{1}{2}$，$\frac{1}{2^2}$，$\frac{1}{2^3}$，…，$\frac{1}{2^n}$，…，即$\left\{\frac{1}{2^n}\right\}$. 不难看出，数列$\left\{\frac{1}{2^n}\right\}$的通项$\frac{1}{2^n}$随着$n$的无限增大而无限接近于常数0，这意味着在数轴上点$\frac{1}{2^n}$与0之间的距离$\left|\frac{1}{2^n}-0\right|$无限地变小，并且想让它有多小就有多小. 换句话说，随便给一个多么小的正数ε，$\left|\frac{1}{2^n}-0\right|<\varepsilon$都成立. 基于这种分析和理解，我们给出数列极限的确切定义，常称为数列极限的"$\varepsilon-N$定义".

定义6 设$\{a_n\}$为数列，a为常数. 若对任意给定的正数ε（无论它有多小），总存在正整数N，使得当$n>N$时，不等式$|a_n-a|<\varepsilon$都成立，那么就称常数a为数列$\{a_n\}$的极限或称数列$\{a_n\}$收敛于a，并记作$\lim\limits_{n\to\infty}a_n=a$或$a_n\to a(n\to\infty)$，其中"$\to$"读作"趋于". 如果不存在这样的常数$a$，就说明数列$\{a_n\}$没有极限或者数列$\{a_n\}$发散.

数列的敛散性指的是数列收敛或者发散的性质. 本章第2.1.1节数列举例（1）中的数列$\left\{\frac{1}{\sqrt{n}}\right\}$是收敛的，记作$\lim\limits_{n\to\infty}\frac{1}{\sqrt{n}}=0$；(2) 中的数列$\{(-1)^n\}$是发散的，因为当$n\to\infty$时，通项在$-1$和1之间反复取值；(3) 中的数列$\{2^n\}$也是发散的，因为当$n\to\infty$时，通项$a_n=2^n$也趋于无限大，即不以任何常数为极限. 还应指出，常数数列的极限仍是该常数.

下面我们通过几个例子来具体说明极限的概念.

【例2－13】 证明$\lim\limits_{n\to\infty}\frac{1}{\sqrt{n}}=0$.

分析：任给$\varepsilon>0$，要使$\left|\frac{1}{\sqrt{n}}-0\right|<\varepsilon$，只需$\left|\frac{1}{\sqrt{n}}\right|<\varepsilon$，即$n>\frac{1}{\varepsilon^2}$. 因为$\varepsilon-N$定义中的$N$是正整数，所以可取$N=\left[\frac{1}{\varepsilon^2}\right]$，即对$\frac{1}{\varepsilon^2}$取其整数部分.

证 对$\forall\varepsilon>0$，取$N=\left[\frac{1}{\varepsilon^2}\right]$，则当$n>N$时，$n>\frac{1}{\varepsilon^2}$，即$\left|\frac{1}{\sqrt{n}}-0\right|<\varepsilon$恒成立. 结论得证.

【例2－14】 证明当$|q|<1$时，$\lim\limits_{n\to\infty}q^n=0$.

分析：对任给的$\varepsilon>0$(此时不妨设$\varepsilon<1$)，要使$|q^n-0|<\varepsilon$，可先将其两边取对数，得到$n\lg|q|<\lg\varepsilon$，即只需$n>\frac{\lg\varepsilon}{\lg|q|}$，所以可取$N=\left[\frac{\lg\varepsilon}{\lg|q|}\right]$. 此题证明从略.

关于数列极限的$\varepsilon-N$定义，通过上面的例子已经有了一定的理解，但此处还应该注意以下几点：

1. 关于ε的任意性

$\varepsilon-N$定义中的ε是用来刻画通项a_n与常数a的接近程度. ε越小，说明接近得越好. 因为ε可以任意小，那么我们就可以将ε限定在一个小范围内，即可限定ε小于一个确定的正数，或用$\frac{\varepsilon}{3}$，$\frac{\varepsilon}{4}$等来代替，如本节例2－14中我们限定$\varepsilon<1$.

2. 关于 N 的对应性

对给定的一个 ε，可由这个 ε 用式子 $|a_n - a| < \varepsilon$ 求出相对应的 N. 一般来说 N 是随着 ε 的变小而变大，这就说明 N 是依赖于 ε 的，但是，相对应于 ε 的 N 并不是唯一的，此处强调的是 N 的存在性.

3. 几何解释

如图 2－7 所示，将常数 a 及数列 $\{a_n\}$ 在数轴上用它们相对应的点来表示，再作出点 a 的 ε 邻域即 $(a-\varepsilon, a+\varepsilon)$.

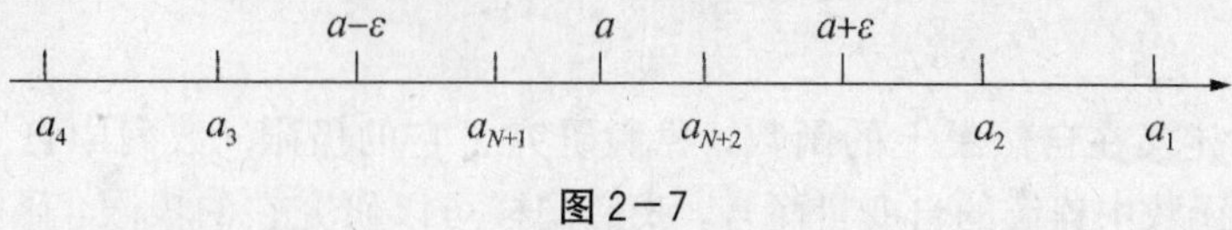

图 2－7

因为当 $n > N$ 时，$|a_n - a| < \varepsilon$ 成立，即 $a - \varepsilon < a_n < a + \varepsilon\,(n > N)$，所以当 $n > N$ 时，所有的 a_n 都在 $(a-\varepsilon, a+\varepsilon)$ 内，除了有限个点（至多有 N 个）在这个开区间外.

2.2.2　数列极限的性质

下面给出数列极限的一些性质：

(1) 若数列 $\{a_n\}$ 收敛，则它的极限唯一.

(2) 若数列 $\{a_n\}$ 收敛，则此数列一定有界.

由此性质可知，如果数列 $\{a_n\}$ 无界，那么它一定是发散的. 但是，如果数列 $\{a_n\}$ 有界，却不能断定它一定收敛. 例如，数列 $\left\{\frac{1+(-1)^n}{2}\right\}$：0，1，0，1，⋯ 有界，但这个数列发散. 所以数列有界是数列收敛的必要条件，而不是充分条件.

(3) 数列有无极限以及极限值是多少与该数列的任意有限项无关，也就是说，将一个数列增加减少或改变有限项后，不影响其极限的存在性，也不影响其极限值（若极限存在）. 如数列 $\frac{1}{\sqrt{2}}, \frac{1}{\sqrt{3}}, \frac{1}{\sqrt{5}}, \frac{1}{\sqrt{6}}, \frac{1}{\sqrt{7}}, \frac{1}{\sqrt{8}}, \frac{1}{\sqrt{9}}, \cdots$ 与数列 $1, \frac{1}{\sqrt{2}}, \frac{1}{\sqrt{3}}, \frac{1}{\sqrt{4}}, \cdots$，虽然前面有限项不同，但是其极限相同.

(4) 数列极限的四则运算法则：若 $\{a_n\}$ 与 $\{b_n\}$ 均为收敛数列，则

$$\lim_{n\to\infty}(a_n \pm b_n) = \lim_{n\to\infty}a_n \pm \lim_{n\to\infty}b_n,$$

$$\lim_{n\to\infty}(a_n \cdot b_n) = \lim_{n\to\infty}a_n \cdot \lim_{n\to\infty}b_n,$$

$$\lim_{n\to\infty}\frac{a_n}{b_n} = \frac{\lim\limits_{n\to\infty}a_n}{\lim\limits_{n\to\infty}b_n}\text{（假设 } b_n \neq 0 \text{ 且} \lim_{n\to\infty}b_n \neq 0\text{）}.$$

下面举一个应用数列极限的四则运算法则来求极限的例子.

【例 2－15】　求极限 $\lim\limits_{n\to\infty}\frac{3n^2-5n-1}{8n^2-3n-6}$.

解 $\lim\limits_{n\to\infty}\dfrac{3n^2-5n-1}{8n^2-3n-6}=\lim\limits_{n\to\infty}\dfrac{3-5\cdot\dfrac{1}{n}-\dfrac{1}{n^2}}{8-\dfrac{3}{n}-\dfrac{6}{n^2}}=\dfrac{\lim\limits_{n\to\infty}\left(3-5\cdot\dfrac{1}{n}-\dfrac{1}{n^2}\right)}{\lim\limits_{n\to\infty}\left(8-\dfrac{3}{n}-\dfrac{6}{n^2}\right)}$

$$=\frac{3-0-0}{8-0-0}=\frac{3}{8}.$$

2.3 函数的极限

数列作为定义在自然集上的函数，我们研究了它的极限. 数列中自变量是离散变量，那么对于函数中连续的自变量而言，我们同样可以研究它的极限，函数的极限是后续课程的基础.

2.3.1 函数极限的概念

函数极限类似于数列的极限. 因为数列$\{a_n\}$可以看作是自变量为n 的函数$a_n=f(n)$，$n\in \mathbf{N}_+$，所以若$\lim\limits_{n\to\infty}a_n=a$，也就是说当自变量$n$取正整数并趋于无限大时，对应的函数值也无限接近于$a$. 我们由此可以引出函数极限的一般概念：当自变量在某个变化过程中时，如果其对应的函数值能无限接近于某个确定的数，那么，这个数就是当自变量在这个变化过程中时函数的极限.

本节将按照$x\to\infty$和$x\to x_0$的不同变化情形来研究函数的各种极限及其性质.

2.3.1.1 当$x\to\infty$时函数的极限

下面先说明一下当自变量趋于无限大时的几种记号：

(1)$x\to+\infty$表示x沿着x轴的正方向向右无限增大；

(2)$x\to-\infty$表示x沿着x轴的负方向向左无限减小.

$x\to\infty$是以上两种情形的统称，即$x\to+\infty$或$x\to-\infty$.

下面给出当$x\to\infty$时函数极限的精确定义.

定义7 给定一个函数$f(x)$和一个常数A. 设当$|x|>a$时$f(x)$有定义. 若对任意给定的正数ε(无论它多么小)，总存在相应的一个正数M，使得当$|x|>M$时，$|f(x)-A|<\varepsilon$恒成立，那么，就称函数f当x趋于∞时以A为极限，记作$\lim\limits_{x\to\infty}f(x)=A$或$f(x)\to A$(当$x\to\infty$时).

类似地，也可给出当$x\to+\infty$和$x\to-\infty$时函数的极限定义，与定义7相仿，只需把$|x|>M$分别改为$x>M$和$x<-M$即可.

下面通过几个例子来说明当$x\to\infty$时的函数极限的相关问题.

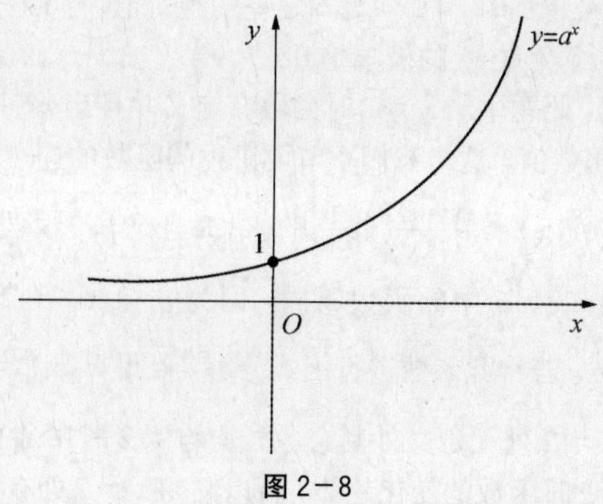

图 2－8

观察指数函数 $y=a^x$（其中 $a>1$），当 $x\to-\infty$ 时的变化趋势.

由图 2－8 可知，当 $x\to-\infty$ 时，函数图象无限接近于 x 轴，即当 $x\to-\infty$ 时，该函数以 $A=0$ 为极限，记作 $\lim\limits_{x\to-\infty}a^x=0(a>1)$，但是当 $x\to+\infty$ 时，函数值越来越大趋近于 $+\infty$，所以此时它的极限不是一个确定的数.

又如反正切函数 $y=\arctan x$，$\lim\limits_{x\to+\infty}\arctan x=\frac{\pi}{2}$，$\lim\limits_{x\to-\infty}\arctan x=-\frac{\pi}{2}$.

再如 $y=\cos x$，通过其图象可知，当 $x\to\infty$ 时极限不存在.

2.3.1.2　当 $x\to x_0$ 时函数的极限

现在考察当自变量 x 无限趋近于某一点 x_0 时函数 $f(x)$ 的变化趋势，先看两个例子.

【例 2－16】　考察函数 $y=f(x)=x+4(x\in\mathbf{R})$，当 x 无限趋近于 $x_0=2$ 时的变化趋势.

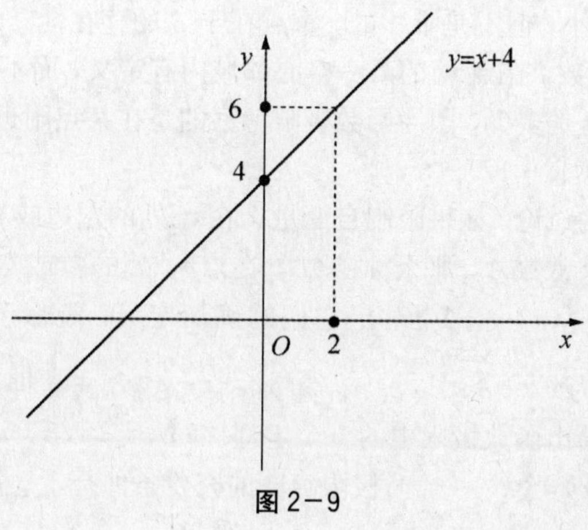

图 2－9

从图 2－9 中我们可以看出，当 x 从点 $x_0=2$ 的左（右）边越来越接近于 2 时，函数值就越来越接近于 6，并且能无限地接近. 也就是说，当 x 与 x_0 之间的差的绝对值，即

$|x-x_0|=|x-2|$越来越小时，$f(x)$与6之差的绝对值$|f(x)-6|$也无限地变小，所以当自变量$x\to2$时，函数$f(x)$的极限是6.

可能有读者会发现，此题中当$x=2$时函数有定义并且当$x\to2$时，函数的极限值就等于在点$x_0=2$处的函数值，这与我们下节要讲述的函数的连续性相关.

【例 2—17】 考察$h(x)=\dfrac{x^2+2x-8}{x-2}[x\in\mathbf{R}且x\neq2]$，当$x\to2$时的变化趋势.

分析：此函数与例 2-16 中的函数不同，因为它在$x_0=2$处无定义，但是它在$x_0=2$附近处均有定义. 若将此函数进行因式分解，可得$h(x)=\dfrac{(x+4)(x-2)}{x-2}$，此时便发现，它除了在$x=2$处无定义外其余各处均与例 2-16 中的函数相同. 因为我们考察的是x无限趋近于2时函数的变化趋势，所以它与$x=2$处有无定义无关. 我们再结合其图象，可知函数$h(x)$当$x\to2$时的极限是6.

下面给出函数极限$\lim\limits_{x\to x_0}f(x)=A$的精确定义，通常也叫作函数极限的$\varepsilon-\delta$定义：

定义 8 设函数$y=f(x)$在点x_0的某个空心邻域内有定义（即在x_0处不一定有定义），A为常数. 如果对于任意给定的正数ε，总存在一个正数δ，使得当$0<|x-x_0|<\delta$时均有$|f(x)-A|<\varepsilon$，则称函数f当x趋于x_0时以A为极限，记作$\lim\limits_{x\to x_0}f(x)=A$或$f(x)\to A(x\to x_0)$.

【例 2—18】 设$f(x)=\dfrac{x^2-9}{x-3}$，用定义证明$\lim\limits_{x\to3}f(x)=6$.

证 因为当$x\neq3$时，$|f(x)-6|=\left|\dfrac{x^2-9}{x-3}-6\right|=|x+3-6|=|x-3|$，所以对$\forall\varepsilon>0$，取$\delta=\varepsilon$，当$0<|x-3|<\delta$时，便有$|f(x)-6|<\varepsilon$. 结论得证.

通过上面的定义和例子，应注意以下几点：

(1) 定义 8 中的ε给定后，通过$|f(x)-A|<\varepsilon$求出相应的δ. δ是依赖于ε的，一般来说，ε越小δ也越小，但不是唯一的，重点在于δ的存在性.

(2) 定义中要求函数f在点x_0的某一空心邻域内有定义，而不需考虑函数在点x_0处是否有定义或者函数值是多少，因为函数极限考察的是在某点附近的点处函数值的变化趋势，如例 2-16 和例 2-17.

我们再作进一步的讨论. 如果限制自变量x在x_0处的左边或右边无限趋近于x_0时，函数f也无限趋近于某常数A，那么称函数f在点x_0处的左或右极限是A，分别记作$\lim\limits_{x\to x_0^-}f(x)=A$和$\lim\limits_{x\to x_0^+}f(x)=A$. 对于它们的确切定义，类似于定义 8，只需将$0<|x-x_0|<\delta$分别改为$x_0-\delta<x<x_0$和$x_0<x<x_0+\delta$即可.

下面不加证明地给出函数极限中的一个定理.

定理 1 函数$f(x)$当$x\to x_0$时极限存在的充要条件是，左极限和右极限都存在并且相等，即

$$\lim_{x\to x_0}f(x)=A\Leftrightarrow\lim_{x\to x_0^+}f(x)=\lim_{x\to x_0^-}f(x)=A.$$

该定理常用来判断函数在一点极限是否存在.

【例 2—19】 求 $f(x)=\mathrm{sgn}(x)=\begin{cases}1, & x>0\\ 0, & x=0\\ -1, & x<0\end{cases}$ 在点 $x=0$ 处的极限.

解 左极限 $\lim\limits_{x\to 0^-} f(x)=-1$，右极限 $\lim\limits_{x\to 0^+} f(x)=1$. 因为其左右极限不相等，所以 $\lim\limits_{x\to 0} f(x)$ 不存在.

2.3.2 函数极限的性质及一些重要的极限公式

前面我们按照自变量的不同变化趋势引入了函数的几种类型的极限. 下面仅以"$\lim\limits_{x\to x_0} f(x)$"这种类型的极限为代表给出函数极限的一些重要定理，并就其中几个给出证明，至于其他类型的函数极限的性质及其证明只要稍作修改即可.

定理 2 （函数极限的唯一性）如果 $\lim\limits_{x\to x_0} f(x)$ 存在，那么此极限唯一.

定理 3 （函数极限的局部有界性）若 $\lim\limits_{x\to x_0} f(x)=A$，那么存在常数 $M>0$ 和 $\delta>0$，使得当 $0<|x-x_0|<\delta$ 时，$|f(x)|\leqslant M$.

证 因为 $\lim\limits_{x\to x_0} f(x)=A$，按照函数定义可取 $\varepsilon=1$，则存在 $\delta>0$，使得当 $0<|x-x_0|<\delta$ 时，有 $|f(x)-A|<1\Rightarrow|f(x)|<|A|+1$. 令 $M=|A|+1$，即证得结论.

定理 4 （函数极限的局部保号性）若 $\lim\limits_{x\to x_0} f(x)=A>0$（或 <0），则存在 $\delta>0$，使得当 $0<|x-x_0|<\delta$ 时，有 $f(x)>0$［或 $f(x)<0$］.

证 设 $A>0$. 因为 $\lim\limits_{x\to x_0} f(x)=A>0$，所以若取 $\varepsilon=A$，则存在 $\delta>0$，使得当 $0<|x-x_0|<\delta$ 时，$|f(x)-A|<\varepsilon=A$ 恒成立，即 $0=A-A=A-\varepsilon<f(x)<A+\varepsilon=A+A$，此不等式的左半部分即是结论. $A<0$ 的情形可类似进行证明.

定理 5 若 $f(x)\geqslant 0$ 且 $\lim\limits_{x\to x_0} f(x)=A$，则 $A\geqslant 0$. 更一般地来说，若 $f(x)\leqslant g(x)$，且 $\lim\limits_{x\to x_0} f(x)=A$，$\lim\limits_{x\to x_0} f(x)=B$，那么 $A\leqslant B$.

类似于数列极限的四则运算法则，可不加证明地给出函数极限的四则运算法则.

定理 6 若 $\lim\limits_{x\to x_0} f(x)$ 与 $\lim\limits_{x\to x_0} g(x)$ 均存在，则当 $x\to x_0$ 时，$f\pm g$，$f\cdot g$ 的极限也存在，且有

(1) $\lim\limits_{x\to x_0}[f(x)\pm g(x)]=\lim\limits_{x\to x_0} f(x)\pm\lim\limits_{x\to x_0} g(x)$；

(2) $\lim\limits_{x\to x_0}[f(x)\cdot g(x)]=\lim\limits_{x\to x_0} f(x)\cdot\lim\limits_{x\to x_0} g(x)$；

若 $\lim\limits_{x\to x_0} g(x)\neq 0$，则有

(3) $\lim\limits_{x\to x_0}\dfrac{f(x)}{g(x)}=\dfrac{\lim\limits_{x\to x_0} f(x)}{\lim\limits_{x\to x_0} g(x)}$.

最后给出两个重要的极限公式，它们在以后的学习中会经常用到，证明从略.

(1) $\lim\limits_{x\to 0}\dfrac{\sin x}{x}=1$；

一般地，若将此重要极限公式中的 x 换成 x 的函数 $\varphi(x)$，则有

$$\lim_{\varphi(x)\to 0}\frac{\sin\varphi(x)}{\varphi(x)}=1.$$

(2) $\lim\limits_{x\to\infty}\left(1+\frac{1}{x}\right)^{x}=\mathrm{e}.$

一般地，若将此重要极限公式中的 x 换成 x 的函数 $\varphi(x)$，则有

$$\lim_{\varphi(x)\to\infty}\left(1+\frac{1}{\varphi(x)}\right)^{\varphi(x)}=\mathrm{e}\quad\text{或者}\quad\lim_{\varphi(x)\to 0}(1+\varphi(x))^{\frac{1}{\varphi(x)}}=\mathrm{e}.$$

2.3.3　无穷小量与无穷大量

2.3.3.1　无穷小量

定义 9　称极限为 0 的量为无穷小量. 对于函数来说，在某个极限过程中，若函数 $f(x)$ 的极限是 0，则称 $f(x)$ 为该过程中的无穷小量. 特别地，称以 0 为极限的数列为 $n\to\infty$ 时的无穷小量.

例如，因为 $\lim\limits_{x\to\infty}\frac{1}{x}=0$，$\lim\limits_{x\to 0}\sin x=0$，$\lim\limits_{x\to 0^{+}}\frac{1}{\ln x}=0$，所以分别称它们为 $x\to\infty$，$x\to 0$，$x\to 0^{+}$ 过程中的无穷小量. 还要注意的是，数列作为函数的特例，也有无穷小量，如 $\left\{\frac{1}{3n}\right\}$ 和 $\left\{\frac{1}{3^{n}}\right\}$ 都是当 $n\to\infty$ 时的无穷小量.

应该指出，“无穷小”并不是表示量的大小，而是表示量的变化状态，所以无穷小量并不是绝对值很小的量，而是以 0 为极限的函数或数列. 特别地，通项为 0 的常数列 0，0，0，… 以及零函数 $y=0$ 是无穷小量.

现介绍有关无穷小量运算的一些性质，证明从略.

定理 7　有限个无穷小量的代数和是无穷小量.

定理 8　有限个无穷小量的乘积是无穷小量.

定理 9　有界函数与无穷小量的乘积是无穷小量.

对于无穷小量，虽然它们都是以 0 为极限的，但是它们趋于 0 的快慢程度可能相同也可能不同. 为此可用它们的比值的极限来判断它们趋于 0 的速度的快慢. 为方便起见，下面用lim表示自变量的某个变化过程. 需要指出的是，下面定义中的 $f(x)$，$g(x)$ 均是在这个过程中的极限.

定义 10　若 $\lim\frac{f(x)}{g(x)}=0$，则称 $f(x)$ 是关于 $g(x)$ 的高阶无穷小量或称 $g(x)$ 是关于 $f(x)$ 的低阶无穷小量，记作 $f(x)=o(g(x))$；若 $\lim\frac{f(x)}{g(x)}=c$（c 为非零常数），则称 $f(x)$ 和 $g(x)$ 是同阶无穷小量；特别地，如果 $\lim\frac{f(x)}{g(x)}=1$，则称 $f(x)$ 和 $g(x)$ 是等价无穷小量，记为 $f(x)\sim g(x)$.

例如，由 $\lim\limits_{x \to 0} \dfrac{2x^2}{x} = 0$ 知，当 $x \to 0$ 时，$2x^2$ 是 x 的高阶无穷小量，即 $2x^2 = o(x)(x \to 0)$；

由 $\lim\limits_{x \to 2} \dfrac{x^2 - 4}{x - 2} = 4$ 知，当 $x \to 2$ 时，$x^2 - 4$ 与 $x - 2$ 是同阶无穷小量；

由 $\lim\limits_{x \to 0} \dfrac{\sin x}{x} = 1$ 知，当 $x \to 0$ 时，$\sin x$ 与 x 是等价无穷小量.

2.3.3.2　无穷大量

对于自变量 x 的某种趋向，若函数 $f(x)$ 的绝对值 $|f(x)|$ 无限地增大并且可以大于任意给定的正数，则称 $f(x)$ 是一个无穷大量，记作 $f(x) \to \infty$.

例如，$\lim\limits_{x \to +\infty} 2^x = \infty$，$\lim\limits_{x \to 0^+} \ln x = -\infty$，$\lim\limits_{x \to 0} \dfrac{1}{x^2} = +\infty$ 被分别称为 $x \to +\infty$，$x \to 0^+$ 和 $x \to 0$ 过程中的无穷大量. 还应注意，数列作为函数的特例，也有无穷大量. 比如 $\{3n\}$，$\{3^n\}$ 都是当 $n \to \infty$ 时的无穷大量. 应该指出，无穷大量不是很大的数，而是以 ∞，$+\infty$ 或 $-\infty$ 为极限的函数或数列. 显然，无穷小量（0 除外）的倒数是无穷大量，无穷大量的倒数是无穷小量.

2.3.4　函数极限应用举例

【例 2－20】　求 $\lim\limits_{x \to 2}(2x^3 - 3x + 1)$.

解　由极限的四则运算法则得

$$\begin{aligned}\lim_{x \to 2}(2x^3 - 3x + 1) &= \lim_{x \to 2}2x^3 - \lim_{x \to 2}3x + \lim_{x \to 2}1 \\ &= 2\lim_{x \to 2}x^3 - 3\lim_{x \to 2}x + 1 \\ &= 2(\lim_{x \to 2}x)^3 - 3 \cdot 2 + 1 \\ &= 2 \cdot 2^3 - 6 + 1 \\ &= 11.\end{aligned}$$

由本题的计算过程可知，对多项式

$$P_n(x) = a_0x^n + a_1x^{n-1} + \cdots + a_{n-1}x + a_n$$

有

$$\lim_{x \to a}P_n(x) = a_0a^n + a_1a^{n-1} + \cdots + a_{n-1}a + a_n = P_n(a).$$

【例 2－21】　求 $\lim\limits_{x \to 1} \dfrac{2x^2 - 1}{3x^2 - 2x + 5}$.

解　因分母的极限

$$\lim_{x \to 1}(3x^2 - 2x + 5) = 6 \neq 0,$$

所以用商的极限法则，得

$$\lim_{x \to 1} \frac{2x^2 - 1}{3x^2 - 2x + 5} = \frac{\lim\limits_{x \to 1}(2x^2 - 1)}{\lim\limits_{x \to 1}(3x^2 - 2x + 5)} = \frac{1}{6}.$$

【例 2—22】 求$\lim\limits_{x\to 3}\dfrac{x-4}{x^2-2x-3}$.

解 易看出分母的极限为0，不能用商的极限法则，但分子的极限为$-1\neq 0$，故可将分式的分子分母颠倒后再用商的极限法则，即

$$\lim_{x\to 3}\frac{x^2-2x-3}{x-4}=\frac{0}{-1}=0.$$

由无穷大与无穷小的倒数关系，得

$$\lim_{x\to 3}\frac{x-4}{x^2-2x-3}=\infty.$$

【例 2—23】 求$\lim\limits_{x\to 1}\dfrac{x^2+x-2}{x^2-3x+2}$.

解 显然分母与分子都是多项式且当$x\to 1$时的极限都是0. 因为当$x\to 1$时，$(x-1)\to 0$，且分母分子中都应该有以0为极限的公因子$(x-1)$，所以将分子分母进行因式分解，消去以0为极限的公因子$(x-1)$后再求极限，即

$$\lim_{x\to 1}\frac{x^2+x-2}{x^2-3x+2}=\lim_{x\to 1}\frac{(x-1)(x+2)}{(x-1)(x-2)}=\lim_{x\to 1}\frac{x+2}{x-2}=-3.$$

根据例2-21，例2-22，例2-23的计算方法与结果，可以推广到一般情形：

若$R(x)=\dfrac{P_n(x)}{Q_m(x)}=\dfrac{a_0x^n+a_1x^{n-1}+\cdots+a_{n-1}x+a_n}{b_0x^m+b_1x^{m-1}+\cdots+b_{m-1}x+b_m}$，在求$\lim\limits_{x\to a}R(x)$时，

(1) 若$Q_m(a)\neq 0$，则$\lim\limits_{x\to a}R(x)=\dfrac{P_n(a)}{Q_m(a)}=R(a)$；

(2) 若$Q_m(a)=0$而$P_n(a)\neq 0$，则$\lim\limits_{x\to a}R(x)=\infty$；

(3) 若$Q_m(a)=0$且$P_n(a)=0$，则$P_n(x)$，$Q_m(x)$中有以0为极限的公因子$(x-a)$，将分子分母进行因式分解，消去以0为极限的公因子$(x-a)$后再求极限.

【例 2—24】 求$\lim\limits_{x\to\infty}\dfrac{x^2+x-2}{x^2-3x+2}$.

解 显然分母与分子的极限都不存在，实际上分母与分子都是无穷大. 利用无穷大与无穷小的倒数关系，将分子分母同时除以分子分母中出现的x的最高次幂x^2，然后再利用定理6求极限，即

$$\lim_{x\to\infty}\frac{x^2+x-2}{x^2-3x+2}=\lim_{x\to\infty}\frac{1+\frac{1}{x}-\frac{2}{x^2}}{1-\frac{3}{x}+\frac{2}{x^2}}=\frac{\lim\limits_{x\to\infty}\left(1+\frac{1}{x}-\frac{2}{x^2}\right)}{\lim\limits_{x\to\infty}\left(1-\frac{3}{x}+\frac{2}{x^2}\right)}=1.$$

【例 2—25】 求$\lim\limits_{x\to\infty}\dfrac{x-4}{x^2-2x-3}$.

解 将分子分母同时除以分子分母中出现的x的最高次幂x^2，然后再利用定理6求极限，即

$$\lim_{x\to\infty}\frac{x-4}{x^2-2x-3}=\lim_{x\to\infty}\frac{\frac{1}{x}-\frac{4}{x^2}}{1-\frac{2}{x}-\frac{3}{x^2}}=\frac{0}{1}=0.$$

【例 2－26】　求$\lim\limits_{x\to\infty}\dfrac{2x^3-x^2+5}{3x^2-2x-1}$.

解　将分子分母同时除以分子分母中出现的 x 的最高次幂x^3，然后再利用无穷大与无穷小的倒数关系和定理 6 求极限，即

$$\lim_{x\to\infty}\frac{2x^3-x^2+5}{3x^2-2x-1}=\lim_{x\to\infty}\frac{2-\dfrac{1}{x}+\dfrac{5}{x^3}}{\dfrac{3}{x}-\dfrac{2}{x^2}-\dfrac{1}{x^3}}=\infty.$$

根据例 2－24，例 2－25，例 2－26，可得到如下一般结论：

若 $R(x)=\dfrac{P_n(x)}{Q_m(x)}$，其中

$$P_n(x)=a_0x^n+a_1x^{n-1}+\cdots+a_{n-1}x+a_n,$$
$$Q_m(x)=b_0x^m+b_1x^{m-1}+\cdots+b_{m-1}x+b_m,$$

则

$$\lim_{x\to\infty}R(x)=\lim_{x\to\infty}\frac{P_n(x)}{Q_m(x)}=\begin{cases}\dfrac{a_0}{b_0}, & n=m\\ 0, & n<m\\ \infty, & n>m\end{cases}$$

在求某些极限时，需要先进行一些简单的变形，例如通分、分子有理化等，然后再利用极限的四则运算法则进行计算.

【例 2－27】　求$\lim\limits_{x\to1}\left(\dfrac{1}{x-1}-\dfrac{2}{x^2-1}\right)$.

解　本题属于 $\infty-\infty$ 型，不能直接运算，应先通分化成分式后再求极限.

$$\lim_{x\to1}\left(\frac{1}{x-1}-\frac{2}{x^2-1}\right)=\lim_{x\to1}\frac{x+1-2}{x^2-1}$$
$$=\lim_{x\to1}\frac{1}{x+1}=\frac{1}{2}.$$

【例 2－28】　求$\lim\limits_{x\to1}\dfrac{\sqrt{x}-1}{x-1}$.

解　本题分母与分子都以 0 为极限，这时可将分母与分子同时乘以$\sqrt{x}-1$的共轭因子，即先将分子有理化，再求极限.

$$\lim_{x\to1}\frac{\sqrt{x}-1}{x-1}=\lim_{x\to1}\frac{(\sqrt{x}-1)(\sqrt{x}+1)}{(x-1)(\sqrt{x}+1)}=\lim_{x\to1}\frac{x-1}{(x-1)(\sqrt{x}+1)}$$
$$=\lim_{x\to1}\frac{1}{\sqrt{x}+1}=\frac{1}{2}.$$

下面我们举例说明两个重要极限公式的应用.

【例 2－29】　求$\lim\limits_{x\to0}\dfrac{\tan x}{x}$.

解

$$\lim_{x\to0}\frac{\tan x}{x}=\lim_{x\to0}\left(\frac{\sin x}{x}\cdot\frac{1}{\cos x}\right)$$

$$=\lim_{x\to 0}\frac{\sin x}{x}\cdot\lim_{x\to 0}\frac{1}{\cos x}=1.$$

【例 2—30】 求$\lim\limits_{x\to 0}\dfrac{1-\cos x}{x^2}$.

解

$$\lim_{x\to 0}\frac{1-\cos x}{x^2}=\lim_{x\to 0}\frac{2\sin^2\frac{x}{2}}{x^2}=\lim_{x\to 0}\frac{1}{2}\,\frac{\sin^2\frac{x}{2}}{\left(\frac{x}{2}\right)^2}$$

$$=\frac{1}{2}\lim_{x\to 0}\left(\frac{\sin\frac{x}{2}}{\frac{x}{2}}\right)^2=\frac{1}{2}\left(\lim_{x\to 0}\frac{\sin\frac{x}{2}}{\frac{x}{2}}\right)^2$$

$$=\frac{1}{2}\cdot 1^2=\frac{1}{2}.$$

【例 2—31】 求$\lim\limits_{x\to\infty}\left(1-\dfrac{3}{x}\right)^x$.

解 从本题的形式看出，可利用重要极限公式(2) 的变形公式 $\lim\limits_{\varphi(x)\to\infty}\left(1+\dfrac{1}{\varphi(x)}\right)^{\varphi(x)}=$ e，即

$$\lim_{x\to\infty}\left(1-\frac{3}{x}\right)^x=\lim_{x\to\infty}\left[\left(1+\frac{1}{-\frac{x}{3}}\right)^{-\frac{x}{3}}\right]^{-3}=\left[\lim_{x\to\infty}\left(1+\frac{1}{-\frac{x}{3}}\right)^{-\frac{x}{3}}\right]^{-3}=\mathrm{e}^{-3}.$$

【例 2—32】 求$\lim\limits_{x\to 1}(1+\ln x)^{\frac{3}{\ln x}}$.

解 注意到当 $x\to 1$ 时，$\ln x\to 0$，故可利用重要极限公式(2) 的变形公式 $\lim\limits_{\varphi(x)\to 0}[1+\varphi(x)]^{\frac{1}{\varphi(x)}}=\mathrm{e}$，即

$$\lim_{x\to 1}(1+\ln x)^{\frac{3}{\ln x}}=\lim_{x\to 1}[(1+\ln x)^{\frac{1}{\ln x}}]^3=[\lim_{x\to 1}(1+\ln x)^{\frac{1}{\ln x}}]^3=\mathrm{e}^3.$$

关于无穷小量的一些运算性质在计算极限的过程中也常常被应用，下面举一例简要说明.

【例 2—33】 求$\lim\limits_{x\to 0}x\sin\dfrac{1}{x}$.

解 当 $x\to 0$时，$\lim\limits_{x\to 0}x=0$，即 x 是无穷小量，而$\left|\sin\dfrac{1}{x}\right|\leqslant 1$是有界量，故由无穷小量与有界函数的乘积为 0 可知，$\lim\limits_{x\to 0}x\sin\dfrac{1}{x}=0$.

2.4 函数的连续性

在许多实际问题中，变量的变化常常是“连续”不断的，如气温的变化、植物的生长等，这种变化反映在函数中就是函数的连续性.

2.4.1　连续函数的概念

从图形上粗略地看，连续函数的图象是一条连绵不断的曲线，但这只是直观的认识，我们应给出其精确定义，并由此出发研究其性质. 为研究方便，先介绍增量的概念.

定义 11　假定函数 $y = f(x)$ 在 x_0 的某个邻域内有定义. 当自变量在这个邻域内从初值 x_0 变到终值 x 时，终值与初值的差 $x - x_0$ 叫作自变量的改变量或增量，记作 $\Delta x = x - x_0$，显然 $x = x_0 + \Delta x$，函数 y 相应从 $f(x_0)$ 变到 $f(x)$，其差称为函数的改变量或增量，记作 $\Delta y = f(x) - f(x_0)$，显然 $\Delta y = f(x_0 + \Delta x) - f(x_0)$.

注：自变量的增量 Δx 或函数的增量 Δy 可以是正数也可以是负数. 当 Δx 是正数时表示自变量是增大的，当 Δx 是负数时表示自变量是减小的.

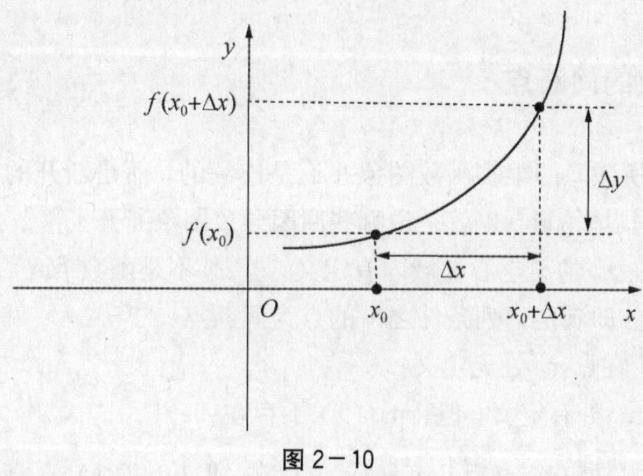

图 2－10

关于增量的几何意义如图 2－10 所示，我们可对连续性理解为当自变量变化很小时，相应的函数值变化也很小.

定义 12　设函数 $f(x)$ 在点 x_0 的某邻域内有定义，若当 $\Delta x = x - x_0 \to 0$ 时，有 $\Delta y = f(x_0 + \Delta x) - f(x_0) \to 0$，即 $\lim\limits_{\Delta x \to 0} \Delta y = 0$，则称函数 $y = f(x)$ 在点 x_0 处连续.

也可将函数 $y = f(x)$ 在点 x_0 处连续的定义如下表述：

定义 13　设函数 $f(x)$ 在点 x_0 的某邻域内有定义，若 $\lim\limits_{x \to x_0} f(x) = f(x_0)$，则称函数 $f(x)$ 在点 x_0 处连续，称 x_0 为该函数的连续点.

有时候需要考虑函数 $f(x)$ 在点 x_0 一侧的变化情况，前面我们介绍过左右极限的概念，而连续是使用极限来定义的，所以相应地就有左连续和右连续的概念，即：如果 $\lim\limits_{x \to x_0^-} f(x) = f(x_0)$，则称函数 $f(x)$ 在点 x_0 处左连续；如果 $\lim\limits_{x \to x_0^+} f(x) = f(x_0)$，则称函数 $f(x)$ 在点 x_0 处右连续.

可以证明，函数 $f(x)$ 在点 x_0 连续的充要条件是函数 $f(x)$ 在点 x_0 处既左连续也右连续.

如果函数 $f(x)$ 在区间上每一点都连续，则称 $f(x)$ 是该区间上的连续函数，或者说 $f(x)$ 在该区间上连续．这里需要注意一点，如果区间包括端点，那么函数在右端点连续是指左连续，在左端点连续是指右连续．

【例 2－34】 讨论函数 $f(x)=\begin{cases}\dfrac{\sin 3x}{x}, & x<0\\ 3\mathrm{e}^x, & x\geqslant 0\end{cases}$ 在 $x=0$ 处的连续性．

解 在 $x=0$ 处有 $f(0)=3\cdot\mathrm{e}^0=3$．

$$\lim_{x\to0^-}f(x)=\lim_{x\to0^-}\frac{\sin 3x}{x}=\lim_{x\to0^-}3\cdot\frac{\sin 3x}{3x}=3,$$

$$\lim_{x\to0^+}f(x)=\lim_{x\to0^+}3\mathrm{e}^x=3.$$

由此可知，$\lim\limits_{x\to0}f(x)=3=f(0)$，故 $f(x)$ 在 $x=0$ 处连续．

2.4.2　函数的间断点

实际上，我们所熟悉的很多函数图象并不是连续的，而是断开的，因此有必要去研究函数图象断开的具体情形，也就是说哪些原因导致图象断开了．

设函数 $f(x)$ 在 x_0 的某空心邻域内有定义．若 x_0 不是函数 $f(x)$ 的连续点，则称 x_0 是该函数的间断点，即满足下列条件之一的点为间断点：

(1) 函数 $f(x)$ 在点 x_0 处无定义；

(2) 函数虽在 x_0 处有定义，但 $\lim\limits_{x\to x_0}f(x)$ 不存在；

(3) 函数虽在 x_0 处有定义且 $\lim\limits_{x\to x_0}f(x)$ 也存在，但 $\lim\limits_{x\to x_0}f(x)\neq f(x_0)$．

从上面的分析可知，造成函数在某一点不连续的原因是很多的，那是否可以对这些间断点作出分类呢?下面先通过一些具体的例子进行说明．

【例 2－35】 因为函数 $y=\dfrac{x^2-1}{x-1}$ 在点 $x=1$ 处没有定义，所以这个函数在 $x=1$ 处不连续，如图 2－11 所示，但是有 $\lim\limits_{x\to1}\dfrac{x^2-1}{x-1}=\lim\limits_{x\to1}(x+1)=2$，如果补充定义，令当 $x=1$ 时，$y=2$，那么这个函数在 $x=1$ 处就连续了．称点 $x=1$ 为函数 $y=\dfrac{x^2-1}{x-1}$ 的可去间断点．

【例 2－36】 函数 $y=f(x)=\begin{cases}x, & x\neq1\\ \dfrac{1}{2}, & x=1\end{cases}$．

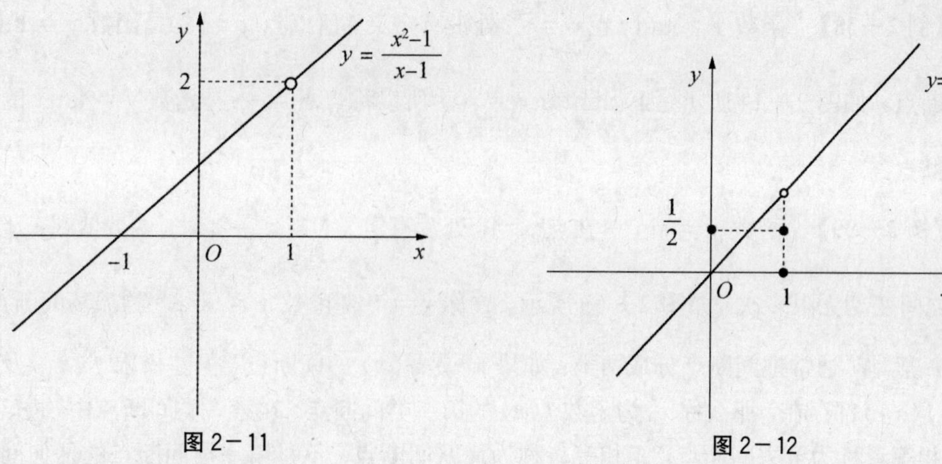

图 2－11　　　　　　　　　　　　图 2－12

显然有$\lim\limits_{x\to1}f(x)=\lim\limits_{x\to1}x=1$，但是$f(1)=\frac{1}{2}$，所以$\lim\limits_{x\to1}f(x)\neq f(1)$. 因此点 $x=1$ 为函数 $f(x)$ 的间断点，如图 2－12 所示，但是如果改变函数 $f(x)$ 在 $x=1$ 处的定义，令$f(1)=1$，那么函数在 $x=1$ 处就连续了. 称点 $x=1$ 为函数 $f(x)$ 的可去间断点.

【例 2－37】　函数 $y=\begin{cases}x-1, & x<0\\ x+1, & x\geqslant0\end{cases}$.

当 $x\to0$ 时，

$$\lim_{x\to0^-}f(x)=\lim_{x\to0^-}(x-1)=-1,$$

$$\lim_{x\to0^+}f(x)=\lim_{x\to0^+}(x+1)=1,$$

左极限与右极限都存在，但两者不相等，故$\lim\limits_{x\to0}f(x)$ 不存在，所以 $x=0$ 是函数 $f(x)$ 的间断点. 因为函数 $f(x)$ 的图象在 $x=0$ 处产生跳跃现象，如图 2－13 所示，所以称$x=0$ 为函数 $f(x)$ 的跳跃间断点.

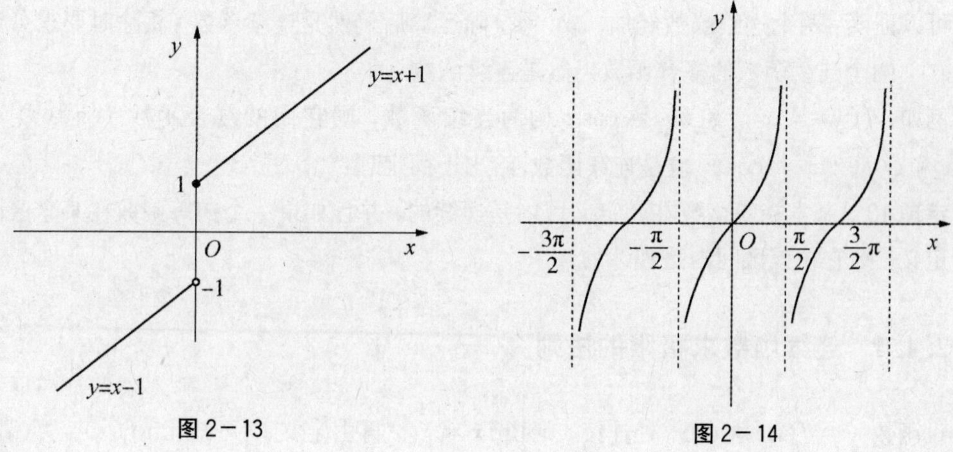

图 2－13　　　　　　　　　　　　图 2－14

【例 2－38】　函数 $y=\tan x$ 在 $x=\frac{\pi}{2}$ 处没有定义，所以点 $x=\frac{\pi}{2}$ 是函数 $y=\tan x$ 的间断点，如图 2－14 所示. 因为 $\lim\limits_{x\to\frac{\pi}{2}}\tan x=\infty$，所以称点 $x=\frac{\pi}{2}$ 是函数 $y=\tan x$ 的无穷间断点.

【例 2－39】　函数 $y=\sin\frac{1}{x}$ 在点 $x=0$ 处没有定义，当 $x\to 0$ 时，函数值在 -1 和 $+1$ 之间变动无限多次，如图 2－15 所示，故称 $x=0$ 是函数 $y=\sin\frac{1}{x}$ 的振荡间断点.

一般地，通常把间断点分成两类：如果 x_0 是 $f(x)$ 的间断点，但左极限 $f(x_0^-)$ 及右极限 $f(x_0^+)$ 都存在，那么称 x_0 为函数 $f(x)$ 的第一类间断点. 在第一类间断点中，左、右极限相等者称为可去间断点，不相等者称为跳跃间断点. 不是第一类间断点的任何间断点都被称为第二类间断点. 无穷间断点和振荡间断点显然属于第二类间断点.

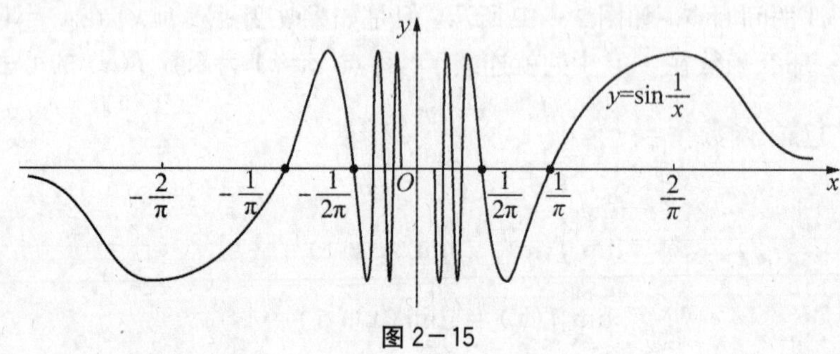

图 2－15

2.4.3　初等函数的连续性

可以证明：两个连续函数经加、减、乘、除运算后仍然是连续函数（相除时要求分母不为 0），两个连续函数的复合函数仍然是连续函数.

例如，$f(x)=x^3$，$g(x)=\cos x$ 均为连续函数，则它们的复合函数 $f(g(x))=\cos^3 x$ 和 $g(f(x))=\cos x^3$ 也是连续函数. 给出下面定理：

定理 10　基本初等函数在其定义域内是连续的，并且如果一个初等函数在某个区间内有定义，则它在该区间内是连续的.

2.4.4　连续函数求极限的法则

设函数 $y=f(x)$ 在点 x_0 处连续，则 $\lim\limits_{x\to x_0}x=x_0$，再由定义 13 可知 $\lim\limits_{x\to x_0}f(x)=f(x_0)=f(\lim\limits_{x\to x_0}x)$，由此可得到如下的连续函数求极限法则.

定理 11　连续函数在连续点处的极限值等于函数在该点的函数值，也就是说，对于连续函数而言，极限符号与函数符号可以交换次序.

【例 2-40】　求 $\lim\limits_{x \to 0} \sin x$.

解　因为函数 $y = \sin x$ 在 $\mathbf{R}$ 上连续，所以在 $x = 0$ 处也连续，所以

$$\lim_{x \to 0} \sin x = \sin(\lim_{x \to 0} x) = \sin 0 = 0.$$

【例 2-41】　求 $\lim\limits_{x \to e^{\pi}} \cos \ln x$.

解　因为函数 $y = \cos \ln x$ 是初等函数且在 $x_0 = e^{\pi}$ 处有定义，所以函数在该点处连续，应用定义 13 可得

$$\lim_{x \to e^{\pi}} \cos \ln x = \cos(\lim_{x \to e^{\pi}} \ln x) = \cos[\ln(\lim_{x \to e^{\pi}} x)] = \cos(\ln e^{\pi}) = \cos \pi = -1.$$

2.4.5　闭区间上连续函数的性质

在闭区间上的连续函数有两个重要的性质，它们的证明过程从略，我们仅借助几何图形作简要解释.

定理 12(闭区间连续函数最值定理)　若函数 $f(x)$ 在闭区间 $[a, b]$ 上连续，则 $f(x)$ 在 $[a, b]$ 上有最大值和最小值.

这个定理表明，若函数 $f(x)$ 在 $[a, b]$ 上连续，则一定存在 $\xi_1, \xi_2 \in [a, b]$，使得 $f(\xi_1)$，$f(\xi_2)$ 分别是 $f(x)$ 在 $[a, b]$ 上的最小值和最大值，如图 2-16 所示. 应该注意，这个定理中要求的"闭区间"和"连续"这两点缺一不可，两者均满足时结论一定成立，至少有一个不满足时结论不一定成立.

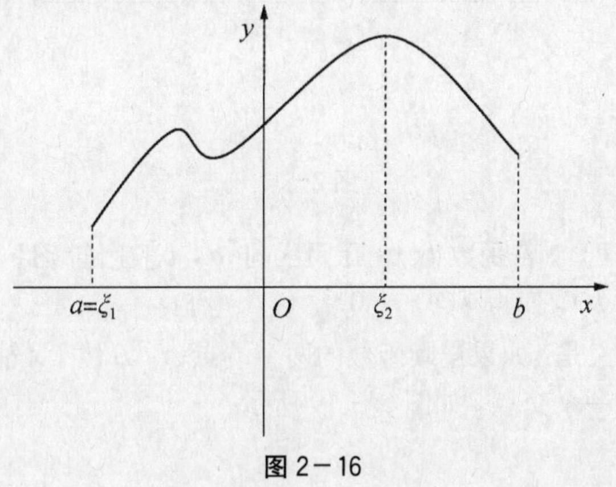

图 2-16

如图 2-17 所示，函数 $y = \dfrac{1}{x}$ 因为在闭区间 $[-1, 1]$ 上不连续，所以在此区间上没有最大值.

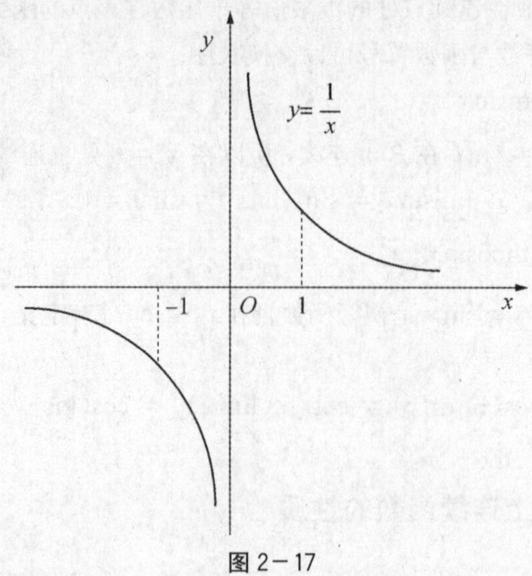

图 2－17

再如在开区间(0，1)上考察连续函数 $y = x^2$，它在此区间上既达不到最大值也达不到最小值.

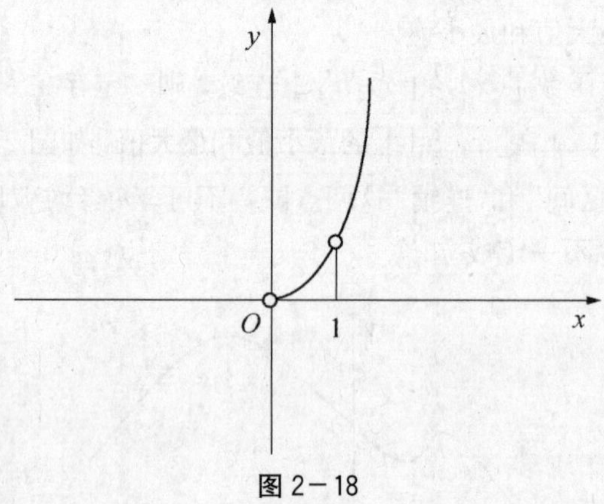

图 2－18

定理 13(零点定理)　若函数 $f(x)$ 在闭区间$[a, b]$上连续且 $f(a)f(b) < 0$，则至少存在一点 $\xi \in (a, b)$，使得 $f(\xi) = 0$.

此定理的几何意义是：如果连续函数的两个端点 A，B 位于 x 轴的不同侧，则函数图象一定与 x 轴至少有一个交点，如图 2－19 所示.

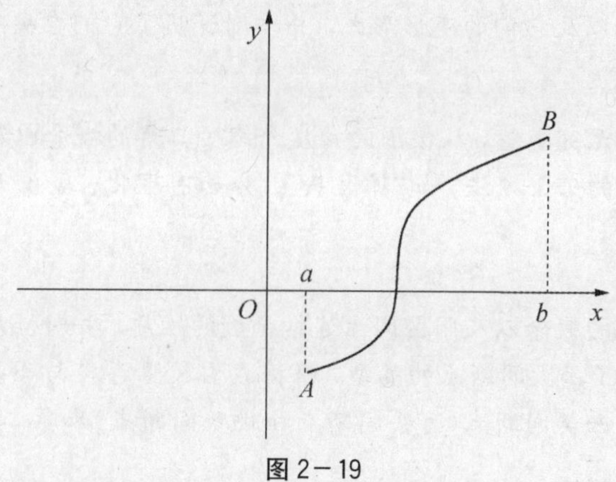

图 2-19

定理13常用来研究方程根的位置，下面举例说明.

【例2-42】 证明方程 $x = e^{\sin x}$ 在区间 $(0, \pi)$ 内至少有一个根.

证 令 $f(x) = x - e^{\sin x}$. 因为 $f(x)$ 在 $[0, \pi]$ 上连续且 $f(0) = -1 < 0$, $f(\pi) = \pi - 1 > 0$，所以根据零点定理知，在 $(0, \pi)$ 内至少有一点 ξ，使得 $f(\xi) = 0$，即 $\xi - e^{\sin \xi} = 0$. 这说明 ξ 是方程 $x = e^{\sin x}$ 的根，即 $x = e^{\sin x}$ 在区间 $(0, \pi)$ 内至少有一个根.

若将零点定理进行推广，可得到介值定理.

定理14(介值定理) 设函数 $f(x)$ 在闭区间 $[a, b]$ 上连续且 $f(a) \neq f(b)$. 若 μ 为介于 $f(a)$ 与 $f(b)$ 之间的一个数，即 $f(a) < \mu < f(b)$ 或 $f(b) < \mu < f(a)$，则至少存在一点 $\xi \in (a, b)$，使得 $f(\xi) = \mu$.

本章小结

本章主要介绍了数列与函数、极限与连续的一些基本概念和求极限的一些方法，并给出了一些简单应用. 本章以函数为主线，介绍了函数的一些基本概念和性质，引出了反函数、复合函数和初等函数等相关概念，研究了函数的几种性质，并进一步讨论了函数极限的计算方法，如"抓大头"，利用重要极限公式、等价无穷小量替换等方法，最后讨论了函数的连续与间断的问题，并对间断点的类型做出了划分，对连续函数的性质和应用进行了讨论.

1. 函数

给出了函数、反函数、复合函数和初等函数的概念，并介绍了几种比较常见的函数，如符号函数、绝对值函数、取整函数、狄利克雷函数等，讨论了函数的四种特性：有界性、单调性、奇偶性和周期性.

2. 极限

数列作为一种特殊的函数，首先给出了数列极限的"$\varepsilon - N$ 定义"和数列极限的性质. 其次，给出了函数极限的概念、函数极限的性质如函数极限的唯一性、局部有界性和局部保号性，以及函数极限的四则运算法则，并给出了两个重要的极限公式 $\lim\limits_{x \to 0} \frac{\sin x}{x} = 1$

和$\lim_{x \to \infty}\left(1+\frac{1}{x}\right)^{x}=\mathrm{e}$以及它们的变形形式，并举例说明了它们在极限计算中的应用方法与技巧.

对于无穷大量和无穷小量，从极限的角度介绍了二者的概念以及它们之间的联系.

对于极限计算中的若干方法，如“抓大头”、分子有理化、等价无穷小量替换等均举例做了相应的说明.

3. 连续与间断

介绍了连续函数的概念以及闭区间上连续函数的性质，并对性质的应用举例做了简要的说明，然后介绍了函数间断点的类型，根据左右极限存在与否以及函数在此点有无定义将间断点分为第一类间断点(可去间断点和跳跃间断点)和第二类间断点(无穷间断点和振荡间断点).

扩展阅读(1)——数学家简介

狄利克雷

挪威天才数学家阿贝尔曾这样评价:“狄利雷克是一位极有洞察力的数学家.”

狄利雷克(Dirichlet, Peter Gustav Lejeune)，德国数学家，1805 年 2 月 13 日出生于迪伦，1859 年 5 月 5 日卒于哥廷根.

在狄利克雷生活的时代，德国的数学正经历着以高斯(Gauss)为前导的、由落后逐渐转为兴盛发达的时期. 狄利克雷以其出色的数学才能以及在数论、分析和数学物理等领域的杰出成果，成为高斯之后与雅可比(Jacobi)齐名的德国数学家.

狄利克雷出生于一个具有法兰西血统的家庭. 他先在迪伦学习，后来到哥廷根受业于高斯. 1822—1827 年旅居巴黎当家庭教师，在此期间他参加了以傅里叶为首的青年数学家小组的活动，深受傅里叶学术思想的影响. 1827 在波兰布雷斯劳大学任讲师. 从 1839 年起任柏林大学教授. 1855 年，高斯逝世后，他作为高斯的继承者被哥廷根聘任为教授，直至逝世. 1831 年他被选为普鲁士科学院院士，1855 年被选为英国皇家学会会员.

狄利克雷在数学和力学这两个领域都作出了名垂史册的重大贡献. 在分析学方面，他是最早倡导严格化方法的数学家之一. 1837 年他提出函数是 x 与 y 之间的一种对应关系的现代观点. 狄利克雷的函数定义成了我们现在仍沿用的传统定义. 在数论方面，他是高斯思想的传播者和拓广者. 他毕生敬仰高斯，对高斯的《算术研究》爱不释手，即使是在旅行中也总是随身携带并反复研究. 1863 年狄利克雷撰写了《数论讲义》，对高斯划时代的著作《算术研究》作了清晰的解释并有自己独到的见解，使高斯的思想得以广泛传播. 1837 年，他构造了狄利克雷级数. 1838—1839 年，他得到确定二次型类数的公式. 1846 年，他使用抽屉原理，阐明代数数域中单位数的阿贝尔群的结构. 在数学物理方面，他对椭球体产生的引力、球在不可压缩流体中的运动、由太阳系稳定性导出的一般稳定性等课题都有重要论著. 1850 年发表了有关位势理论的文章，论及著名的第一边界值问题，现称狄利克雷问题.

在数学中还有许多概念和原理都与狄利克雷的名字联系在一起，如狄利克雷级数、狄利克雷原理、狄利克雷问题、狄利克雷条件等.

扩展阅读(2)——数学方法

类比法

1.类比法概述以及类比的意义

类比法是进行合情推理的一种思维方法，它是一种相似：当两个对象系统中某些对象间的关系存在一致性或者某些对象间存在着同构关系时，我们便可对这两个对象系统进行类比. 通过类比，可以从一个对象系统得到的某结果去猜想和发现另一系统的相应的新结果.

著名的数学家拉普拉斯说过:“在数学里发现真理的主要工具是归纳和类比.”哲学家康德也曾指出:“每当理智缺乏可靠论证的思路时，类比这个方法往往能指引我们前进.”例如，著名数学家笛卡尔受到天文和地理经纬度的启发，提出坐标轴以及平面上点与实数对的对应关系，从而建立了坐标几何学，可见类比法在数学学习中的重要性.

类比法在学习大学数学中起着极为重要的作用，通过类比法可以把所学的知识串起来，使知识更加系统化. 但是，类比不像数学知识，如概念、定理、公式等明白地写在教材上，它是潜在的、无形的东西，需要我们去探索和发现.

2.类比法在大学数学中的应用概述

高等数学中的微积分包括一元函数微积分与多元函数微积分两大部分，在学习多元函数微积分时，许许多多的概念、定理完全可与一元函数微积分中相应的概念、定理进行类比和比较. 例如，n维空间中的邻域、两点间的距离、点列极限等基本概念以及连续性定理等都能与一维空间中的相应内容进行类比和比较. 又如多元函数的极限、连续、偏导数、全微分、重积分等重要概念与一元函数的极限、连续、导数、微分、积分相类比和比较. 此外，不同数学课程中的内容也可进行类比和比较，例如，微积分中(实)函数的极限、连续、导数、微分、积分等概念可与复变量函数的相应概念进行类比和比较；线性常微分方程(组)的基本理论可与线性代数方程组的基本理论进行类比和比较. 总之，我们通过类比法可以得到一些相应的结论，进行一些猜想，获得一些解题途径.

3.例谈类比法

(1) 函数的极限与数列的极限之间的类比. 在函数中，函数y与自变量x的关系类似于在数列中通项a_n与项数n之间的关系. 在数列极限定义中，如果当n无限增大时，数列$\{a_n\}$无限接近于一个确定的常数a，那么a就称为数列$\{a_n\}$的极限. 用“类比法”把数列极限的定义中n换成x，a_n换成y，就得到函数极限的定义，即如果当x无限增大时，函数$f(x)$无限接近于一个确定的常数a，那么a就称为函数$f(x)$的极限.

(2)方程解中的类比法. 若将“一阶线性非齐次微分方程的通解等于对应的齐次微分方程的通解加上非齐次微分方程的任一特解”这一结论类比到二阶线性非齐次微分方程以及线性代数中的线性非齐次方程的通解上，可得到以下结论：

类比结论1：二阶线性非齐次微分方程的通解等于对应的齐次微分方程的通解加上非齐次微分方程的任一特解.

类比结论2：在线性代数中，线性非齐次方程的通解等于其对应的齐次方程的通解加上非齐次方程的任一特解.

(3) 数学中不同学科间的类比. 在集合中，我们知道集合 $A\cup B$ 的元素 $=A$ 的元素 $+B$ 的元素 $-A\cap B$ 的元素. 这一基本结论可类比在线性代数或概率论中，类比的结论如下：

类比结论1：若 V_1，V_2 是线性空间 V 的子空间，则

$$\dim(V_1+V_2)=\dim V_1+\dim V_2-\dim(V_1\cap V_2).$$

类比结论2：若 A_1，A_2 是事件空间中的两个随机事件，则

$$P(A_1+A_2)=P(A_1)+P(A_2)-P(A_1\cap A_2).$$

扩展阅读(3)——名家谈数学

关于数学之美，法国著名的数学物理学家庞加莱说：“感觉到数学的美，感觉到数与形的协调，感觉到几何的优雅，这是所有真正的数学家都清楚的真实的美的感觉.”美国数学史家克莱因(M. Kline)说：“一个精彩巧妙的证明，精神上近乎一首诗.”由此我们可以感知，只要踏进了数学之门就会发现，数学不是枯燥无味的，而是充满着无穷的美妙.

对于数学的价值和作用，法国数学家笛卡儿说：“数学是知识的工具，亦是其他知识工具的泉源，所有研究顺序和度量的科学均和数学有关.”我国著名数学家华罗庚说：“宇宙之大，粒子之微，火箭之速，化工之巧，地球之变，生物之谜，日用之繁，无处不用数学.”中国科学院院士王梓坤说：“数学科学不仅帮助人们在经营中获利，而且给予人们以能力，包括直观思维、逻辑思维、精确计算以及结论的明确无误.”数学对于现实生活的影响正在与日俱增. 许多学科都在悄悄地或先或后地经历着一场数学化的进程. 现在，已经没有哪个领域能够抵挡得住数学方法的渗透.

那么，对于我们来说应该怎样才能学好数学呢？

1.要养成思考的习惯，善于思考

中国科学院院士袁亚湘教授指出：“数学最富有吸引力，最迷人，最具有威力，也是最本质的就是她的思想. 在学习大学数学时，首先应该学会思考. 如果不思考，就不是真正意义上的学习. 科学的学习方法必定不能缺少思考. 学习科学知识不用科学的学习方法岂不可笑吗？英国著名科学家牛顿在被问到是什么使得他发现了万有引力定律时，其回答非常简单：‘By thinking on it continually. ’这看似简单的回答却给出了一个真理——几乎所有的伟大发现都归功于不断的思考. 所以，在大学里一定要使自己有相当

的时间在思考."著名数学家陈景润也曾这样说:"不要一遇到不会的东西就马上去问别人,自己不动脑子,专门依赖别人,而是要自己先认真地思考一下,这样就可能依靠自己的努力克服其中的某些困难,对经过很大努力仍不能解决的问题,再虚心请教别人,这样往往能受到更大的帮助和锻炼."

2.培养学习数学的兴趣

有了兴趣,学习就如燃烧,可谓"星星之火,可以燎原".正像燃烧产生的热可以加快燃烧过程本身一样,只要有兴趣,学到的知识便能增强我们对学习的兴趣,诱使我们主动地去学习新的东西.数学家韦尔斯十年磨一剑攻克费尔马大定理,就是从小就迷上了这个世界难题.美国现代物理学家丁肇中指出,兴趣可以成为一个发挥智慧夺取成功的动力.

3.培养良好的学习态度和学习习惯

在学习数学的态度上,我国著名数学家苏步青说:"数学学习第一要严肃,学什么都要严肃认真.在学习中必须反对不懂装懂的不良学风,懂就懂,不懂就不懂,绝不能用'不太懂'这类含糊其辞的话来对待学习."

英国数学家贝尔特说:"良好的方法能使我们更好地运用天赋和才能,而拙劣的方法则可能阻碍才能的发挥."学习数学应该勤于练习.华罗庚曾说:"数学既然是思想的'体操',那也和普通的体操一样,只要经常锻炼,任何人都可以达到一定标准……数学也一样,只要经常锻炼,经常练习,就能达到一定的标准,并不需要任何天才."苏步青也指出:"要学好数学,方法不外乎打好基础,多做习题,多加思索和分析.同时,学习数学除了书本知识外,还要理论联系实际.只有这样,才能收到预期的效果."其次在数学学习中,要循序渐进.我国著名数学家、华罗庚数学奖得主王元说:"学数学最怕吃夹生饭,如果一些东西学得糊里糊涂,再继续往前学,则一定越学越糊涂,结果将是一无所获,所以不要怕学得慢,一定要得踏实,后来会起来的."我国著名数学教育家余元希先生指出:"数学有很好的系统性和连贯性,只有把前面的基础打牢,才好进入后一步的学习.数学知识一般都是从一些最基本的概念出发,按照一定的逻辑顺序展开的.学习当前所讨论的内容,又常常是后继学习知识的基础.前面的知识学得扎实,学习后面的知识就能顺利,前面的知识没有掌握好,学习后面的知识就会困难重重.这一点也就规定了学习数学必须循序渐进."

4.要激发想象,开拓创新,坚忍不拔

美国著名思想家、哲学家爱因斯坦认为:"想象力比知识更重要,因为知识是有限的,而想象力概括世界上的一切,推动着进步并且是知识进化的源泉."牛顿认为:"没有大胆的猜测,就做不出伟大的发现."最后,要有攀登科学高峰的勇气、坚忍不拔的毅力.英国数学家、哲学家罗素强调:"伟大的事业根源于坚忍不拔的工作,以全部的精神去从事,不避艰苦."华罗庚生前谆谆教诲我们:"科学上没有平坦的大道,真理的长河中有无数礁石险滩,只有不畏攀登的采药者,只有不怕飞浪的弄潮儿,才能登上高峰采取仙药,深入水底觅得骊珠."

习题 2

1. 是非题.

(1) 函数 $f(x)$ 在点 $x = x_0$ 处无意义，则 $\lim\limits_{x \to x_0} f(x)$ 不存在.

(2) 若 $\lim\limits_{x \to a} f(x)$ 和 $\lim\limits_{x \to a} g(x)$ 都不存在，那么 $\lim\limits_{x \to a}[f(x) + g(x)]$ 也不存在.

(3) 若 $\lim\limits_{x \to a} f(x)g(x)$ 和 $\lim\limits_{x \to a} g(x)$ 都存在，那么 $\lim\limits_{x \to a} f(x)$ 也存在.

(4) 当 $x \to 2$ 时，$f(x)$ 是无穷小量，则 $\dfrac{1}{f(x)}$ 是无穷大量.

(5) 设函数 $f(x)$ 在闭区间 $[a, b]$ 上连续，且 $f(a)f(b) > 0$，则函数在 (a, b) 内没有零点.

2. 选择题.

(1) 设函数 $f(x) = \ln(x + 2)$，那么复合函数 $\sqrt{f(x)}$ 的定义域是(　).

A. $(-2, +\infty)$　　B. $(-1, +\infty)$

C. $[-2, +\infty)$　　D. $[-1, +\infty)$

(2)下列说法中，错误的是(　).

A. 两个奇函数的和是奇函数　　B. 两个奇函数的积是奇函数

C. 两个偶函数的和是偶函数　　D. 两个偶函数的积是偶函数

(3) 函数 $f(x) = \begin{cases} -x^3, & -3 \leqslant x \leqslant 0 \\ x^3, & 0 < x \leqslant 2 \end{cases}$，那么它是(　).

A. 奇函数　　B. 周期函数　　C. 有界函数　　D. 偶函数

(4) 当 $x \to 0$ 时，下列函数(　)是无穷小量.

A. $\sin x + \cos x$　　B. e^{-x}　　C. $\cos 3x$　　D. $\sin 3x$

3. 填空题.

(1) 设函数 $f(2x - 1) = x^2$，则 $f(x) =$ ________.

(2) 函数 $f(x) = \dfrac{1}{2}\arcsin 2x$ 的定义域是 ________.

(3) 设函数 $\lim\limits_{x \to 0} \dfrac{\sin ax}{x} = 2$，则 $a =$ ________.

(4) 设函数 $\lim\limits_{x \to \infty}\left(1 + \dfrac{a}{x}\right)^x = e^3$，则 $a =$ ________.

(5) 设函数 $f(x) = \dfrac{x^2 - 5x + 6}{x^2 - 4}$，则 $f(x)$ 的连续区间为 ________.

4. 求下列函数的定义域，并求出其反函数.

(1) $y = 1 + \ln(x + 2)$；　　(2) $y = \sqrt[3]{x + 1}$.

5. 判断下列函数的奇偶性.

(1) $y = \dfrac{x^2 \cos x}{1 + x^2}$；　　(2) $y = x^3 + \sin x$.

6. 讨论下列函数的单调性.

(1) $y = x^3$；　(2) $y = 2^{-x}$.

7. 求下列函数的周期.

(1) $y = \cos 3x$；　(2) $y = \sin x \cos x$.

8. 将下列各题中 y 表示成 x 的函数.

(1) $y = \sqrt{u}$，$u = 1 + v^2$，$v = \sin x$；　(2) $y = \lg u$，$u = \sin v$，$v = x^2$.

9. 借助数轴上点列的变化判断一下数列是否收敛.

(1) $\left\{\frac{n+2}{n}\right\}$；　(2) $\left\{1 + \frac{(-1)^n}{n}\right\}$；

(3) $\{1 + (-1)^n\}$；　(4) $\{2\}$.

10. 求下列极限.

(1) $\lim\limits_{n\to\infty} \frac{2n^2 + 3n + 1}{4n^2 + n + 1}$；　(2) $\lim\limits_{n\to\infty} \frac{2n}{n^2 + n - 1}$；

(3) $\lim\limits_{x\to 1} \frac{x^2 - 3}{x + 1}$；　(4) $\lim\limits_{x\to 2} \frac{x^3 - 8}{x - 2}$；

(5) $\lim\limits_{x\to 4} \frac{x^2 - 6x + 8}{x^2 - 5x + 4}$；　(6) $\lim\limits_{x\to\infty} \frac{x^2 - 6x + 8}{x^2 - 5x + 4}$；

(7) $\lim\limits_{x\to\infty} \frac{x^2 + x + 8}{x^4 - 3x^2 + 1}$；　(8) $\lim\limits_{x\to\infty} \frac{2x^3 - x^2 + 1}{3x^2 - 2x - 1}$；

(9) $\lim\limits_{x\to 2} \frac{\sqrt{x+1} - \sqrt{3}}{x - 2}$；　(10) $\lim\limits_{x\to 3} \frac{\sin(x-3)}{x^2 - 9}$；

(11) $\lim\limits_{x\to 0} \frac{\sin 2x}{\sin 3x}$；　(12) $\lim\limits_{x\to 0} \frac{1 - \cos 2x}{x \sin x}$；

(13) $\lim\limits_{n\to\infty} n \sin \frac{\pi}{n}$；　(14) $\lim\limits_{x\to 0} (1 + 2x)^{\frac{1}{x} + 1}$；

(15) $\lim\limits_{x\to\infty} \left(1 + \frac{2}{x}\right)^{3x}$；　(16) $\lim\limits_{x\to 0} (1 - x)^{\frac{1}{x}}$.

11. 已知 $\lim\limits_{x\to 1} \frac{x^2 + ax + b}{x - 1} = 3$，求 a，b 的值.

12. 当 $x \to 1$ 时，无穷小 $1 - x$ 和 $1 - x^3$. $\frac{1}{2}(1 - x^2)$ 是否同阶，是否等价？

13. 设 $f(x) = \begin{cases} x \sin \frac{1}{x}, & x > 0 \\ a + x^2, & x \leqslant 0 \end{cases}$，要使 $f(x)$ 在 $(-\infty, +\infty)$ 内连续，a 应为多少？

14. 求下列函数的间断点，并指出间断点的类型.

(1) $y = \frac{1}{x+3}$；　(2) $y = \frac{x^2 - 1}{x - 1}$；

(3) $y = \frac{\sin x}{x}$；　(4) $y = \begin{cases} x - 1, & x \leqslant 1 \\ 3 - x, & x > 1 \end{cases}$.

15. 证明：方程 $x^5 - 3x = 1$ 至少有一个根介于 1 和 2 之间.

第3章 导数与微分

上一章，我们研究了一元函数的极限．本章，我们利用极限这个工具研究微积分学中一个核心的概念——导数．早在1629年，法国数学家费马研究了曲线的切线和求函数极值的方法，1637年，在他的手稿《求最大值与最小值的方法》中，通过差分 $f(A+E)-f(A)$ 来作切线，这里的因子 E 就是我们现在所说的导数 $f'(A)$．

在前人创造性研究的基础上，大数学家牛顿、莱布尼茨等从不同的角度开始系统地研究微积分．牛顿的微积分理论被称为“流数术”，他于1671年写了《流数法和无穷级数》，书中称变量为流量，称变量的变化率为流数，相当于我们所说的导数．牛顿在《求积术》一文中得出 $y=x^n$ 的导数是 nx^{n-1}，这个结果在实际应用中非常成功，大大推进了科学技术的发展．然而，牛顿的论证存在着逻辑上的困难，在增量无穷小时，牛顿直接令其等于零才得以解决问题，但是，一个无穷小的量真的等于零吗？这引起了极大的争论，甚至引发了第二次数学危机．

为了解决这个逻辑困难，数学家们付出了不懈的努力．1750年达朗贝尔在为法国科学家院出版的《百科全书》第四版写的“微分”条目中提出：导数可以用现代符号简单表示，即 $\frac{\mathrm{d}y}{\mathrm{d}x}=\lim\limits_{\Delta x\to 0}\frac{\Delta y}{\Delta x}$．1821年，柯西在《代数分析教程》中，以极限的概念为基础，指出无穷小量和无穷大量都不是固定的量而是变量，并定义了导数和积分．19世纪60年代以后，魏尔斯特拉斯创造了“$\varepsilon-\delta$”语言，并把导数、积分等概念都严格地建立在极限的基础上，导数的定义就得到了今天常见的形式．

本章介绍导数与微分的概念、计算方法以及导数的应用．

3.1 导数的概念与性质

3.1.1 引例

3.1.1.1 曲线切线的斜率

如图3－1所示，$M_0(x_0,y_0)$ 是曲线 $y=f(x)$ 上的一点，如何求 M_0 处切线斜率？设 M 是曲线上异于 M_0 的另外一点，连接 M_0M，称 M_0M 为曲线的割线，当点 M 沿着曲线逼近点 M_0 时，割线 M_0M 的极限位置（如果存在的话）是 M_0T，称直线 M_0T 为曲线 $y=f(x)$ 在点 M_0 处的切线．由此，从几何上，我们把切线定义为割线的极限位置．

切线是一个局部性的概念，它只与点 M_0 附近的曲线弧有关.

如图 3－2 所示，在点 $M_0(x_0,\ y_0)$ 的附近取另外一点 $M(x_0+\Delta x, y_0+\Delta y)$，设割线 M_0M 的倾斜角为 φ，其斜率为

$$k_{M_0M} = \tan\varphi = \frac{\Delta y}{\Delta x} = \frac{f(x_0+\Delta x)-f(x_0)}{\Delta x}.$$

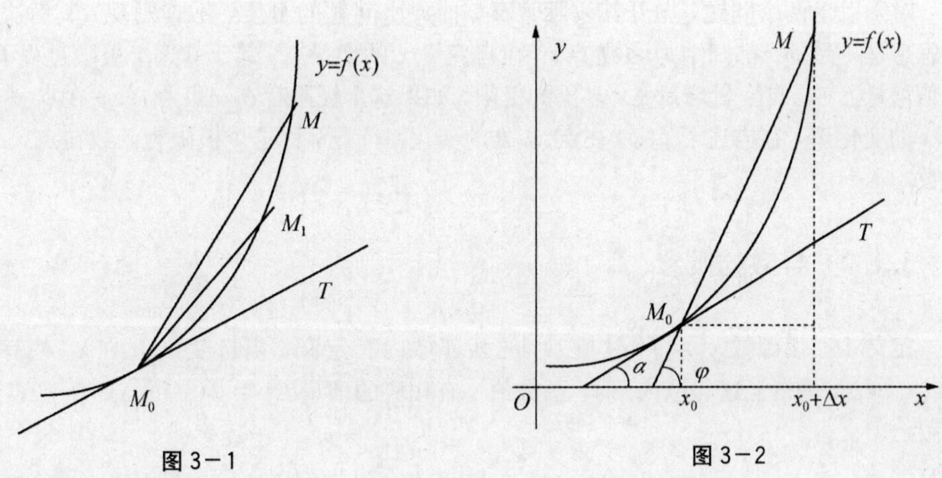

图 3－1　　图 3－2

当点 M 沿着曲线趋于点 M_0，即 $\Delta x \to 0$ 时，割线 M_0M 的极限位置就是切线 M_0T，此时割线 M_0M 的倾斜角 φ 趋于切线 M_0T 的倾斜角 α，因此，切线 M_0T 的斜率(如果存在的话）为

$$k_{M_0T} = \tan\alpha = \lim_{\Delta x\to 0}\tan\varphi = \lim_{\Delta x\to 0}k_{M_0M} = \lim_{\Delta x\to 0}\frac{\Delta y}{\Delta x} = \lim_{\Delta x\to 0}\frac{f(x_0+\Delta x)-f(x_0)}{\Delta x}.$$

我们称 $\dfrac{\Delta y}{\Delta x}$ 为自变量从 x_0 变到 $x_0+\Delta x$ 时 $f(x)$ 关于 x 的平均变化率；进而，若极限 $\lim\limits_{\Delta x\to 0}\dfrac{\Delta y}{\Delta x}$ 存在，则称此极限为 $f(x)$ 在点 x_0 处关于 x 的变化率. 由此可知，曲线 $y=f(x)$ 在点 M_0 处的切线的斜率是当自变量的增量 $\Delta x \to 0$ 时，函数值的增量与自变量的增量之比的极限值(如果这个极限存在的话).

【例 3－1】　求曲线 $y = x^2$ 在点(1, 1) 处的切线斜率.

解　$y = x^2$ 在点(1, 1) 处的切线斜率为

$$k = \lim_{\Delta x\to 0}\frac{(1+\Delta x)^2-1^2}{\Delta x} = \lim_{\Delta x\to 0}\frac{\Delta x^2+2\Delta x}{\Delta x} = 2.$$

3.1.1.2　变速直线运动的瞬时速度

设一质点做变速直线运动，$[0,\ t]$ 时间内所经过的路程 s 是时刻 t 的函数 $s=s(t)$，$t_0\in[0,\ t]$ 为某一确定时刻，求质点在 t_0 时刻的瞬时速度.

取临近于 t_0 时刻的某一时刻 $t_0+\Delta t$，则物体在 $[t_0,\ t_0+\Delta t]$ 这段时间内经过的路程为 $\Delta s = s(t_0+\Delta t)-s(t_0)$. 比值 $\dfrac{\Delta s}{\Delta t} = \dfrac{s(t_0+\Delta t)-s(t_0)}{\Delta t}$ 表示质点在 Δt 时间段内

的平均速度，记为$\overline{v}$，显然Δt越小，$\overline{v}$就越接近于t_0时刻的瞬时速度v，因此，当取极限情况时，得到物体在t_0时刻的瞬时速度v，即

$$v = \lim_{\Delta t \to 0} \overline{v} = \lim_{\Delta t \to 0} \frac{\Delta s}{\Delta t} = \lim_{\Delta t \to 0} \frac{s(t_0 + \Delta t) - s(t_0)}{\Delta t}.$$

显然，只要上式中的极限存在，求瞬时速度的问题就转化为求平均速度的极限问题.

对于以上两个问题，抛开其实际意义，抽象出问题的本质，不难发现，其解决问题的思想是一致的. 都归结为函数$f(x)$在自变量x的增量Δx趋于0这个极限过程下，函数值增量Δy与自变量增量Δx之比的极限，如果这个极限存在，即为$f(x)$在点x_0处关于x的变化率，它描述了$f(x)$在点x_0处的变化率问题，称这个极限为函数在点x_0处的导数.

3.1.2 导数的概念

定义1 设函数$y = f(x)$在x_0的某邻域内有定义，当自变量x在x_0处有增量Δx($x_0 + \Delta x$仍在上述邻域内)时，函数值y有相应的增量$\Delta y = f(x_0 + \Delta x) - f(x_0)$，若极限

$$\lim_{\Delta x \to 0} \frac{\Delta y}{\Delta x} = \lim_{\Delta x \to 0} \frac{f(x_0 + \Delta x) - f(x_0)}{\Delta x}$$

存在，则称函数$y = f(x)$在点x_0处可导，并称此极限值为$y = f(x)$在点x_0处的导数，记作$f'(x_0)$，即

$$f'(x_0) = \lim_{\Delta x \to 0} \frac{f(x_0 + \Delta x) - f(x_0)}{\Delta x}. \tag{3-1}$$

注：(1) 导数$f'(x_0)$也可记作$\left.\frac{\mathrm{d}y}{\mathrm{d}x}\right|_{x=x_0}$，$y'|_{x=x_0}$或$\left.\frac{\mathrm{d}f(x)}{\mathrm{d}x}\right|_{x=x_0}$.

(2) 若令$x = x_0 + \Delta x$，则$\Delta x \to 0$时，$x \to x_0$，于是导数的定义式可表示为

$$f'(x_0) = \lim_{x \to x_0} \frac{f(x) - f(x_0)}{x - x_0}.$$

同样地，若令$\Delta x = h$，又可得导数的另一种常见形式

$$f'(x_0) = \lim_{h \to 0} \frac{f(x_0 + h) - f(x_0)}{h}.$$

(3) 若函数$y = f(x)$在点x_0处可导，称点x_0为$y = f(x)$的可导点；若式(3-1)中右端极限不存在，称$y = f(x)$在点x_0处不可导或没有导数，点x_0为$y = f(x)$的不可导点. 特别地，如果不可导的原因是当$\Delta x \to 0$时，$\frac{\Delta y}{\Delta x} \to \infty$，为叙述方便，我们常说$y = f(x)$在点$x_0$处的导数为无穷大.

式(3-1)中$\Delta x \to 0$即$x \to x_0$的方式是任意的，x可以从x_0左侧或右侧趋于x_0，根据左、右极限的定义，可定义左、右导数.

定义2 如果x仅从x_0左侧趋于x_0，记作$x \to x_0^-$或$\Delta x \to 0^-$，此时若极限$\lim\limits_{\Delta x \to 0^-} \frac{f(x_0 + \Delta x) - f(x_0)}{\Delta x}$存在，则称该极限值为$y = f(x)$在点$x_0$处的左导数，记作

$f'_-(x_0)$，即

$$f'_-(x_0) = \lim_{\Delta x \to 0^-} \frac{f(x_0 + \Delta x) - f(x_0)}{\Delta x}.$$

同理，可定义右导数

$$f'_+(x_0) = \lim_{\Delta x \to 0^+} \frac{f(x_0 + \Delta x) - f(x_0)}{\Delta x},$$

其中 $\Delta x \to 0^+$ 表示 x 仅从 x_0 右侧趋于 x_0.

左导数和右导数统称为单侧导数.

由于极限存在的充要条件是左、右极限都存在且相等，从而有函数 $y = f(x)$ 在点 x_0 处可导的充要条件是，左导数 $f'_-(x_0)$ 和右导数 $f'_+(x_0)$ 都存在且相等.

若函数 $y = f(x)$ 在区间 (a, b) 内每一点都可导，则称 $f(x)$ 在区间 (a, b) 内可导，或 $f(x)$ 为区间 (a, b) 内的可导函数. 此时，对于任意 $x \in (a, b)$，都有一个确定的导数值与之对应，从而可构成一个在 (a, b) 内的函数，称为函数 $f(x)$ 的导函数，简称为导数，记作 $f'(x)$，y'，$\frac{\mathrm{d}f(x)}{\mathrm{d}x}$ 或 $\frac{\mathrm{d}y}{\mathrm{d}x}$. 如果 $y = f(x)$ 在开区间 (a, b) 内可导，且 $f'_+(a)$ 和 $f'_-(b)$ 都存在，则称 $f(x)$ 在闭区间 $[a, b]$ 上可导. 因此，将式 (3－1) 中的 x_0 换成 x，即得导函数的定义式

$$f'(x) = \lim_{\Delta x \to 0} \frac{f(x + \Delta x) - f(x)}{\Delta x}.$$

需要注意的是，在求极限时，x 是常量，而 Δx 是变量.

显然，函数 $y = f(x)$ 在点 x_0 处的导数 $f'(x_0)$ 是导函数 $f'(x)$ 在点 x_0 处的函数值 [当 $f'(x)$ 在 x_0 有定义时].

【例 3－2】　利用导数定义求常数函数 $f(x) = C$ 的导数.

解　由于

$$\lim_{\Delta x \to 0} \frac{f(x + \Delta x) - f(x)}{\Delta x} = \lim_{\Delta x \to 0} \frac{C - C}{\Delta x} = 0,$$

故 $(C)' = 0$.

由此可知，常数的导数等于零.

【例 3－3】　利用导数定义求函数 $f(x) = x^2$ 的导数及 $f'(1)$.

解　由于

$$\lim_{\Delta x \to 0} \frac{f(x + \Delta x) - f(x)}{\Delta x} = \lim_{\Delta x \to 0} \frac{(x + \Delta x)^2 - x^2}{\Delta x} = \lim_{\Delta x \to 0} (2x + \Delta x) = 2x,$$

故 $f'(x) = 2x$，$f'(1) = 2$.

类似地，若 n 为正整数，有 $(x^n)' = nx^{n-1}$；更一般地，$(x^\alpha)' = \alpha x^{\alpha - 1}$（$\alpha$ 为任意非零实数）. 证明从略.

【例 3－4】　利用导数定义求函数 $f(x) = \sin x$ 的导数及 $f'\left(\frac{\pi}{4}\right)$.

解　由于

$$\lim_{\Delta x \to 0} \frac{f(x + \Delta x) - f(x)}{\Delta x} = \lim_{\Delta x \to 0} \frac{\sin(x + \Delta x) - \sin x}{\Delta x}$$

$$= \lim_{\Delta x \to 0} \frac{2\cos\left(x + \frac{\Delta x}{2}\right)\sin\frac{\Delta x}{2}}{\Delta x} = \cos x,$$

故$(\sin x)' = \cos x$, $f'\left(\frac{\pi}{4}\right) = (\sin x)'|_{x=\frac{\pi}{4}} = \cos\frac{\pi}{4} = \frac{\sqrt{2}}{2}$.

同理可证$(\cos x)' = -\sin x$.

此外，我们不加证明给出指数函数、对数函数及反三角函数的导数如下：

$(a^x)' = a^x\ln a\,(a > 0,\ a \neq 0)$；　　$(\log_a x)' = \frac{1}{x\ln a}$；

$(\arcsin x)' = \frac{1}{\sqrt{1 - x^2}}$；　　$(\arccos x)' = -\frac{1}{\sqrt{1 - x^2}}$；

$(\arctan x)' = \frac{1}{1 + x^2}$；　　$(\text{arccot}\, x)' = -\frac{1}{1 + x^2}$.

特别地，$(\mathrm{e}^x)' = \mathrm{e}^x$，$(\ln x)' = \frac{1}{x}$.

3.1.3　导数的意义

几何上，函数 $y = f(x)$ 在点 x_0 处的导数 $f'(x_0)$ 是曲线 $y = f(x)$ 在点$(x_0, f(x_0))$处切线的斜率. 物理上，路程函数 $s(t)$ 对时间 t 的导数为瞬时速度 v.

3.1.4　函数连续性与可导性的关系

连续和可导是微积分学中两个非常重要的概念，那么函数的连续性和可导性之间有什么样的关系？

定理 1　若函数 $y = f(x)$ 在点 x_0 处可导，则它在点 x_0 处连续.

证　因为 $y = f(x)$ 在点 x_0 可导，所以 $f'(x_0) = \lim\limits_{\Delta x \to 0}\frac{\Delta y}{\Delta x}$ 存在，故有

$$\lim_{\Delta x \to 0}\Delta y = \lim_{\Delta x \to 0}\left(\frac{\Delta y}{\Delta x}\Delta x\right) = \lim_{\Delta x \to 0}\frac{\Delta y}{\Delta x} \cdot \lim_{\Delta x \to 0}\Delta x = f'(x_0) \cdot 0 = 0,$$

所以 $y = f(x)$ 在点 x_0 连续.

需要注意的是，这个定理的逆命题不成立. 比如下例.

【例 3－5】　讨论函数 $f(x) = |x|$ 在点 $x = 0$ 处的连续性和可导性.

解　$f(x) = |x| = \begin{cases} x, & x \geqslant 0 \\ -x, & x < 0 \end{cases}$.

由于

$$\lim_{x \to 0^-} f(x) = \lim_{x \to 0^-}(-x) = 0,\ \lim_{x \to 0^+} f(x) = \lim_{x \to 0^+} x = 0,\ f(0) = 0,$$

三者相等，故 $f(x) = |x|$ 在点 $x = 0$ 处连续.

但由于

$$f'_-(0)=\lim_{\Delta x\to 0^-}\frac{f(0+\Delta x)-f(0)}{\Delta x}=\lim_{\Delta x\to 0^-}\frac{-\Delta x}{\Delta x}=-1,$$

$$f'_+(0)=\lim_{\Delta x\to 0^+}\frac{f(0+\Delta x)-f(0)}{\Delta x}=\lim_{\Delta x\to 0^-}\frac{\Delta x}{\Delta x}=1,$$

即 $f'_-(0)\neq f'_+(0)$，故 $f(x)=|x|$ 在点 $x=0$ 处不可导.

3.2　求导法则与公式

上一节，利用导数的定义，我们已经推导出一些基本初等函数的导函数公式. 本节将介绍函数的和、差、积、商、复合函数及隐函数的求导法则，从而推出所有基本初等函数的求导公式，在此基础上，可以解决所有初等函数的求导问题.

3.2.1　导数的运算法则

3.2.1.1　四则运算法则

定理 2　设函数 $u=u(x)$，$v=v(x)$ 都是 x 的可导函数，则他们的和、差、积、商（除去分母为零的点）都是 x 的可导函数，且

(1) $[u(x)\pm v(x)]'=u'(x)\pm v'(x)$；

(2) $[u(x)v(x)]'=u'(x)v(x)+u(x)v'(x)$，特别地，$[Cv(x)]'=Cv'(x)$（$C$ 为常数）；

(3) $\left[\dfrac{u(x)}{v(x)}\right]'=\dfrac{u'(x)v(x)-u(x)v'(x)}{[v(x)]^2}$，$v(x)\neq 0$.

证明从略.

上述法则可以推广到有限个函数的和、差、积的求导，如

$$[u(x)\pm v(x)\pm w(x)]'=u'(x)\pm v'(x)\pm w'(x);$$

$$[u(x)v(x)w(x)]'=u'(x)v(x)w(x)+u(x)v'(x)w(x)+u(x)v(x)w'(x).$$

【例 3－6】　求下列函数的导数.

(1) $y=4e^x+x^2-\sin 5$；　　(2) $y=x^{\frac{2}{3}}\ln x$；

(3) $y=\tan x$；　　(4) $y=\sec x$.

解　(1) $y'=(4e^x)'+(x^2)'-(\sin 5)'=4e^x+2x-0=4e^x+2x$.

(2) $y'=(x^{\frac{2}{3}}\ln x)'=\dfrac{2}{3}x^{-\frac{1}{3}}\ln x+x^{\frac{2}{3}}\cdot\dfrac{1}{x}=\dfrac{1}{\sqrt[3]{x}}\left(\dfrac{2}{3}\ln x+1\right)$.

(3) $$y'=(\tan x)'=\left(\frac{\sin x}{\cos x}\right)'=\frac{(\sin x)'\cos x-\sin x(\cos x)'}{\cos^2 x}$$

$$=\frac{\cos^2 x+\sin^2 x}{\cos^2 x}=\frac{1}{\cos^2 x}=\sec^2 x.$$

同理可得

$$(\cot x)' = -\frac{1}{\sin^2 x} = -\csc^2 x.$$

(4) $y' = (\sec x)' = \left(\frac{1}{\cos x}\right)' = \frac{\sin x}{\cos^2 x} = \frac{1}{\cos x} \cdot \frac{\sin x}{\cos x} = \sec x \tan x.$

同理可得

$$(\csc x)' = -\csc x \cot x.$$

3.2.1.2　复合函数的求导法则

定理3　设函数 $y = f(\varphi(x))$ 由 $y = f(u)$ 及 $u = \varphi(x)$ 复合而成，函数 $u = \varphi(x)$ 在点 x 处可导，$y = f(u)$ 在点 $u = \varphi(x)$ 处可导，则 $y = f(\varphi(x))$ 在点 x 可导，且有如下求导公式：

$$\frac{dy}{dx} = \frac{dy}{du} \cdot \frac{du}{dx} = f'(u) \cdot \varphi'(x).$$

证明从略.

由定理知，复合函数的导数等于函数对中间变量的导数乘以中间变量对自变量的导数.

【例3—7】　求下列函数的导数.

(1) $y = \ln\cos x$；　　　　(2) $y = \tan\sqrt{x}$.

解　(1) $y = \ln\cos x$ 可看成是由 $y=f(u)=\ln u$ 及 $u=\varphi(x)=\cos x$ 复合而成，故

$$y' = f'(u) \cdot \varphi'(x) = (\ln u)'(\cos x)' = \frac{1}{u} \cdot (-\sin x) = \frac{-1}{\cos x}\sin x = -\tan x.$$

(2) $y = \tan\sqrt{x}$ 可看成是由 $y = f(u) = \tan u$ 及 $u = \varphi(x) = \sqrt{x}$ 复合而成，故

$$y' = f'(u) \cdot \varphi'(x) = (\tan u)'(\sqrt{x})' = \sec^2 u \cdot \frac{1}{2\sqrt{x}} = \sec^2\sqrt{x} \cdot \frac{1}{2\sqrt{x}}.$$

由上例可以看出，在计算复合函数的导数时，需要对复合函数进行结构分解，在对复合函数的分解熟练以后，就不必再写出中间变量，直接对函数从外向里，层层求导即可，如例3-7(1)就可简写为

$$y' = (\ln\cos x)' = \frac{1}{\cos x} \cdot (\cos x)' = \frac{1}{\cos x} \cdot (-\sin x) = -\tan x.$$

复合函数的求导法则可推广到中间变量有两个及两个以上的情形. 例如，设 $y = f(u)$，$u = \varphi(v)$，$v = \psi(x)$，则复合函数 $y = f[\varphi(\psi(x))]$ 的导数为

$$\frac{dy}{dx} = \frac{dy}{du} \cdot \frac{du}{dv} \cdot \frac{dv}{dx} = f'(u) \cdot \varphi'(v) \cdot \psi'(x).$$

【例3—8】　求下列函数的导数.

(1) $y = \ln\arcsin x$；　　　　(2) $y = e^{2x}\cos 3x$；

(3) $y = \sin^3 2x$；　　　　(4) $y = \sqrt{x^2 - 1}$.

解　(1) $y' = \frac{1}{\arcsin x} \cdot (\arcsin x)' = \frac{1}{\arcsin x} \cdot \frac{1}{\sqrt{1 - x^2}}.$

(2) $y' = (e^{2x})' \cdot \cos 3x + e^{2x} \cdot (\cos 3x)' = 2e^{2x}\cos 3x - 3e^{2x}\sin 3x.$

(3) $y' = 3\sin^2 2x \cdot (\sin 2x)' = 3\sin^2 2x \cdot \cos 2x \cdot 2 = 6\sin^2 2x \cdot \cos 2x$.

(4) $y' = \dfrac{1}{2\sqrt{x^2-1}} \cdot (x^2-1)' = \dfrac{1}{2\sqrt{x^2-1}} \cdot 2x = \dfrac{x}{\sqrt{x^2-1}}$.

3.2.1.3　隐函数的求导法则

前面讨论的函数 $y = f(x)$，因变量 y 是以自变量 x 的数学式直接表示，称这样的函数为显函数. 而变量之间函数关系的表示形式是多种多样的，若因变量 y 和自变量 x 的函数关系由方程 $F(x, y) = 0$ 给出，则称由此方程确定的函数 $y = y(x)$ 为隐函数. 我们只考虑隐函数存在且可导的情形. 下面利用复合函数求导法则，通过例子介绍隐函数的求导方法.

【例 3－9】　设方程 $e^y + xy = 0$ 确定了 y 是 x 的隐函数，求 y'.

解　因为方程中 y 是 x 的函数，则 e^y，xy 都是 x 的复合函数，方程两端分别对 x 求导，得

$$e^y y' + y + xy' = 0,$$

从而

$$y' = -\frac{y}{e^y + x}.$$

如果从方程 $F(x, y) = 0$ 中可以解出 y，则称这个隐函数是可以显化的，那么，该函数的求导可以直接利用显函数的求导法则计算. 在许多问题中，隐函数的显化是非常困难的，甚至不可实现的，所以对于隐函数所确定的函数，我们可以在不将其显化的前提下，直接用上面例子中介绍的方法来求导，这样也就允许结果中含有 y.

*下面通过两个例子给出一种特殊的求导方法——对数求导法. 它是针对积商型函数和幂指函数给出的求导方法.

***【例 3－10】**　求 $y = \sqrt{\dfrac{(x-1)(x-2)}{x^2+1}}\ (x > 2)$ 的导数.

解　这是一个积商型函数. 虽然这个函数是显函数，但显然利用显函数的求导方法计算过程会比较复杂，这里我们用取对数的方法来求导，两边取对数，有

$$\ln y = \frac{1}{2}[\ln(x-1) + \ln(x-2) - \ln(x^2+1)],$$

上式两边对 x 求导，注意到 $y = y(x)$，从而

$$\frac{1}{y}y' = \frac{1}{2}\left(\frac{1}{x-1} + \frac{1}{x-2} - \frac{2x}{x^2+1}\right),$$

于是

$$y' = \frac{y}{2}\left(\frac{1}{x-1} + \frac{1}{x-2} - \frac{2x}{x^2+1}\right) = \frac{1}{2}\sqrt{\frac{(x-1)(x-2)}{x^2+1}}\left(\frac{1}{x-1} + \frac{1}{x-2} - \frac{2x}{x^2+1}\right).$$

这种方法叫作对数求导法，是先对 $y = y(x)$ 的两边取对数，然后利用隐函数函数求导法求出 y'.

***【例 3－11】**　求 $y = x^{\sin x}\ (x > 0)$ 的导数.

解　形如 $y = u(x)^{v(x)}\ (u(x) > 0)$ 的函数称为幂指函数，如果 $u(x)$，$v(x)$ 都可

导，则可利用对数求导法求出 y'.

对于 $y = x^{\sin x}(x > 0)$，两边取对数得

$$\ln y = \sin x \cdot \ln x,$$

上式两边对 x 求导，注意到 $y = y(x)$，从而

$$\frac{1}{y}y' = \cos x \cdot \ln x + \sin x \cdot \frac{1}{x},$$

于是

$$y' = y\left(\cos x \cdot \ln x + \sin x \cdot \frac{1}{x}\right) = x^{\sin x}\left(\cos x \cdot \ln x + \sin x \cdot \frac{1}{x}\right).$$

另外，也可以把 $y = u(x)^{v(x)}(u(x) > 0)$ 表示为 $y = e^{v(x)\ln u(x)}$，这样就可直接求出 y'.

3.2.2 基本初等函数的导数公式与求导法则

现把所有基本初等函数的导数公式和求导法则归纳如下，这些公式是计算导数的基本工具，必须熟练掌握.

3.2.2.1 导数公式

(1) $(C)' = 0$（C 为常数）；

(2) $(x^{\alpha})' = \alpha x^{\alpha-1}$（$\alpha$ 为任意非零实数）；

(3) $(a^x)' = a^x \ln a$，$(e^x)' = e^x$；

(4) $(\log_a x)' = \dfrac{1}{x\ln a}$，$(\ln x)' = \dfrac{1}{x}$；

(5) $(\sin x)' = \cos x$；

(6) $(\cos x)' = -\sin x$；

(7) $(\tan x)' = \sec^2 x$；

(8) $(\cot x)' = -\csc^2 x$；

(9) $(\sec x)' = \sec x \tan x$；

(10) $(\csc x)' = -\csc x \cot x$；

(11) $(\arcsin x)' = \dfrac{1}{\sqrt{1 - x^2}}$；

(12) $(\arccos x)' = -\dfrac{1}{\sqrt{1 - x^2}}$；

(13) $(\arctan x)' = \dfrac{1}{1 + x^2}$；

(14) $(\text{arccot}\, x)' = -\dfrac{1}{1 + x^2}$.

3.2.2.2 导数法则

(1) $[u(x) \pm v(x)]' = u'(x) \pm v'(x)$；

(2) $[u(x)v(x)]' = u'(x)v(x) + u(x)v'(x)$；

(3) $\left[\dfrac{u(x)}{v(x)}\right]' = \dfrac{u'(x)v(x) - u(x)v'(x)}{[v(x)]^2}(v(x) \neq 0)$；

(4) $\dfrac{dy}{dx} = \dfrac{dy}{du} \cdot \dfrac{du}{dx} = f'(u) \cdot \varphi'(x)$，其中 $y = f(u)$，$u = \varphi(x)$.

3.2.2.3　高阶导数

设 $f(x) = x^3$，容易求出 $f'(x) = 3x^2$，显然 $f'(x)$ 仍是 x 的函数，且 $[f'(x)]' = 6x$，称 $f'(x)$ 的导数 $[f'(x)]'$ 为函数 $y = f(x)$ 的二阶导数，记作 $f''(x)$ 或 $\dfrac{d^2y}{dx^2}$，即

$$f''(x) = [f'(x)]' \text{或} \frac{d^2y}{dx^2} = \frac{d}{dx}\left(\frac{dy}{dx}\right).$$

相应地，$f'(x)$ 称为函数 $y = f(x)$ 的一阶导数.

由导数的物理意义并结合物理理论，瞬时速度 v 是路程函数 $s(t)$ 对时间 t 的一阶导数，而加速度 a 又是速度函数 $v(t)$ 的一阶导数，故加速度 a 是路程函数 $s(t)$ 的二阶导数.

类似于二阶导数，我们称 $f''(x)$ 的导数为函数 $y = f(x)$ 的三阶导数，记作 $f'''(x)$ 或 $\dfrac{d^3y}{dx^3}$. 以此类推，可定义函数 $y = f(x)$ 的 n 阶导数，记作 $f^{(n)}(x)$ 或 $\dfrac{d^ny}{dx^n}$. 二阶及以上的导数统称为函数 $y = f(x)$ 的高阶导数.

【例 3－12】　求函数 $y = 2x^4 + x^3 + 5$ 的三阶导数 y'''.

解　$y' = 8x^3 + 3x^2$，$y'' = 24x^2 + 6x$，$y''' = 48x + 6$.

【例 3－13】　求函数 $y = a^x$ 的 n 阶导数.

解　$y' = a^x\ln a$，$y'' = (a^x\ln a)' = a^x\ln^2 a$，…，$y^{(n)} = a^x\ln^n a$.

3.3　微分及其运算

在实际应用中，经常会遇到这样的问题：当函数的自变量在某一点处取得微小增量时，求相应的函数值的增量. 一般而言，计算函数值的增量是比较困难的，因此我们希望寻找一种较为简便的计算方法，微分就是解决这个问题的重要数学思想.

3.3.1　微分的概念

先看下面一个问题. 如图 3－3 所示，一块正方形铁片，受温度变化的影响，其边长由 x_0 变到 $x_0 + \Delta x$，相应地其面积 S 的改变量为

$$\Delta S = (x_0 + \Delta x)^2 - x_0^2 = 2x_0\Delta x + (\Delta x)^2.$$

显然 ΔS 由两部分组成，其中 $2x_0\Delta x$ 是 Δx 的线性函数，即图中的两个长方形面积之和；另一部分 $(\Delta x)^2$ 在图中表示为小正方形的面积. 当 $\Delta x \to 0$ 时，$(\Delta x)^2$ 是比 Δx 高阶的无

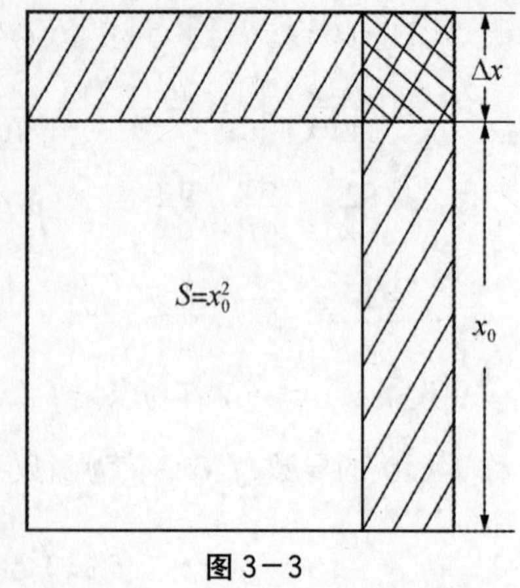

图 3－3

穷小量，可以忽略不计，于是当边长 x_0 改变很小时，面积的改变量 ΔS 可以由 $2x_0\Delta x$ 近似代替，而舍弃了更微小的部分$(\Delta x)^2$，即

$$\Delta S = (x_0 + \Delta x)^2 - x_0^2 \approx 2x_0\Delta x.$$

我们把 $2x_0\Delta x$ 称为函数 $S = x^2$ 在点 x_0 处的微分.

定义 3　设函数 $y = f(x)$ 在点 x_0 处有增量 Δx，如果相应地函数的增量

$$\Delta y = f(x_0 + \Delta x) - f(x_0)$$

可表示为

$$\Delta y = A\Delta x + o(\Delta x) \qquad (3-2)$$

其中，A 是常数且与 Δx 无关，$o(\Delta x)$ 是比 Δx 高阶的无穷小量，则称函数 $y = f(x)$ 在点 x_0 处可微，并称 $A\Delta x$ 为函数$y = f(x)$ 在点 x_0 处的微分，记作 $\mathrm{d}y$ 或 $\mathrm{d}f(x)$，即

$$\mathrm{d}y = A\Delta x.$$

当 $\Delta x \to 0$ 时，我们可以将式(3－2) 中的高阶无穷小量 $o(\Delta x)$ 忽略. 也就是说，在 $A \neq 0$ 的条件下，可以用 $A\Delta x$ 即微分 $\mathrm{d}y$ 近似代替 Δy，称 $A\Delta x$ 为 Δy 的线性主部，即当 $\Delta x \to 0$ 时，$\Delta y \approx \mathrm{d}y$.

定理 4　函数 $y = f(x)$ 在点 x_0 处可微的充要条件是函数 $y = f(x)$ 在点 x_0 处可导，且有

$$\mathrm{d}y = f'(x_0)\Delta x.$$

证明从略.

由定理可知，若函数 $y = f(x)$ 在点 x_0 处可微，定义中的 A 就是$y = f(x)$ 在点 x_0 的导数 $f'(x_0)$，显然与 Δx 无关. 另一方面，约定自变量的增量即自变量的微分，即 $\Delta x = \mathrm{d}x$，从而函数 $y = f(x)$ 在点 x_0 的微分可写成

$$\mathrm{d}y = f'(x_0)\mathrm{d}x.$$

函数 $y = f(x)$ 在任意点 x 的微分称为函数的微分，记作 $\mathrm{d}y$ 或 $\mathrm{d}f(x)$，即

$$\mathrm{d}y = f'(x)\mathrm{d}x \qquad (3-3)$$

从而有

$$\frac{\mathrm{d}y}{\mathrm{d}x} = f'(x).$$

也就是说，函数的微分 $\mathrm{d}y$ 与自变量的微分 $\mathrm{d}x$ 之商等于函数的导数，因而导数也叫作“微商”.

3.3.2　微分的几何意义

如图3－4所示，设 $M_0(x_0, y_0)$ 是曲线 $y = f(x)$ 上的一点，当 x 有微小增量时，得到曲线上另外一点 $M(x_0 + \Delta x, y_0 + \Delta y)$，由图知，$M_0N = \Delta x, MN = \Delta y$，过点 M_0 作曲线的切线，设切线的倾斜角为 α，则有 $NP = M_0N\tan\alpha = \Delta x \cdot f'(x_0)$，即$\mathrm{d}y = NP$. 由此可见，当 Δy 是曲线$y = f(x)$ 上点的纵坐标的增量时，$\mathrm{d}y$ 是曲线在该点处切线的纵

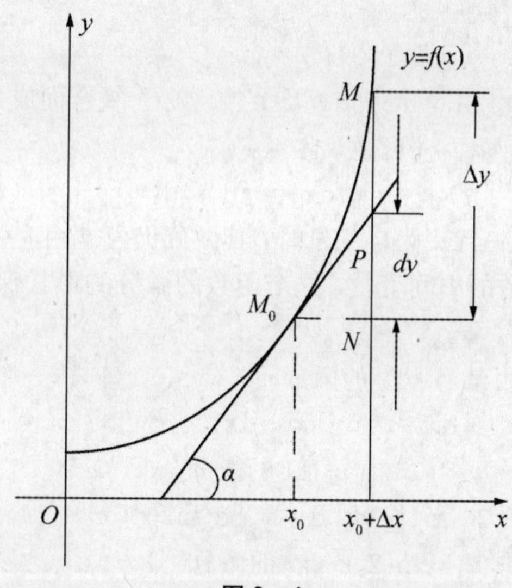

图 3－4

坐标的相应增量，当 $|\Delta x| \to 0$ 时，$|\Delta y - \mathrm{d}y|$ 比 $|\Delta x|$ 小得多，因此在 M_0 的附近，我们可以用切线段来近似代替曲线段，这是微分学的基本思想方法之一.

3.3.3　微分的运算法则

由式(3－3)可知，求函数的微分 $\mathrm{d}y$ 只需要求出函数的导数 $f'(x)$，再乘以自变量的微分 $\mathrm{d}x$ 即可，因此，由求导法则和公式可直接推出微分的运算法则和公式.

3.3.3.1　微分公式

(1) $\mathrm{d}C = 0$；　(2) $\mathrm{d}x^\alpha = \alpha x^{\alpha-1}\mathrm{d}x$；

(3) $\mathrm{d}a^x = a^x \ln a \mathrm{d}x$，$\mathrm{d}e^x = e^x \mathrm{d}x$；　(4) $\mathrm{d}\log_a x = \dfrac{1}{x\ln a}\mathrm{d}x$，$\mathrm{d}\ln x = \dfrac{1}{x}\mathrm{d}x$；

(5) $\mathrm{d}\sin x = \cos x \mathrm{d}x$；　(6) $\mathrm{d}\cos x = -\sin x \mathrm{d}x$；

(7) $\mathrm{d}\tan x = \sec^2 x \mathrm{d}x$；　(8) $\mathrm{d}\cot x = -\csc^2 x \mathrm{d}x$；

(9) $\mathrm{d}\sec x = \sec x \tan x \mathrm{d}x$；　(10) $\mathrm{d}\csc x = -\csc x \cot x \mathrm{d}x$；

(11) $\mathrm{d}\arcsin x = \dfrac{1}{\sqrt{1-x^2}}\mathrm{d}x$；　(12) $\mathrm{d}\arccos x = -\dfrac{1}{\sqrt{1-x^2}}\mathrm{d}x$；

(13) $\mathrm{d}\arctan x = \dfrac{1}{1+x^2}\mathrm{d}x$；　(14) $\mathrm{d}\,\mathrm{arccot}\, x = -\dfrac{1}{1+x^2}\mathrm{d}x$.

3.3.3.2　微分法则

(1) $\mathrm{d}[au(x) \pm bv(x)] = a\mathrm{d}u(x) \pm b\mathrm{d}v(x)$，$a$、$b$ 为常数；

(2) $\mathrm{d}[u(x)v(x)] = v(x)\mathrm{d}u(x) + u(x)\mathrm{d}v(x)$；

(3) $\mathrm{d}\left[\dfrac{u(x)}{v(x)}\right] = \dfrac{v(x)\mathrm{d}u(x) - u(x)\mathrm{d}v(x)}{[v(x)]^2}$，$v(x) \neq 0$.

3.3.3.3　复合函数的微分

设函数 $y=f[\varphi(x)]$ 由 $y=f(u)$ 及 $u=\varphi(x)$ 复合而成，函数 $y=f(u)$，$u=\varphi(x)$ 均可微，则 $y=f[\varphi(x)]$ 可微，且

$$\mathrm{d}y=f'(u)\cdot\varphi'(x)\mathrm{d}x=f'(u)\mathrm{d}\varphi(x)=f'(u)\mathrm{d}u.$$

对于函数 $y=f(u)$，当 u 为自变量时，其微分仍为 $y=f'(u)\mathrm{d}u$. 由此可见，不论 u 是自变量还是复合函数的中间变量，这个函数的微分的形式保持不变，我们称这一性质为微分的形式不变性.

【例 3-14】　求函数 $y=\mathrm{e}^{\sin x}$ 的微分.

解　$\mathrm{d}y=y'\mathrm{d}x=(\mathrm{e}^{\sin x})'\mathrm{d}x=\mathrm{e}^{\sin x}\cdot\cos x\mathrm{d}x$.

【例 3-15】　求函数 $y=2^x(x^2+1)$ 的微分.

解　$\mathrm{d}y=y'\mathrm{d}x=[2^x(x^2+1)]'\mathrm{d}x=[2^x\ln 2\cdot(x^2+1)+2^x\cdot 2x]\mathrm{d}x$.

【例 3-16】　求函数 $y=\ln(2+x^2)$ 的微分.

解　方法 1：$\mathrm{d}y=y'\mathrm{d}x=[\ln(2+x^2)]'\mathrm{d}x=\dfrac{2x}{2+x^2}\mathrm{d}x$；

方法 2：令 $u=2+x^2$，则 $y=\ln u$，利用微分的形式不变性，有

$$\mathrm{d}y=f'(u)\mathrm{d}u=(\ln u)'\mathrm{d}u=\frac{1}{u}\mathrm{d}u=\frac{1}{2+x^2}\mathrm{d}(2+x^2)=\frac{2x}{2+x^2}\mathrm{d}x.$$

*3.3.4　微分在近似计算中的应用

我们知道，当 $\Delta x\to 0$ 时，$\Delta y\approx \mathrm{d}y$. 也就是说，微分可以用来计算函数改变量 Δy 的近似值，即

$$\Delta y=f(x_0+\Delta x)-f(x_0)\approx \mathrm{d}y=f'(x_0)\Delta x,\ f'(x_0)\neq 0. \tag{3-4}$$

上式可以改写为

$$f(x_0+\Delta x)\approx f(x_0)+f'(x_0)\Delta x, \tag{3-5}$$

或更一般地，如果令 $x=x_0+\Delta x$，则(3-5) 式可改写为

$$f(x)\approx f(x_0)+f'(x_0)(x-x_0). \tag{3-6}$$

如果 $f(x_0)$ 和 $f'(x_0)$ 都容易计算，那么可以利用式(3-4) 近似计算 Δy，利用式(3-5) 近似计算 $f(x_0+\Delta x)$，利用式(3-6) 近似计算 $f(x)$.

特别地，取 $x_0=0$，可得以下常用的近似公式(假定 $|x|$ 是较小的数值)：

(1) $\sin x\approx x$ (x 为弧度数)；　　(2) $\tan x\approx x$ (x 为弧度数)；

(3) $\mathrm{e}^x\approx 1+x$；　　(4) $\ln(1+x)\approx x$；

(5) $(1+x)^{\frac{1}{n}}\approx 1+\frac{1}{n}x$.

【例 3-17】　求 $\sqrt{1.02}$ 的近似值.

解　令 $f(x)=\sqrt{x}$，取 $x_0=1$，$\Delta x=0.02$，则问题转化为求 $f(x)=\sqrt{x}$ 在点 $x_0+\Delta x=1.02$ 处的近似值，由式(3-5) 得

$$\sqrt{1.02} = f(x_0 + \Delta x) \approx f(x_0) + f'(x_0)\Delta x = f(1) + f'(1) \cdot 0.02.$$

又因为

$$f(1) = 1, \; f'(1) = (\sqrt{x})'|_{x=1} = \frac{1}{2},$$

所以

$$\sqrt{1.02} \approx 1 + \frac{1}{2} \times 0.02 = 1.01.$$

如果直接开方，有

$$\sqrt{1.02} \approx 1.009\,95.$$

比较两个结果可以看出，利用微分计算的近似值在一般应用上已够精确了. 如果开方次数更高，则更能体现微分近似计算的优越性.

3.4　导数的应用之一——中值定理

导数在研究函数变化的性态中有着十分重要的意义，因而在自然科学、工程技术等领域都得到广泛的应用，其中微分中值定理是导数应用的理论基础. 我们首先介绍罗尔(Rolle)定理.

3.4.1　罗尔定理

如图 3－5 所示，设 $y = f(x)(x \in [a, b])$ 的图形是一条连续的曲线，除端点外处处有不垂直于 x 轴的切线，且 $f(a) = f(b)$，即这条曲线的两个端点的纵坐标相等. 容易看出，在曲线上至少有一点具有水平切线，当然该点处的切线也平行于弦 AB，若记该点 C 的横坐标为 ξ，则有 $f'(\xi) = 0$.

如果用数学语言把这个几何事实描述出来，就是下面的罗尔定理.

罗尔定理　如果函数 $y = f(x)$ 满足条件：

(1) 在闭区间 $[a, b]$ 上连续；

(2) 在开区间 (a, b) 内可导；

(3) 在区间端点处的函数值相等，即 $f(a) = f(b)$.

则至少存在一点 $\xi \in (a, b)$，使得 $f'(\xi) = 0$.

为了证明罗尔定理，先给出费马(Fermat)定理.

费马定理　设函数 $y = f(x)$ 在点 x_0 的某邻域 $U(x_0)$ 内有定义，且在该点处可导，若

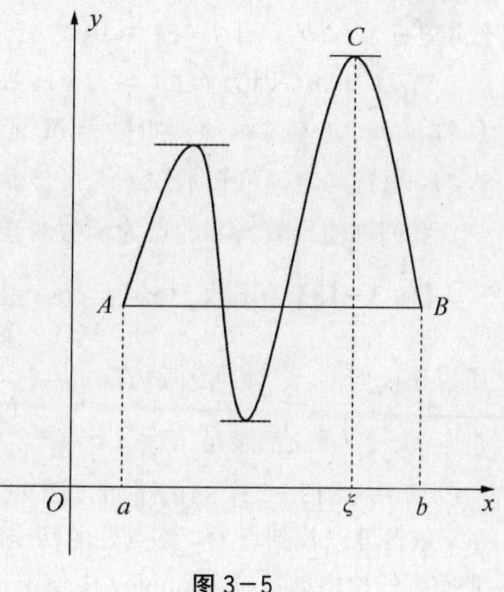

图 3－5

对于任意的 $x \in U(x_0)$，满足

$$f(x) \geqslant f(x_0)(\text{或 } f(x) \leqslant f(x_0)),$$

则有 $f'(x_0) = 0$.

* **证明** 设当 $x \in U(x_0)$ 时，$f(x) \geqslant f(x_0)$，于是，对于 $x_0 + \Delta x \in U(x_0)$，有

$$f(x_0 + \Delta x) \geqslant f(x_0),$$

从而，当 $\Delta x > 0$ 时，

$$\frac{f(x_0 + \Delta x) - f(x_0)}{\Delta x} \geqslant 0,$$

当 $\Delta x < 0$ 时，

$$\frac{f(x_0 + \Delta x) - f(x_0)}{\Delta x} \leqslant 0.$$

因为函数 $y = f(x)$ 在点 x_0 处可导，所以

$$f'(x_0) = f'_+(x_0) = f'_-(x_0),$$

而

$$f'_+(x_0) = \lim_{\Delta x \to 0^+} \frac{f(x_0 + \Delta x) - f(x_0)}{\Delta x} \geqslant 0,$$

$$f'_-(x_0) = \lim_{\Delta x \to 0^-} \frac{f(x_0 + \Delta x) - f(x_0)}{\Delta x} \leqslant 0.$$

所以

$$f'(x_0) = 0.$$

当 $x \in U(x_0)$，$f(x) \leqslant f(x_0)$ 时，证法类似.

下面给出罗尔定理的证明.

* **证** 因为函数 $y = f(x)$ 在闭区间 $[a, b]$ 上连续，所以由闭区间连续函数最值定理可知，$y = f(x)$ 在闭区间 $[a, b]$ 上一定能取得最大值 M 和最小值 m.

若 $M = m$，则任意的 $x \in (a, b)$，恒有 $f(x) = M = m$，于是 $f'(x) = 0$，因此，任取 $\xi \in (a, b)$，有 $f'(\xi) = 0$；

若 $M > m$，因为 $f(a) = f(b)$，所以 M 和 m 至少有一个在 (a, b) 内取得，不妨设 $f(\xi) = m$，$\xi \in (a, b)$（如果是 M 证法类似），从而对于 $\forall x \in [a, b]$，有 $f(x) \geqslant f(\xi)$，由费马定理可知 $f'(\xi) = 0$.

我们称使导数为零的点为函数的驻点或稳定点.

【例 3—18】 函数 $f(x) = \cos x$ 在闭区间 $\left[-\frac{\pi}{2}, \frac{3\pi}{2}\right]$ 上满足罗尔定理的全部条件，所以在 $\left(-\frac{\pi}{2}, \frac{3\pi}{2}\right)$ 内至少存在一点 ξ，使 $f'(\xi) = -\sin\xi = 0$. 事实上，$\left(-\frac{\pi}{2}, \frac{3\pi}{2}\right)$ 内的 $\xi_1 = 0$、$\xi_2 = \pi$ 都满足 $f'(\xi) = 0$.

如果将图 3 - 5 中的条件“曲线的两个端点的纵坐标相等”去掉，即弦 AB 不再是水平的，依然可以找到点 C，该点处的切线与弦 AB 依然平行（如图 3 - 6 所示），于是得到非常重要的拉格朗日(Lagrange) 中值定理.

3.4.2　拉格朗日中值定理

拉格朗日中值定理　如果函数 $y = f(x)$ 满足条件：

(1) 在闭区间 $[a, b]$ 上连续；

(2) 在开区间 (a, b) 内可导.

则至少存在一点 $\xi \in (a, b)$，使得

$$f'(\xi) = \frac{f(b) - f(a)}{b - a}. \tag{3-7}$$

式(3-7)对于 $b < a$ 同样成立，我们称之为拉格朗日中值公式，也可写作

$$f(b) - f(a) = f'(\xi)(b - a), \ \xi \in (a, b). \tag{3-8}$$

证明从略，我们只说明其实际意义. 由图3-6可以看出，$\dfrac{f(b) - f(a)}{b - a}$ 是弦 AB 的斜率，$f'(\xi)$ 是曲线在点 C 的切线的斜率. 拉格朗日中值定理的几何意义是：若连续函数 $y = f(x)$ 的曲线 AB 上除端点外处处有不垂直于 x 轴的切线，则在这条曲线上至少有一点 C，曲线在点 C 处的切线平行于弦 AB. 另一方面，由微分定义知，当自变量的增量较小（$|\Delta x| \to 0$）时，我们可以利用函数的微分近似代替函数的增量，而式(3-8)给出了自变量取得有限增量（且这个增量不一定很小）时，函数增量的准确表达式（虽然我们并不能由定理得到 ξ 的具体数值），这在分析函数的单调性、极值等性质以及证明某些不等式等方面具有十分重要的价值.

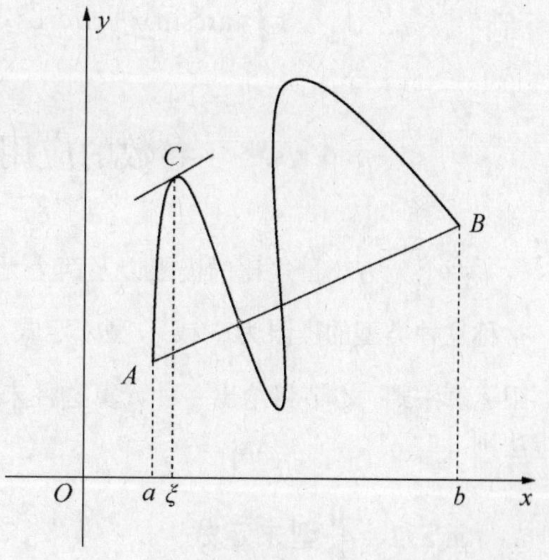

图3-6

比较罗尔定理和拉格朗日中值定理可以看出，罗尔定理是拉格朗日中值定理当 $f(a) = f(b)$ 时的特殊情形，或者说拉格朗日中值定理是罗尔定理的推广.

推论　若函数 $y = f(x)$ 在开区间 (a, b) 内可导，且 $f'(x) \equiv 0$，则 $f(x)$ 在区间 (a, b) 内是一个常数.

证明　任取 $x_1, x_2 \in (a, b)$，并设 $x_1 < x_2$，因为 $y = f(x)$ 在 (a, b) 内可导，所以 $y = f(x)$ 满足在 $[x_1, x_2]$ 上连续，在 (x_1, x_2) 内可导，故由式(3-8)可得

$$f(x_2) - f(x_1) = f'(\xi)(x_2 - x_1), \ \xi \in (x_1, x_2).$$

又因为 $f'(\xi) = 0$，所以 $f(x_2) - f(x_1) = 0$，即

$$f(x_2) = f(x_1).$$

由 x_1, x_2 的任意性可知，$f(x)$ 在区间 (a, b) 内必为常数.

前面我们知道常数函数的导数为零，推论告诉我们导数为零的函数是常数函数. 这个结论在以后学习积分学时具有重要的理论意义.

【例 3－19】 证明 $\arctan x+\operatorname{arccot}x=\frac{\pi}{2}$.

证明 设 $f(x)=\arctan x+\operatorname{arccot}x$，则

$$f'(x)=\frac{1}{1+x^2}-\frac{1}{1+x^2}=0,$$

故由推论知

$$f(x)=C(C\text{为常数}).$$

令 $x=1$，得 $f(0)=\frac{\pi}{2}$，于是

$$f(x)=\frac{\pi}{2}.$$

类似地，可以证明

$$\arcsin x+\arccos x=\frac{\pi}{2},\ x\in[-1,1].$$

3.5 导数的应用之二——洛必达法则

两个无穷小量之比的极限以及两个无穷大量之比的极限可能存在也可能不存在，通常称这种类型的极限为$\frac{0}{0}$或$\frac{\infty}{\infty}$型未定式，对这种未定式极限的计算，不能再使用商的极限运算法则，本节将给出一种计算这种未定式极限的简便方法——洛必达(L'Hospital)法则.

3.5.1 $\frac{0}{0}$型未定式

定理 5 如果函数 $f(x)$ 和 $g(x)$ 满足：

(1) $\lim\limits_{x\to a}f(x)=\lim\limits_{x\to a}g(x)=0$;

(2) 在点 a 的某去心邻域内，$f'(x)$、$g'(x)$ 都存在，且 $g'(x)\neq 0$;

(3) $\lim\limits_{x\to a}\frac{f'(x)}{g'(x)}$ 存在(或为无穷大).

那么

$$\lim_{x\to a}\frac{f(x)}{g(x)}=\lim_{x\to a}\frac{f'(x)}{g'(x)}.$$

证明从略.

【例 3－20】 求极限$\lim\limits_{x\to 0}\frac{\sin x}{x}$.

解 显然这是一个$\frac{0}{0}$型未定式的极限，由定理 5，得

$$\lim_{x\to 0}\frac{\sin x}{x}=\lim_{x\to 0}\frac{\cos x}{1}=1.$$

这与第一个重要极限的结果是一致的.

【例3－21】　求极限$\lim\limits_{x\to 0}\dfrac{e^{x}-e^{-x}}{\sin 2x}$.

解　$\lim\limits_{x\to 0}\dfrac{e^{x}-e^{-x}}{\sin 2x}=\lim\limits_{x\to 0}\dfrac{e^{x}+e^{-x}}{2\cos 2x}=1$.

【例3－22】　求极限$\lim\limits_{x\to 2}\dfrac{x^{3}-3x-2}{x^{3}-4x}$.

解　$\lim\limits_{x\to 2}\dfrac{x^{3}-3x-2}{x^{3}-4x}=\lim\limits_{x\to 2}\dfrac{3x^{2}-3}{3x^{2}-4}=\dfrac{9}{8}$.

但下面的解法是错误的：

$$\lim_{x\to 2}\frac{x^{3}-3x-2}{x^{3}-4x}=\lim_{x\to 2}\frac{3x^{2}-3}{3x^{2}-4}=\lim_{x\to 2}\frac{6x}{6x}=1.$$

这种解法使用了两次定理5的方法，但因为$\lim\limits_{x\to 2}\dfrac{3x^{2}-3}{3x^{2}-4}$不是$\dfrac{0}{0}$型未定式，从而导致了错误的结果. 可见，要连续使用定理5，必须特别注意是否满足定理5的全部条件，尤其要判定是否依然是$\dfrac{0}{0}$型未定式.

3.5.2　$\dfrac{\infty}{\infty}$型未定式

定理6　如果函数$f(x)$和$g(x)$满足：

(1) $\lim\limits_{x\to a}f(x)=\lim\limits_{x\to a}g(x)=\infty$；

(2) 在点a的某去心邻域内，$f'(x)$、$g'(x)$都存在，且$g'(x)\neq 0$；

(3) $\lim\limits_{x\to a}\dfrac{f'(x)}{g'(x)}$存在(或为无穷大).

那么

$$\lim_{x\to a}\frac{f(x)}{g(x)}=\lim_{x\to a}\frac{f'(x)}{g'(x)}.$$

证明从略.

定理5和定理6统称为洛必达法则，它们的重要意义在于可以利用$\dfrac{f'(x)}{g'(x)}$的极限来计算$\dfrac{f(x)}{g(x)}$的极限. 需要说明的是：

(1) 洛必达法则对于其他极限过程(如$x\to\infty$)同样成立；

(2) 如果$\dfrac{f'(x)}{g'(x)}$仍为$\dfrac{0}{0}$或$\dfrac{\infty}{\infty}$型未定式，且$f'(x)$、$g'(x)$满足洛必达法则的条件，则可重复使用洛必达法则；

(3) 在求解过程中，应该对每一步的结果进行整理化简(如消去公因子、等价无穷小替换等)，以简化计算过程；

(4) 洛必达法则只适用于$\dfrac{f'(x)}{g'(x)}$的极限存在或为无穷大的情形，如果$\dfrac{f'(x)}{g'(x)}$的极限不存在，并不能说明$\dfrac{f(x)}{g(x)}$的极限也不存在，也就是说，洛必达法则的条件是充分的，但不必要的.

【例 3—23】 求极限 $\lim\limits_{x\to+\infty}\dfrac{\ln x}{x^4}$.

解 $\lim\limits_{x\to+\infty}\dfrac{\ln x}{x^4}=\lim\limits_{x\to+\infty}\dfrac{\frac{1}{x}}{4x^3}=\lim\limits_{x\to+\infty}\dfrac{1}{4x^4}=0$.

【例 3—24】 求极限 $\lim\limits_{x\to0^+}\dfrac{\ln\sin x}{\ln\sin 2x}$.

解 $\lim\limits_{x\to0^+}\dfrac{\ln\sin x}{\ln\sin 2x}=\lim\limits_{x\to0^+}\dfrac{\frac{\cos x}{\sin x}}{\frac{2\cos 2x}{\sin 2x}}=\lim\limits_{x\to0^+}\dfrac{\cos^2 x}{\cos^2 x}=1$.

另一方面，如果注意到当 $x\to0^+$ 时，$\sin x\sim x$，$\sin 2x\sim 2x$，则求解过程可简化为

$$\lim_{x\to0^+}\frac{\ln\sin x}{\ln\sin 2x}=\lim_{x\to0^+}\frac{\ln x}{\ln 2x}=\lim_{x\to0^+}\frac{\frac{1}{x}}{\frac{2}{2x}}=1.$$

可见在使用洛必达法则求极限时，要注意和其他求极限的方法相结合.

【例 3—25】 求极限$\lim\limits_{x\to\infty}\dfrac{x+\sin x}{x}$.

解 $\lim\limits_{x\to\infty}\dfrac{x+\sin x}{x}$是$\dfrac{\infty}{\infty}$型未定式，如果利用定理 6，有

$$\lim_{x\to\infty}\frac{x+\sin x}{x}=\lim_{x\to\infty}\frac{1+\cos x}{1}=\lim_{x\to\infty}(1+\cos x).$$

但由于当 $x\to\infty$ 时，$\cos x$ 没有极限(这并不能说明原极限不存在)，所以本题不能使用定理 6 求解，正确解法如下：

$$\lim_{x\to\infty}\frac{x+\sin x}{x}=\lim_{x\to\infty}\left(1+\frac{\sin x}{x}\right)=1.$$

3.5.3 其他类型未定式

有时我们会遇到$0\cdot\infty$，$\infty-\infty$，1^∞，0^0，∞^0 等类型的未定式，这些未定式通过变形都可以转化为$\dfrac{0}{0}$ 或$\dfrac{\infty}{\infty}$ 型未定式，下面举例说明.

【例 3—26】 求极限 $\lim\limits_{x\to0^+}x^4\ln x$.

解 $\lim\limits_{x\to0^+}x^4\ln x$ 是$0\cdot\infty$ 型未定式，因为$\lim\limits_{x\to0^+}x^4\ln x=\lim\limits_{x\to0^+}\dfrac{\ln x}{\frac{1}{x^4}}$，转化为$\dfrac{\infty}{\infty}$ 型，所以由洛必达法则，得

$$\lim_{x\to0^+}x^4\ln x \overset{0\cdot\infty}{=} \lim_{x\to0^+}\frac{\ln x}{\frac{1}{x^4}} \overset{\frac{\infty}{\infty}}{=} \lim_{x\to0^+}\frac{\frac{1}{x}}{-4\frac{1}{x^5}} = \lim_{x\to0^+}\left(-\frac{1}{4}x^4\right) = 0.$$

【例 3－27】　求极限$\lim\limits_{x\to1}\left(\frac{2}{x^2-1}-\frac{1}{x-1}\right)$.

解　$\lim\limits_{x\to1}\left(\frac{2}{x^2-1}-\frac{1}{x-1}\right)$是 $\infty-\infty$ 型未定式，可以通过通分转化为$\frac{0}{0}$ 型：

$$\lim_{x\to1}\left(\frac{2}{x^2-1}-\frac{1}{x-1}\right) \overset{\infty-\infty}{=} \lim_{x\to1}\frac{2-x-1}{x^2-1} = \lim_{x\to1}\frac{1-x}{x^2-1} \overset{\frac{0}{0}}{=} \lim_{x\to1}\frac{-1}{2x} = -\frac{1}{2}.$$

***【例 3－28】**　求极限$\lim\limits_{x\to0^+}x^x$.

解　$\lim\limits_{x\to0^+}x^x$ 是 0^0 型未定式，因为 $x^x=e^{x\ln x}$ 及$x\ln x=\frac{\ln x}{\frac{1}{x}}$，所以可先计算$\lim\limits_{x\to0^+}\frac{\ln x}{\frac{1}{x}}$，

此为$\frac{\infty}{\infty}$ 型未定式，求解过程如下：

$$\lim_{x\to0^+}x^x = \lim_{x\to0^+}e^{x\ln x} = \lim_{x\to0^+}e^{\frac{\ln x}{\frac{1}{x}}} = \lim_{x\to0^+}e^{-x} = 1.$$

3.6　导数的应用之三——函数的单调性及极值

利用定义来判断函数的单调性是很困难的，有了微分中值定理后，可以利用导数来研究函数的单调性，进而可以求出函数的极值.

3.6.1　函数的单调性

下面的定理给出了利用导数判断函数单调性的方法.

定理 7　设函数 $y=f(x)$ 在闭区间$[a,b]$上连续，在开区间(a,b)内可导，那么

(1) 如果在(a,b)内 $f'(x)>0$，则 $y=f(x)$ 在$[a,b]$上单调递增；

(2) 如果在(a,b)内 $f'(x)<0$，则 $y=f(x)$ 在$[a,b]$上单调递减.

***证**　任取两点 $x_1,x_2\in[a,b]$，并设 $x_1<x_2$，显然 $y=f(x)$ 满足拉格朗日中值定理的条件，则在(x_1,x_2)内至少有一点 ξ，使得

$$f(x_2)-f(x_1)=f'(\xi)(x_2-x_1),\ \xi\in(x_1,x_2).$$

对于(1)，因为 $f'(\xi)>0$，$x_1<x_2$，所以 $f(x_2)-f(x_1)>0$，即 $f(x_2)>f(x_1)$，由 x_1，x_2 的任意性知，$y=f(x)$ 在$[a,b]$上单调递增；

对于(2)，因为 $f'(\xi)<0$，$x_1<x_2$，所以 $f(x_2)-f(x_1)<0$，即 $f(x_2)<f(x_1)$，由 x_1，x_2 的任意性知，$y=f(x)$ 在$[a,b]$上单调递减.

定理 7 适用于其他各种区间(包括无穷区间).

【例 3—29】 讨论函数 $f(x) = x^3 - 6x^2 + 9x - 2$ 的单调性.

解 此函数在定义域$(-\infty, +\infty)$内具有连续导数，且

$$f'(x) = 3(x-1)(x-3).$$

令 $f'(x) = 0$，得 $x_1 = 1$，$x_2 = 3$，这两点将定义域分为三个子区间$(-\infty, 1)$，$(1, 3)$，$(3, +\infty)$，容易判断，在这三个子区间上 $f'(x)$ 的符号分别为 $f'(x) > 0$，$f'(x) < 0$，$f'(x) > 0$，于是由定理 7 知，$f(x) = x^3 - 6x^2 + 9x - 2$ 在$(-\infty, 1]$上单调递增，在$[1, 3]$上单调递减，在$[3, +\infty)$上单调递增. 如表 3 - 1 所示.

表 3—1

x	$(-\infty, 1]$	$[1, 3]$	$[3, +\infty)$
$f'(x)$	+	−	+
$f(x)$	单调递增	单调递减	单调递增

由例 3 - 29 可以看出，此函数单调性的分界点在驻点处.

【例 3—30】 函数 $y = |x|$ 在$[-1, 1]$上连续，在$(-1, 1)$内有一个不可导点 $x = 0$，而我们容易判断 $y = |x|$ 在$[-1, 0)$单调递减，在$(0, 1]$单调递增.

由例 3 - 30 可以看出，此函数单调性的分界点在导数不存在的点.

综合上述两种情形可知，如果函数在定义区间上连续，且除去有限个点外该函数具有连续导数，那么，只要利用驻点和导数不存在的点来划分定义区间，就可以保证 $f'(x)$ 在各个子区间保持固定的符号，进而判断函数在各个子区间的单调性.

利用函数的单调性可以证明某些不等式.

【例 3—31】 证明：当 $x > 0$ 时，$1 + \frac{1}{2}x > \sqrt{1+x}$.

证 令 $f(x) = 1 + \frac{1}{2}x - \sqrt{1+x}$，则

$$f'(x) = \frac{1}{2} - \frac{1}{2\sqrt{1+x}} = \frac{\sqrt{1+x} - 1}{2\sqrt{1+x}}.$$

因为 $f(x)$ 在$[0, +\infty)$上连续，在$(0, +\infty)$内 $f'(x) > 0$，所以 $f(x)$ 在$[0, +\infty)$上单调递增，所以当 $x > 0$ 时，$f(x) > f(0) = 0$，即

$$1 + \frac{1}{2}x > \sqrt{1+x}.$$

3.6.2 函数的极值

从例 3 - 29 可以看出，$x = 1$ 是函数 $f(x) = x^3 - 6x^2 + 9x - 2$ 单调性的分界点，在 $x = 1$ 的左侧附近，函数单调递增，在 $x = 1$ 的右侧附近，函数单调递减. 因此，在点 $x = 1$ 的某个邻域内，函数值 $f(1)$ 一定是最大的，我们称之为极大值. 类似地，在函数

另一个单调性的分界点 $x=3$ 的某个邻域内，函数由单调递减变化为单调递增，因此，在该邻域内，$f(3)$ 一定是最小的，称之为极小值.

一般地，有如下定义：

定义4　设函数 $y=f(x)$ 在点 x_0 的某邻域内有定义，若对于该邻域内任何不同于 x_0 的点 x，恒有

$$f(x)>f(x_0)[\text{或 } f(x)<f(x_0)],$$

则称 $f(x_0)$ 为函数 $y=f(x)$ 的一个极小值（或极大值），称点 x_0 为极小值点（或极大值点）.

将函数的极小值和极大值统称为函数的极值，将极小值点和极大值点统称为极值点.

需要注意的是，极值是一个局部性的概念，是相对于 x_0 附近的点的函数值而言的，而最值是一个整体性的概念，是针对整个定义区间而言的，因此，极大值不一定是最大值，而极小值也不一定是最小值，极大值不一定大于极小值.

那么，怎样利用导数求函数的极值呢?由3.4节的费马定理知，可导函数 $y=f(x)$ 在点 x_0 处取得极值的必要条件是 $f'(x_0)=0$. 因此，对于可导函数而言，其极值点一定是驻点，但驻点是不是一定就是极值点呢?如果是，又该怎样判断是极大值点还是极小值点呢?另一方面，从例3－30可以看出，虽然 $y=|x|$ 在点 $x=0$ 不可导，但显然 $y=|x|$ 在点 $x=0$ 处取得极小值，因此函数的极值也可能取在不可导的点. 综上可知，函数的极值一定取在其单调性的分界点处. 结合定理7，我们有下面的判别法则：

定理8(第一充分条件)　设函数 $y=f(x)$ 在 x_0 连续，且在 x_0 的某去心邻域内可导，则

(1) 若在 x_0 的左侧附近 $f'(x)>0$，在 x_0 的右侧附近 $f'(x)<0$，则 $f(x_0)$ 为极大值；

(2) 若在 x_0 的左侧附近 $f'(x)<0$，在 x_0 的右侧附近 $f'(x)>0$，则 $f(x_0)$ 为极小值；

(3) 若在 x_0 的左右两侧 $f'(x)$ 符号保持不变，则 $y=f(x)$ 在 x_0 处没有极值.

证明从略.

由定理7、定理8可以看出，只要我们能够判断函数在其定义区间的单调性，那么该函数的极值点随之也就确定了.

【例3—32】　求函数 $f(x)=(x-1)^2\left(x+\dfrac{1}{2}\right)$ 的极值.

解　此函数在其定义域 $(-\infty,+\infty)$ 内具有连续导数，由 $f'(x)=3x(x-1)$，得驻点 $x_1=0$，$x_2=1$，这两点将定义域分为三个子区间：$(-\infty,0)$，$(0,1)$，$(1,+\infty)$，表3－2给出了 $f'(x)$ 在各个子区间的符号以及 $f(x)$ 的单调性，从而可确定极值点.

表 3-2

x	$(-\infty, 0)$	0	$(0, 1)$	1	$(1, +\infty)$
$f'(x)$	+	0	−	0	+
$f(x)$	单调递增	极大值	单调递减	极小值	单调递增

故，$x_1 = 0$ 为极大值点，且极大值为 $f(0) = \frac{1}{2}$；$x_2 = 1$ 为极小值点，且极小值 $f(1) = 0$.

***定理 9(第二充分条件)**　设函数 $y = f(x)$ 在点 x_0 处具有二阶导数，且 $f'(x_0) = 0$，$f''(x_0) \neq 0$，

(1) 若 $f''(x_0) > 0$，则 x_0 是 $y = f(x)$ 的极小值点；

(2) 若 $f''(x_0) < 0$，则 x_0 是 $y = f(x)$ 的极大值点.

证明从略.

需要注意的是，如果 $y = f(x)$ 在驻点 x_0 处 $f''(x_0) \neq 0$，则该驻点 x_0 一定是极值点；但若 $f'(x_0) = 0$ 且 $f''(x_0) = 0$，则 x_0 可能是极值点，也可能不是极值点，此时定理 8 不再适用，还需利用定理 7 来判定.

***【例 3—33】**　求函数 $f(x) = (x-1)^2\left(x + \frac{1}{2}\right)$ 的极值点.

解　由例 3 - 32 知，该函数的两个驻点 $x_1 = 0$，$x_2 = 1$，且 $f''(x) = 6x - 3$，则

$$f''(0) = -3 < 0,\ f''(1) = 3 > 0,$$

故由定理 8 可知，$x_1 = 0$ 为极大值点，$x_2 = 1$ 为极小值点.

3.6.3　函数的最值

3.6.3.1　闭区间上连续函数的最值问题

我们知道，如果函数 $y = f(x)$ 在闭区间 $[a, b]$ 上连续，则 $y = f(x)$ 在 $[a, b]$ 上一定存在最大值和最小值. 综合前面的讨论可知，如果 $y = f(x)$ 的最大值（或最小值）在 (a, b) 内的点 x_0 处取得，那么 $f(x_0)$ 一定也是极大值（或极小值），从而 x_0 一定是 $y = f(x)$ 的驻点或不可导点，另外，$y = f(x)$ 的最大值（或最小值）也可能在区间的端点处取得. 综上所述，我们给出如下的求连续函数 $y = f(x)$ 在闭区间 $[a, b]$ 上的最值的计算步骤：

(1) 求出 $y = f(x)$ 在 (a, b) 内的驻点和不可导点，记为 $x_1, x_2, \cdots, x_n$；

(2) 计算 $f(x_1), f(x_2), \cdots, f(x_n)$ 以及 $f(a), f(b)$；

(3) 比较(2)中所列函数值的大小，其中最大的就是最大值，最小的就是最小值.

【例 3—34】　求函数 $f(x) = (x-1)^2(x-3)^2$ 在 $[0, 5]$ 上的最值.

解　令 $f'(x) = 4(x-1)(x-2)(x-3) = 0$，得驻点为 $x_1 = 1$，$x_2 = 2$，$x_3 = 3$.

$f(1)=0$，$f(2)=1$，$f(3)=0$，$f(0)=9$，$f(5)=64$，比较可得 $f(x)$ 在 $x=5$ 处取得它在$[0,5]$上的最大值64；在 $x=1$ 和 $x=3$ 处取得它在$[0,5]$上的最小值0.

3.6.3.2 实际应用中的最值问题

在实际应用中，我们常常会遇到怎样使用料最省、成本最低、利润最大等问题，这些问题有时可以归结为求连续函数的最值问题. 实际问题中，我们遇到的函数大多是在定义区间内可导且只有一个驻点 x_0，并且该问题的最值一定在定义区间内部取得，此时我们不必讨论 $f(x_0)$ 是不是极值，可以直接断定 $f(x_0)$ 是最大值或最小值.

【例3－35】 某工厂要建一间长方形的车间，现有存砖够砌40 m长的墙壁，问应围成怎样的长方形才能使这个车间的面积最大?

解 设长方形车间的长为 x m，则该车间的宽为$\frac{40}{2}-x=(20-x)$m，故其面积为

$$S=S(x)=x(20-x),\ 0<x<20.$$

令 $S'(x)=20-2x=0$，得唯一驻点 $x=10$. 由于此长方形面积的最大值一定存在，而且在$(0,20)$内部取得，故当长为10 m，宽为 $20-10=10$(m) 时，这个车间的面积最大.

*3.7 导数的应用之四——曲线的凸性及函数图象的描绘

上节我们学习了如何判定函数的单调性，为了更完整、精确地了解函数的特性，下面介绍函数曲线的凹凸性.

3.7.1 曲线的凹凸性

前面我们学习了利用一阶导数判断函数的单调性，但有时会出现这样的情况，虽然在不同的区间函数都是单调递增，对应的曲线都是上升的，但上升的方向不同，这就涉及曲线的凹凸性问题.

定义5 设曲线弧 AB 上每一点处都有切线，如果切点附近的曲线总在切线的上(下)方，称曲线弧 AB 是上凸(下凹)的. 称连续曲线弧的上凸弧与下凸弧的分界点(x_0,y_0)为拐点.

如果函数 $y=f(x)$ 具有二阶导数，那么可以利用二阶导数的符号来判定其曲线的凸性.

定理10 设函数 $y=f(x)$ 在$[a,b]$上连续，在(a,b)内具有二阶导数，那么

(1) 如果在(a,b)内 $f''(x)>0$，则 $y=f(x)$ 的曲线在$[a,b]$上是下凸的；

(2) 如果在(a,b)内 $f''(x)<0$，则 $y=f(x)$ 的曲线在$[a,b]$上是上凸的.

【例3－36】 讨论函数 $y=x^3$ 的图象的凸性.

解 显然 $y''=6x$，从而当 $x\in(0,+\infty)$ 时，$y''>0$，则此时曲线是下凸的；当 x

$\in (-\infty, 0)$ 时，$y'' < 0$，则此时曲线是上凸的. 点 $(0, 0)$ 是曲线上凸和下凸的分界点，因此是拐点.

由上例可知，曲线的拐点在二阶导数为零的点处，需要注意的是，有时上凸和下凸的分界点也可能出现在二阶导数不存在的点.

【例 3-37】 讨论函数 $y = \sqrt[3]{x}$ 的图象的凸性.

解 显然 $y'' = -\dfrac{2}{9}x^{-\frac{5}{3}}$，从而当 $x \in (-\infty, 0)$ 时，$y'' > 0$，则此时曲线是下凸的；当 $x \in (-\infty, 0)$ 时，$y'' < 0$，则此时曲线是上凸的. 点 $(0, 0)$ 是曲线的拐点. 而 $f''(0)$ 不存在.

3.7.2 函数图象的描绘

我们可以利用已学的导数来判定函数的单调性、极值，曲线的凹凸性、拐点，并根据函数这些结果来描绘函数的图形. 为了更准确地把握函数曲线的走势，下面利用极限给出曲线渐近线的定义.

定义 6 如果 $\lim\limits_{x\to\infty} f(x) = b$，则称直线 $y = b$ 是曲线 $y = f(x)$ 的水平渐近线；如果 $\lim\limits_{x\to a} f(x) = \infty$，则称直线 $x = a$ 是曲线 $y = f(x)$ 的垂直渐近线.

综合以上内容，描绘函数图形的步骤如下：

(1)求出函数的定义域；

(2)考察函数的奇偶性、周期性；

(3)确定函数的渐近线；

(4)求出函数的一、二阶导数，找到一、二阶导数为零和不存在的点；

(5)确定函数的单调性、曲线的凸性，进而求出极值点和拐点；

(6)求出曲线上一些特殊点的坐标(如与坐标轴的交点等)；

(7)将以上结果列表，做出函数的图象.

【例 3-38】 描绘函数 $y = f(x) = x^2 + 2x$ 的图形.

解 函数 $y = x^2 + 2x$ 的定义域为 $(-\infty, +\infty)$，且 $y' = 2x + 2$，$y'' = 2 > 0$. 令 $y' = 0$ 得 $x = -1$；$y'' = 2 > 0$，故曲线在 $(-\infty, +\infty)$ 上是下凸的，从而曲线无拐点；$f(-1) = -1$，表 3-3 给出了函数的单调性，从而可确定极值.

表 3-3

x	$(-\infty, -1)$	-1	$(-1, +\infty)$
y'	$-$	0	+
y''	+	+	+
$y = f(x)$	减、下凸	极小值 -1	增、下凸

此曲线没有渐近线，又 $f(-2)=0$，$f(0)=0$，综合以上讨论，函数的图象如图3－7所示.

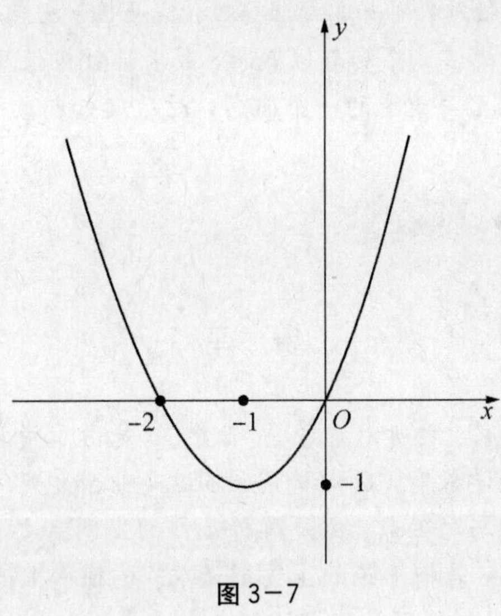

图3－7

本章小结

本章是关于导数与微分，以及导数应用等的相关内容.

1. 导数

从中学熟知的切线斜率和变速直线运动的速度问题引出了导数的定义，从几何意义和物理意义角度来说，导数就是未知函数关于自变量的瞬时变化率. 由于导数是利用极限这个工具进行定义的，而极限有左右极限之分，因而有了单侧导数的概念——左导数和右导数，并产生了一个导数存在的充要条件：左右导数存在且相等. 用定义推导出部分基本初等函数的求导公式，为今后的导数计算做了铺垫.

函数连续和可导之间有着一定的联系. 可导必然连续，连续不一定可导. 这是函数很重要的一个性质.

2. 求导法则和公式

本章给出导数运算的四则运算法则，并由此推导出所有基本初等函数求导公式. 还介绍了复合函数求导法则和隐函数求导法则，以及对数求导法，针对不同类型的函数有了不同的求导方法. 其中，复合函数求导法则尤为重要.

3. 微分

给出微分的概念和计算公式，并指出可微与可导之间的关系. 由简单的推导看出，可导与可微是等价的：$\mathrm{d}y=f'(x)\mathrm{d}x$. 因此，微分公式和求导公式可以合二为一地记忆，包括相应的运算法则也是类似的.

微分一个很重要的性质：微分形式不变性，即对于函数 $y=f(x)$，不论 x 是自变量还是复合函数的中间变量，这个函数的微分形式 $y=f'(x)\mathrm{d}x$ 保持不变.

4. 导数的应用

导数是函数很重要的一个概念，它在很多方面有重要的应用价值，如微分中值定理，可以判断函数相应的性质，再如单调性、极值、凸性、拐点等等. 如何利用导数，判断函数单调性，理解函数极值这个局部性概念，并求函数极值及做相关应用，这是重点.

本章导数是微积分里至关重要的一个概念，对后续知识的学习是基础，因此，熟练掌握本章内容是十分必要的.

扩展阅读(1)——数学家简介

费　马

费马，法国业余数学家. 之所以称费马“业余”，是由于费马有全职的律师工作. 费马一生从未受过专门的数学教育，数学研究也不过是业余爱好. 然而，在17世纪的法国还找不到哪位数学家可以与之匹敌：他是解析几何的发明者之一；对于微积分诞生的贡献仅次于牛顿和莱布尼茨；是概率论的主要创始人；是独承17世纪数论天地的人. 一代数学天才费马堪称是17世纪法国最伟大的数学家之一，被誉为“业余数学家之王”.

费马1601年出生于法国南部图卢兹附近的博蒙・德・洛马涅. 他的父亲多米尼克・费马在当地开了一家大皮革商店，拥有相当丰厚的产业，使得费马从小生活在富裕舒适的环境中. 费马小时候受教于他的叔叔皮埃尔，受到了良好的启蒙教育，培养了他广泛的兴趣和爱好，对他的性格也产生了重要的影响. 直到14岁时，费马才进入博蒙・德・洛马涅公学，毕业后先后在奥尔良大学和图卢兹大学学习法律.

17世纪的法国，男人最理想的职业是律师，因此，男人学习法律成为时髦. 1617年，费马准备考大学，父亲希望皮埃尔・德・费马读法律，费马也喜欢这门学科，所以没有多大的争议，就接受了父亲的安排. 然而对费马来说，真正的事业是学术，尤其是数学. 费马通晓法语、意大利语、西班牙语、拉丁语和希腊语，而且还颇有研究. 语言方面的博学给费马的数学研究提供了语言工具和便利，使他有能力学习和了解阿拉伯和意大利的代数以及古希腊的数学. 正是这些为费马在数学上的造诣奠定了良好基础. 在数学上，费马不仅可以在数学王国里自由驰骋，而且还可以站在数学天地之外鸟瞰数学.

费马独立于勒奈・笛卡儿发现了解析几何的基本原理. 1629年以前，费马便着手重写公元前三世纪古希腊几何学家阿波罗尼奥斯失传的《平面轨迹》一书. 他用代数方法对阿波罗尼奥斯关于轨迹的一些失传的证明作了补充，对古希腊几何学，尤其是阿波罗尼奥斯圆锥曲线论进行了总结和整理，对曲线作了一般研究，并于1630年用拉丁文撰写了仅有8页的论文《平面与立体轨迹引论》. 费马于1636年与当时的大数学家梅森、罗贝瓦尔开始通信，对自己的数学工作略有言及. 但是，《平面与立体轨迹引论》的出版是在费马去世14年以后的事，因而1679年以前，很少有人了解到费马的工作，而现在看来，费马的工作却是开创性的. 《平面与立体轨迹引论》中道出了费马的发现. 他指出：“两个未知量决定的一个方程式，对应着一条轨迹，可以描绘出一条直线或曲线.”费马的发现比勒奈・笛卡儿发现解析几何的基本原理还早7年. 费马在书中还对一般直线和圆的方程，以及关于双曲线、椭圆、抛物线进行了讨论．笛卡儿是从一个轨迹来寻找它的方程的，而费马则是从方程出发来研究轨迹的，这正是解析几何基本原则的两个相对的方面．在1643年的一封信里，费马也谈到了他的解析几何思想．他谈到了柱面、椭圆抛物面、双叶双曲面和椭球面，并指出，含有三个未知量的方程表示一个曲面，并对此作了进一步地研究．

17世纪，微积分是继解析几何之后的最璀璨的明珠．众所周知，牛顿和莱布尼茨是微积分的缔造者，并且在其之前，至少有数十位科学家为微积分的发明做了奠基性的工作．在诸多先驱者当中，费马仍然值得一提，主要原因是他为微积分概念的引出提供了与现代形式最接近的启示，以至于在微积分领域，在牛顿和莱布尼茨之后再加上费马作为创立者，也会得到数学界的认可．曲线的切线问题和函数的极大、极小值问题是微积分的起源之一．这项工作较为古老，最早可追溯到古希腊时期．费马建立了求切线、求极大值和极小值以及定积分方法，对微积分做出了重大贡献．

16世纪早期，意大利出现了卡尔达诺等数学家研究骰子中的博弈机会，在博弈的点中探求赌金的划分问题．到了17世纪，法国的帕斯卡和费马研究了意大利的帕乔里的著作《摘要》，建立了通信联系，从而建立了概率学的基础．费马和帕斯卡在相互通信以及著作中建立了概率论的基本原则——数学期望的概念．这是从点的数学问题开始的：在一个被假定有同等技巧的博弈者之间，在一个中断的博弈中，如何确定赌金的划分，已知两个博弈者在中断时的得分及在博弈中获胜所需要的分数．费马做出这样讨论：一个博弈者A需要4分获胜，博弈者B需要3分获胜的情况，这是费马对此种特殊情况的解．因为显然最多4次就能决定胜负．

1621年，费马开始利用业余时间对不定方程进行深入研究．费马将不定方程的研究限制在整数范围内，从而开始了数论这门数学分支．费马在数论领域中的成果是巨大的，其中最著名的是费马大定理：若 $n > 2$ 是整数，则方程 $x^n + y^n = z^n$ 没有满足 $xyz \neq 0$ 的整数解．这个是不定方程，它已经由英国数学家怀尔斯证明了(1995年)，证明的过程是相当艰深的！

费马生性内向，谦抑好静，不善推销自己，不善展示自我．因此，他生前极少发表自己的论著，连一部完整的著作也没有出版．费马的大部分论文都是在其去世后，由其长子萨摩尔整理发表的．如果不是萨摩尔积极出版费马的数学论著，很难说费马能对数学产生如此重大的影响！

扩展阅读(2)——数学方法

等价转化法

等价转化法是把未知解的问题转化为在已有知识范围内可解的问题的一种重要的思想方法．通过不断转化，把不熟悉、不规范、复杂的问题转化为熟悉、规范甚至模式化、简单的问题．历年高考，等价转化思想无处不见，我们要不断培养和训练自觉的转化意识，这将有利于强化解决数学问题中的应变能力，提高思维能力和技能、技巧．转化有等价转化与非等价转化. 等价转化要求转化过程中前因后果是充分必要的，才保证转化后的结果仍为原问题的结果. 非等价转化其过程是充分或必要的，要对结论进行必要的修正(如无理方程化有理方程要求验根)，它能给人带来思维的闪光点，找到解决问题的突破口. 我们在应用时一定要注意转化的等价性与非等价性的不同要求，实施等价转化时确保其等价性，保证逻辑上的正确.

著名的数学家，莫斯科大学教授C. A. 雅洁卡娅曾在一次向数学奥林匹克参赛者发表《什么叫解题》的演讲时提出："解题就是把要解题转化为已经解过的题."数学的解题过程，就是从未知向已知、从复杂到简单的化归转换过程.

等价转化思想方法的特点是具有灵活性和多样性. 在应用等价转化的思想方法去解决数学问题时，没有一个统一的模式去进行. 它可以在数与数、形与形、数与形之间进行转换；它可以在宏观上进行等价转化，如在分析和解决实际问题的过程中，普通语言向数学语言的翻译；它可以在符号系统内部实施转换，即所说的恒等变形. 消去法、换元法、数形结合法、求值求范围问题等等，都体现了等价转化思想，我们更是经常在函数、方程、不等式之间进行等价转化. 可以说，等价转化是将恒等变形在代数式方面的形变上升到保持命题的真假不变. 由于其多样性和灵活性，我们要合理地设计好转化的途径和方法，避免生搬硬套.

在数学操作中实施等价转化时，我们要遵循熟悉化、简单化、直观化、标准化的原则，即把我们遇到的问题，通过转化变成我们比较熟悉的问题来处理；或者将较为繁琐、复杂的问题，变成比较简单的问题，比如从超越式到代数式、从无理式到有理式、从分式到整式等；或者将比较难以解决、比较抽象的问题，转化为比较直观的问题，以便准确把握问题的求解过程，比如数形结合法；或者从非标准型向标准型进行转化. 按照这些原则进行数学操作，转化过程省时省力，有如顺水推舟. 经常渗透等价转化思想，可以提高解题的水平和能力.

扩展阅读(3)——名家谈数学

陈省身先生是世界数学大师、中国数学泰斗. 他的数学研究范围很广，包括微分几何学、拓扑学、微分方程、李群等多方面. 陈先生又是一位数学教育家，他培养了大批优秀的博士生. 他获得过许多荣誉和奖励，是美国科学院院士、中国科学院外籍院士. 他创办过三个数学研究所. 他还获得过相当于诺贝尔奖的沃尔夫奖（诺贝尔奖没有数学奖）.

陈省身先生在"纪念国家自然科学基金十周年学术报告会"上十分通俗简明地阐述了数学的意义、数学与应用、21世纪中国数学的发展，以及做主流数学或非主流数学、好的数学与不好的数学，等等，人们普遍关注而又不易解答的问题，对于广大大学生、数学教育工作者和数学工作者，都极富教益和启示. 以下摘录了陈省身先生在这次大会上的讲话——

我们都知道欧几里得(Euclid)的《几何原本》，这是一本数学方面的论著，完成于2 000多年以前. 它对于人类是一个很伟大的贡献. 书中包括了分析和代数，不限于几何，目的是用推理的方法得到几何的结论. 其中，第13章的内容讲的是正多面体的面数．正多面体就是这样一个多面体：它的面互相重合，同时通过一个顶点和每面的边数是相同的．正多面体在平面上的情形是正多边形．正多边形很多，有正三角形、正四边形等等．当时发现，到了空间，讨论正多面体就不这么简单了．空间的正多面体少得多，一共有5种正多面体：四面体、六面体、八面体、十二面体，最大的一个是正二十面体．有个朋友写了一本书，把这些漂亮的几何图形都收进去了．有些人可能会想，数学家们一天到晚没有事情可做，无中生有，搞这些多面体有什么意思？不过我跟张存浩先生讲，现在化学里的钛化合物就跟正多面体有关系．这就是说，经过2 000年之后，正多面体居然会在化学里有用，有些数学家正在研究正多体和分子结构间的关系．我们也知道，生物学上的病毒也具有正多面体的形状．这表明，当年数学家的一种“空想”，经历了这么长的时间之后，竟然是很“实用”的．

我再讲一个许多人都在讲的故事．有两个中学时代的朋友，多年未见了，一天忽然碰到．甲对乙说：“你这些年在做什么事？”乙说：“我在研究人口问题．”甲当然很想看看老朋友的工作，于是拿来乙的人口学论文一读，发现论文出现很多π．他觉得好奇怪：π是圆周率，圆周与直径之比，这怎么会和人口扯上关系？这个问题与上面的正多面体问题说明了同样的一点，即基础科学，特别是纯粹数学很难说将来会在什么时候会有用，并且起到很重要的作用．如果要求基础科学立刻就要有应用，那是太短视了．

数学家经常在家里思考问题，想出来的东西为什么会有用？我想，主要的原因就是它的基础非常简单，又十分坚固，它的结果是根据逻辑推理得出来的，所以完全可靠．逻辑推理比实验证实所获的结果要更为可靠些．数学由于它的逻辑可靠性，因而是一门有坚实根底的学问，这是数学有用的一种解释．

下面谈谈主流数学与非主流数学的问题．大家知道，数学有很多特点．比如做数学不需要很多设备，现在有电子通讯(E-Mail)，要的资料很容易拿到．做数学是个人的学问，不像别的学科，必须依赖于设备，大家争分夺秒在一些最主要的方向上工作，在主流方向做出你自己的贡献．而数学则不同．由于数学的方向很多，又是个人学问，不一定大家都集中做主流数学．我倒觉得可以鼓励人们不一定在主流数学上做．常有的情形是现在不是主流，过几年却成为主流了．这里我想讲讲我个人的经验．1943年，我在西南联大教书，杨振宁先生在学校里做研究生．那年我应邀从昆明到普林斯顿高等研究院去，杨先生后来在那里做教授．靠近普林斯顿有一个小城叫New Brunswick，是新泽西州立大学所在地．我8月到普林斯顿不久，就在New Brunswick参加美国数学会的暑期年会．由于近，我也去听听演讲，会会朋友．有一次我和一位美国非常有地位的数学家聊天，他问我做什么，我说微分几何，他立刻说，“It is dead(它已死了)”．这是1943年的事，但战后的情形是微分几何成了主流数学．因此，我觉得做数学的人，有可能找到现在并非主流，但很有意义、将来很有希望的方向．主流方向上集中了世界上许多优秀人物，投入了大量的经费，你抢不过他们，赶不上，不如做其他同样很有意义的工作．我希望中国数学在某些方面能够生根，搞得特别好，具有自己的特色．这在历史上也有先例．

我刚才提到要办十个够水平的研究院，怎样才会够水平呢？

第一，应当开一些基本的先进课程．学生来了，要给他们基本训练，就要为他们开高水平的课. 所谓的基本训练有两方面：一是培养推理能力，一个学生应该知道什么是正确的推理，什么是不正确的推理. 你必须保证每步都正确. 不能急于得结果就马马虎虎，最后一定出毛病. 二是要知道一些数学，对整个数学有个判断. 从前是分析有关的学科较重要. 20世纪以来是代数较时髦，群论、群表示论，后来是拓扑学等等. 总之，好的研究中心应该能开这些基本课程. 如不每年开，也可以两年开一次. 在我看来，中国要做到这一点是不困难的. 无非是两条：一是讲授研究院的某些课程，给予奖金. 二是另外也可请几个国外的人来教. 请的人如果不是最活跃的，甚至请退休的人来，花费并不大，他们在国外已有退休金，请到中国来只要安排好生活，少量的旅游也就可以了. 这样，数学研究院会有一个完整的课程系统.

第二，我想必须要有好的学生. 我们每年派去参加国际奥林匹克数学竞赛的中学生都很不错. 虽然中学里数学念得好将来不一定都研究数学，不过希望有一部分人搞数学，而且能有成就. 昨天，我和在北京的一些数学竞赛中获奖的学生见面，谈了话. 我对他们说，搞数学的人将来会有大的前途，10年、20年之后，世界上一定会缺乏数学人才. 现在的年轻人不愿念数学，势必造成人才短缺. 学生不想念数学也难怪. 因为数学很难，又没有把握. 苦读多年之后，往往离成为数学家还很远. 同时，又有许多因素在争夺数学家，例如计算机. 做一个好的计算机软件，需要很高的才能，很不容易. 不过它与数学相比，需要的准备知识很少. 搞数学的人不知要念多少书，好像一直念不完. 这样，有能力的人就转到计算机领域去了. 也有一些数学博士，毕业后到股票市场做生意. 例如预测股票市场的变化，写个计算机程序，以供决策. 这样做，虽然还是别人的雇员，并非自己当老板，但这比大学教授的薪水高得多了. 因此，数学人才的流失，是世界性的问题.

相比之下，中国的情况反而较为乐观，因为中国的人才多，流失一些还可以再培养. 流失的人如真能赚钱，发财之后会回来帮助盖数学楼. 总之，我们应取一个态度：中国变成一个输送数学家的工厂. 出去的人希望能回来，如果不回来，建议我们仍然继续送. 中国有的是人才，送出去一部分在世界上发挥影响也是值得的. 我们要做的事是花不多的钱，打好基础，开出好的课，基础搞得好了，至于出去的人回来不回来可以变得次要些. 这是我的初步想法. 比方说，参加国际奥林匹克数学竞赛的人，数学都是很好的，如果他们进大学数学系，我建议立刻给奖学金. 这点钱恐怕很有限，但效果很大，对别人也是一种鼓励. 对好的数学系学生来说，到国外去只是时间问题，你只要在国内把数学做好，出国很容易. 国内做得很好的话，到了国外不必做研究生，可以直接当教授. 中国已有条件产生第一流的数学家，大家要有信心.

我想再稍微讲点数学. 刚才说过，选择数学研究方向并不一定要跟主流，可以选自己特别喜欢的那些分支. 不过，一个数学家应当了解什么是好的数学，什么是不好的或不大好的数学. 有些数学是具有开创性的，有发展的，这就是好的数学. 还有一些数学也蛮有意思，但渐渐变成一种游戏了. 所以选择好的数学研究方向是很要紧的.

让我举例来谈谈. 大家是否知道有个拿破仑定理？这个定理也许和拿破仑并没有关系，却也蛮有意思. 定理是说任给一个三角形，各边上各作等边三角形，然后将这三个等边三角形的重心联起来，又是一个等边三角形. 各边上的等边三角形也可朝里面做，得到两个解，等等，这个数学就不是好的数学．因为它难有进一步的发展．当然，如果你感到累了，愿意想想这些问题，也蛮有意思，这好像一种游戏．那么什么是好的数学？比方说解方程就是．搞数学都要解方程．一次方程易解．二次方程就不同．后来就加进复数，讨论方程的复数解．大家知道的代数基本定理就是 n 次代数方程必有复数解．这一问题有很长的历史．当年的有名数学家欧拉(1707—1783 年)就考虑过这个问题．欧拉名望很高，但当时没有教授的职位，生活上也很困难．那时的德国皇帝认为皇宫中一定要有世界上最好的数学家，所以就把欧拉请去了．欧拉就曾研究过代数基本定理，结果一直没有证出来．后来还是高斯(1771—1855 年)发现了复数与拓扑有关系，有了新的理解．因为模等于 1 的复数表示一个圆周，在这圆周上就会有很多花样．第一个会证明代数基本定理的是高斯，而且给了不止一个证明．

所谓主流数学，是指一个伟大的数学贡献，深刻的定理，含义很广证明也很不简单．如果在当前选一个这样的贡献，我想那就是 Atiyah－Singer 指数定理．Atiyah 是英国皇家学会会长．上个月他来北京，还作过报告．这个指数定理可看成是上面所谈问题的近代发展，即将代数方程、黎曼曲面、亏格理论等等从低维推广到高维和无穷维．

因此，我觉得数学研究不但是很深很难很强，而且做到一定的地步仍然维持一个整体，到现在为止，数学没有分裂为好几块，依旧是完整的．尽管现代数学的研究范围在不断扩大，有些观念看来比较次要，慢慢就被丢掉了，但基本的观念始终在维持着．

习题 3

1．设 $f'(x_0) = 2$，则 $\lim\limits_{\Delta x \to 0} \dfrac{f(x_0) - f(x_0 - \Delta x)}{\Delta x} = (\quad)$．

A. 不存在　　B. 2　　C. 0　　D. 4

2．函数 $y = f(x)$ 在点 x_0 可导是在该点连续的(　　)．

A. 充分必要条件　　B. 必要条件

C. 充分条件　　D. 既非充分也非必要条件

3．讨论函数 $f(x) = \begin{cases} x^2 + 1, & x < 1 \\ 3x - 1, & x \leqslant 1 \end{cases}$ 在点 $x = 1$ 处的连续性和可导性．

*4．利用导数定义证明 $(\cos x)' = -\sin x$．

5．求下列函数的导数．

(1) $y = (x + 1)(x + 3)$；　　(2) $y = \sqrt[3]{x} + \arctan 2x$；

(3) $y = \ln\cos x$；　　(4) $y = e^x \sin 2x$；

(5) $y = \sqrt{1 - x^2}\arcsin x$；　　(6) $y = \sec\dfrac{x}{2}\tan 2x$；

(7) $y = e^{\cot x}$；　　(8) $y = \dfrac{x + 1}{x + 3}$；

(9) $y = \arccos\dfrac{1}{x}$；　　(10) $y = 3^x e^{3x}$．

*6. 求下列函数的导数.

(1) $y=\sqrt[3]{\frac{(x+1)(x^2+1)}{x+3}}$； (2) $y=x^x$.

7. 求下列方程确定的隐函数 $y=y(x)$ 在给定点的导数.

(1) $y^3+x^2y+2x=0$, $(1, 1)$； (2) $y=\cos(x+y)$, $\left(\frac{\pi}{4}, \frac{\pi}{4}\right)$.

8. 已知 $y=e^{2x}$，求 $y^{(n)}\big|_{x=0}$.

9. 求曲线 $ye^x+\ln y=1$ 在点 $(0, 1)$ 的切线的方程.

10. 求下列函数的微分.

(1) $y=x^2\ln x+x^3$； (2) $y=\sqrt{x}+\arctan x$；

(3) $y=\ln\cos x$； (4) $y=e^x\sin x$；

(5) $y=\frac{x^2+1}{x+3}$； (6) $y=\frac{e^x+e^{-x}}{e^x-e^{-x}}$；

(7) $y=\arcsin\frac{1}{x}$； (8) $y=3^x x^3$.

11. 已知 $y=3x^2-2x$，计算当 $x_0=1$，$\Delta x=0.01$ 时的 Δy 和 dy.

*12. 求 $\sqrt[3]{65}$ 的近似值.

*13. 已知一个平面圆环的内圆半径为 100 cm，外圆半径为 100.1 cm.

(1) 求圆环面积的精确值；

(2) 利用微分计算圆环面积的近似值.

14. 验证罗尔定理对函数 $f(x)=x^2-3x$ 在区间 $[0, 3]$ 上的正确性，并求出满足罗尔定理的点 ξ.

15. 验证拉格朗日中值定理对函数 $f(x)=3x^2+6x-5$ 在区间 $[-2, 1]$ 上的正确性，并求出满足拉格朗日中值定理的点 ξ.

16. 证明：$\arctan x+\operatorname{arccot} x=\frac{\pi}{2}$, $x\in[-\infty, +\infty]$.

*17. 证明：当 $x>0$ 时，$e^x>x+1$.

18. 利用洛必达法则求下列函数的极限.

(1) $\lim\limits_{x\to 2}\frac{x^4-16}{x-2}$； (2) $\lim\limits_{x\to 0}\frac{e^x-1}{x^2-x}$；

(3) $\lim\limits_{x\to 0}\frac{x-\sin x}{x^2\sin x}$； (4) $\lim\limits_{x\to\frac{\pi}{2}}\frac{\ln\sin x}{(\pi-2x)^2}$；

(5) $\lim\limits_{x\to+\infty}\frac{x^4}{e^x}$； (6) $\lim\limits_{x\to 1}\frac{\ln x}{x-1}$；

(7) $\lim\limits_{x\to 0}\frac{2x+\arcsin x}{\sin 3x}$； (8) $\lim\limits_{x\to+\infty}\frac{\ln(2+x)}{\sqrt{x}}$；

(9) $\lim\limits_{x\to 0^+}x^2e^{\frac{1}{x}}$； (10) $\lim\limits_{x\to 1}\left(\frac{x}{x-1}-\frac{1}{\ln x}\right)$.

*19. 利用洛必达法则求 $\lim\limits_{x\to 0^+}x^{\sin x}$.

*20. 验证$\lim\limits_{x \to \infty} \dfrac{x + \sin x}{x - \sin x}$存在，但洛必达法则失效.

21. 求下列函数的单调区间、极值点、极值.

(1) $y = x^3 - 3x^2 - 9x + 27$；　　(2) $y = x + \dfrac{1}{x}$.

22. 证明：当 $0 < x < \dfrac{\pi}{2}$ 时，$\sin x < x$.

23. 求下列函数在给定区间上的最值.

(1) $y = x^3 - 3x^2 - 9x + 6$，$[-2, 4]$；　　(2) $y = x^2 - \dfrac{54}{x}$，$(-\infty, 0)$.

24. 将正数 a 分解为两个正数的乘积，使分解后两正数之和为最小.

*25. 描绘函数 $y = x^3 - 3x^2$ 的图象.

第4章 积 分

前面已经介绍了已知函数求导数的问题，现在考虑其反问题：已知导数求其原函数，即求一个函数，使其导数恰好是某一已知函数. 这种由导数或微分求原来函数的逆运算称为积分，我们先介绍不定积分，然后介绍定积分.

4.1 不定积分的概念与性质

4.1.1 不定积分的概念

有许多实际问题，要求我们解决微分的逆运算，就是要由某函数的已知导数去求原来的函数.

4.1.1.1 原函数的概念

设 $f(x)$ 在某区间上有定义，若存在可导函数 $F(x)$，使其在该区间上任一点都有 $F'(x)=f(x)$ 或 $\mathrm{d}F(x)=f(x)\mathrm{d}x$，则称 $F(x)$ 为函数 $f(x)$ 在该区间上的一个原函数.

例如，$(x^3)'=3x^2$，所以 x^3 是 $3x^2$ 的一个原函数. 而 $(x^3+1)'=(x^3+2)'=\cdots=3x$，故 $3x$ 的原函数不是唯一的. 因此，有如下结论：

定理1 若 $F(x)$ 为 $f(x)$ 在某区间上的一个原函数，则 $F(x)+C$ 是 $f(x)$ 在该区间上的所有原函数，其中 C 为任意常数.

证 因为 $F'(x)=f(x)$，所以 $[F(x)+C]'=F'(x)=f(x)$，函数族 $F(x)+C$ 中的每一个函数都是 $f(x)$ 的原函数. 若 $F(x)$，$G(x)$ 都是 $f(x)$ 在某区间上的原函数，则 $F(x)-G(x)=C$(常数). 事实上，$[F(x)-G(x)]'=F'(x)-G'(x)=f(x)-f(x)=0$，所以 $F(x)-G(x)=C$ 或者 $G(x)=F(x)+C$，即 $f(x)$ 的任一个原函数 $G(x)$ 均可表示成 $F(x)+C$ 的形式.

4.1.1.2 原函数存在定理

定理2 若 $f(x)$ 在某区间上连续，则函数 $f(x)$ 在该区间上的原函数一定存在. 由于初等函数在其定义区间上都是连续的，因此初等函数在其定义区间上的原函数必定存在.

4.1.1.3　不定积分的概念

$f(x)$ 的原函数的全体，被称为 $f(x)$ 的不定积分，记为 $\int f(x)\mathrm{d}x$，其中，“$\int$”叫作积分号，$f(x)$ 叫作被积函数，$f(x)\mathrm{d}x$ 叫作被积表达式，x 叫作积分变量. 如果 $F(x)$ 为 $f(x)$ 的一个原函数，则有 $\int f(x)\mathrm{d}x = F(x) + C$，其中 C 为任意常数.

【例 4—1】 求下列不定积分.

(1)$\int x^3\mathrm{d}x$；(2)$\int \frac{1}{x}\mathrm{d}x$；(3)$\int \cos x\mathrm{d}x$；(4)$\int \frac{1}{1+x^2}\mathrm{d}x$；(5)$\int \frac{1}{\sqrt{1-x^2}}\mathrm{d}x$.

解　(1) 因为$\left(\frac{1}{4}x^4\right)' = x^3$，所以$\int x^3\mathrm{d}x = \frac{1}{4}x^4 + C$.

(2) 因为当 $x > 0$ 时，$(\ln x)' = \frac{1}{x}$，当 $x < 0$ 时，$[\ln(-x)]' = \frac{-1}{-x} = \frac{1}{x}$，所以 $\int \frac{1}{x}\mathrm{d}x = \ln|x| + C$.

(3) 因为 $(\sin x)' = \cos x$，所以$\int \cos x\mathrm{d}x = \sin x + C$.

(4) 因为 $(\arctan x)' = \frac{1}{1+x^2}$，所以$\int \frac{1}{1+x^2}\mathrm{d}x = \arctan x + C$.

(5) 因为 $(\arcsin x)' = \frac{1}{\sqrt{1-x^2}}$，所以$\int \frac{1}{\sqrt{1-x^2}}\mathrm{d}x = \arcsin x + C$.

注：求$\int f(x)\mathrm{d}x$ 时，切记要加“C”，否则求出的只是一个原函数，而不是不定积分.

从几何上看，原函数 $F(x)$ 表示一条曲线，称之为 $f(x)$ 的积分曲线. 因此，不定积分$\int f(x)\mathrm{d}x = F(x) + C$ 在几何上表示全体积分曲线所组成的积分曲线簇，它们是彼此平行的曲线，它们的方程是 $y = F(x) + C$.

在实际应用上，往往需要从全体原函数中求出一个满足已给条件的确定解，即要定出常数 C 的具体数值.

【例 4—2】 设曲线过(1，3)且斜率为 $2x$，求曲线的方程.

解　由题意知 $y' = 2x$，故 $y = \int 2x\mathrm{d}x = x^2 + C$.

因为曲线过点(1，3)，所以将坐标代入上式，得 $3 = 1 + C$，解得 $C = 2$，所以所求的方程为 $y = x^2 + 2$.

4.1.2　基本积分公式

因为求不定积分是求导数的逆运算，所以由导数公式可以相应地得出下列基本积分公式.

(1) $\int 0\mathrm{d}x = C$；

(2) $\int k\mathrm{d}x = kx + C$，$k$ 为常数；

(3) $\int x^{\mu}\mathrm{d}x = \frac{1}{\mu+1}x^{\mu+1} + C$，$\mu \neq -1$；

(4) $\int \frac{1}{x}\mathrm{d}x = \ln|x| + C$；

(5) $\int \mathrm{e}^{x}\mathrm{d}x = \mathrm{e}^{x} + C$；

(6) $\int a^{x}\mathrm{d}x = \frac{a^{x}}{\ln a} + C$；

(7) $\int \cos x\mathrm{d}x = \sin x + C$；

(8) $\int \sin x\mathrm{d}x = -\cos x + C$；

(9) $\int \frac{1}{\cos^2 x}\mathrm{d}x = \int \sec^2 x\mathrm{d}x = \tan x + C$；

(10) $\int \frac{1}{\sin^2 x}\mathrm{d}x = \int \csc^2 x\mathrm{d}x = -\cot x + C$；

(11) $\int \sec x\tan x\mathrm{d}x = \sec x + C$；

(12) $\int \csc x\cot x\mathrm{d}x = -\csc x + C$；

(13) $\int \frac{1}{1+x^2}\mathrm{d}x = \arctan x + C$；

(14) $\int \frac{1}{\sqrt{1-x^2}}\mathrm{d}x = \arcsin x + C$；

(15) $\int \tan x\mathrm{d}x = -\ln|\cos x| + C$；

(16) $\int \cot x\mathrm{d}x = \ln|\sin x| + C$.

以上 16 个公式是积分法的基础，必须熟记.

4.1.3　不定积分的性质

由不定积分的定义及导数运算法则，可以推得下列性质：

设 $f(x)$，$g(x)$ 都存在不定积分，则有

(1) $\int [f(x) \pm g(x)]\mathrm{d}x = \int f(x)\mathrm{d}x \pm \int g(x)\mathrm{d}x$；

(2) $\int kf(x)\mathrm{d}x = k\int f(x)\mathrm{d}x$，$k$ 为非零常数；

(3) $\frac{\mathrm{d}}{\mathrm{d}x}\left[\int f(x)\mathrm{d}x\right] = f(x)$，或 $\mathrm{d}\left[\int f(x)\mathrm{d}x\right] = f(x)\mathrm{d}x$；

(4) $\int F'(x)\mathrm{d}x = F(x) + C$ 或 $\int \mathrm{d}F(x) = F(x) + C$.

性质 (1) 可以推广到有限个函数的代数和.

【例 4-3】 求 $\int 2^x \mathrm{d}x$.

解　因为 $\left(\dfrac{2^x}{\ln 2}\right)' = 2^x$，所以 $\int 2^x \mathrm{d}x = \dfrac{2^x}{\ln 2} + C$.

【例 4-4】 求 $\int \mathrm{e}^{x+1} \mathrm{d}x$.

解　$\int \mathrm{e}^{x+1}\mathrm{d}x = \int \mathrm{e}^x \cdot \mathrm{e}\mathrm{d}x = \mathrm{e}\int \mathrm{e}^x \mathrm{d}x = \mathrm{e}(\mathrm{e}^x + C)$.

【例 4-5】 求 $\int (\mathrm{e}^x + \sqrt[3]{x})\mathrm{d}x$.

解　$\int (\mathrm{e}^x + \sqrt[3]{x})\mathrm{d}x = \int \mathrm{e}^x \mathrm{d}x + \int \sqrt[3]{x}\mathrm{d}x = \mathrm{e}^x + \dfrac{3}{4}x^{\frac{4}{3}} + C$.

【例 4-6】 求 $\int (2\mathrm{e}^x + 3\cos x - 1)\mathrm{d}x$.

解　$\int (2\mathrm{e}^x + 3\cos x - 1)\mathrm{d}x = 2\int \mathrm{e}^x \mathrm{d}x + 3\int \cos x\mathrm{d}x - \int \mathrm{d}x = 2\mathrm{e}^x + 3\sin x - x + C$.

【例 4-7】 求 $\int \tan^2 x\mathrm{d}x$.

解　$\int \tan^2 x\mathrm{d}x = \int (\sec^2 x - 1)\mathrm{d}x = \int \sec^2 x\mathrm{d}x - \int \mathrm{d}x = \tan x - x + C$.

【例 4-8】 求 $\int \cos^2 \dfrac{x}{2}\mathrm{d}x$.

解　$\int \cos^2 \dfrac{x}{2}\mathrm{d}x = \int \dfrac{1 + \cos x}{2}\mathrm{d}x = \dfrac{1}{2}\left(\int \mathrm{d}x + \int \cos x\mathrm{d}x\right) = \dfrac{1}{2}(x + \sin x) + C$.

【例 4-9】 求 $\int (\cos x - \sin x)\mathrm{d}x$.

解　$\int (\cos x - \sin x)\mathrm{d}x = \int \cos x\mathrm{d}x - \int \sin x\mathrm{d}x = \sin x + \cos x + C$.

【例 4-10】 求 $\int \left(\dfrac{1}{\sin^2 x} + \dfrac{1}{\cos^2 x}\right)\mathrm{d}x$.

解
$$\begin{aligned}\int \left(\frac{1}{\sin^2 x} + \frac{1}{\cos^2 x}\right)\mathrm{d}x &= \int \frac{1}{\sin^2 x}\mathrm{d}x + \int \frac{1}{\cos^2 x}\mathrm{d}x \\ &= \int \csc^2 x\mathrm{d}x + \int \sec^2 x\mathrm{d}x = -\cot x + \tan x + C.\end{aligned}$$

4.2　不定积分的计算——换元法

利用基本积分公式及性质只能求一些简单的积分，而对于比较复杂的积分，我们总是设法把它变形为能利用基本积分公式的形式，然后再求出积分. 下面介绍的换元法是最常用最有效的一种积分方法.

4.2.1 第一类换元积分法(凑微分法)

我们首先看一个例子.

【例 4−11】 求 $\int e^{2x}dx$.

解 被积函数 e^{2x} 是复合函数，不能直接利用 $\int e^x dx$ 的公式. 把原积分作如下变形：$\int e^{2x}dx = \frac{1}{2}\int e^{2x}d(2x)$. 令 $u = 2x$，则 $\frac{1}{2}\int e^{2x}d(2x) = \frac{1}{2}\int e^u du = \frac{1}{2}e^u + C$.

将 u 换回 $2x$，得 $\int e^{2x}dx = \frac{1}{2}e^{2x} + C$.

通过验证可知，计算正确. 上述解法的特点是引入新变量 $u = \varphi(x)$，从而把原积分化为 u 的一个简单的积分，再利用基本积分公式求解. 问题是，在公式 $\int e^x dx = e^x + C$ 中，将 x 换成了 $u = \varphi(x)$，得到公式 $\int e^u dx = e^u + C$ 是否成立?下面的定理给出了肯定的回答.

定理 3 如果 $\int f(x)dx = F(x) + C$，则 $\int f(u)du = F(u) + C$，其中 $u = \varphi(x)$ 是 x 的任一个可微函数.

证 因为 $\int f(x)dx = F(x) + C$，所以 $dF(x) = f(x)dx$，根据微分形式不变性，有 $dF(u) = f(u)du$，其中 $u = \varphi(x)$ 是 x 的可微函数，因此可得 $\int f(u)du = \int dF(u) = F(u) + C$.

这一定理表明，当自变量 x 换成任一可微函数 $u = \varphi(x)$ 后，积分公式仍然成立. 上述定理可以表示为下列计算程序：

$$\int f[\varphi(x)]\varphi'(x)dx \xlongequal{\text{凑微分}} \int f[\varphi(x)]d\varphi(x) \xlongequal{\text{令 } u = \varphi(x)} \int f(u)du = F(u) + C$$

$$\xlongequal{\text{回代}} F[\varphi(x)] + C.$$

这种积分方法叫作第一类换元法，也被称为凑微分法.

【例 4−12】 求 $\int \cos(3x+2)dx$.

解 令 $u = 3x + 2$，则

$$\begin{aligned}\int \cos(3x+2)dx &= \frac{1}{3}\int \cos(3x+2)d(3x+2)\\ &= \frac{1}{3}\int \cos u\,du = \frac{1}{3}\sin u + C = \frac{1}{3}\sin(3x+2) + C.\end{aligned}$$

【例 4−13】 求 $\int \frac{e^x}{1+e^x}dx$.

解 $\int \frac{e^x}{1+e^x}dx = \int \frac{d(e^x+1)}{1+e^x}$，令 $u = 1 + e^x$，则

$$\int \frac{d(e^x+1)}{1+e^x} = \int \frac{du}{u} = \ln|u| + C = \ln(e^x+1) + C.$$

如果熟练了，令 $u=\varphi(x)$ 可以略去，而直接写出结果.

【例 4—14】 求 $\int \cos x\sqrt{\sin x}dx$.

解 $\int \cos x\sqrt{\sin x}dx = \int \sqrt{\sin x}d(\sin x) = \frac{2}{3}\sqrt{\sin^3 x} + C$.

【例 4—15】 求 $\int (x-2)^{\frac{3}{2}}dx$.

解 $\int (x-2)^{\frac{3}{2}}dx = \int (x-2)^{\frac{3}{2}}d(x-2) = \frac{2}{5}(x-2)^{\frac{5}{2}} + C$.

【例 4—16】 求 $\int \frac{\ln x}{x}dx$.

解 $\int \frac{\ln x}{x}dx = \int (\ln x)d(\ln x) = \frac{1}{2}(\ln x)^2 + C$.

【例 4—17】 求 $\int e^x\sin(e^x-2)dx$.

解 $\int e^x\sin(e^x-2)dx = \int \sin(e^x-2)d(e^x-2) = -\cos(e^x-2) + C$.

【例 4—18】 求 $\int \cos x \cdot e^{\sin x}dx$.

解 $\int \cos x \cdot e^{\sin x}dx = \int e^{\sin x}d(\sin x) = e^{\sin x} + C$.

【例 4—19】 求 $\int \cos^2 x \cdot \sin x dx$.

解 $\int \cos^2 x \cdot \sin x dx = -\int \cos^2 x d(\cos x) = -\frac{1}{3}\cos^3 x + C$.

【例 4—20】 求 $\int \frac{\sin x}{\cos^2 x}dx$.

解 $\int \frac{\sin x}{\cos^2 x}dx = -\int \frac{1}{\cos^2 x}d(\cos x) = \frac{1}{\cos x} + C$.

【例 4—21】 求 $\int \frac{1}{x(2+3\ln x)}dx$.

解 $\int \frac{1}{x(2+3\ln x)}dx = \frac{1}{3}\int \frac{1}{2+3\ln x}d(2+3\ln x) = \frac{1}{3}\ln|2+3\ln x| + C$.

【例 4—22】 求 $\int \frac{1}{e^x+e^{-x}}dx$.

解 $\int \frac{1}{e^x+e^{-x}}dx = \int \frac{e^x}{1+e^{2x}}dx = \int \frac{de^x}{1+(e^x)^2} = \arctan e^x + C$.

【例 4—23】 求 $\int \frac{1}{1+e^x}dx$

解 $\int \frac{1}{1+e^x}dx = \int \frac{1+e^x-e^x}{1+e^x}dx = \int \left(1-\frac{e^x}{1+e^x}\right)dx$

$$= x - \int \frac{1}{1+e^x}d(1+e^x) = x - \ln(1+e^x) + C.$$

【例 4—24】 求 $\int \sec^4 x dx$.

解 $\int \sec^4 x dx = \int \sec^2 x \sec^2 x dx$

$$= \int (1+\tan^2 x)d\tan x = \tan x + \frac{1}{3}\tan^3 x + C.$$

当被积函数是有理函数时，若分母可因式分解，则可将其因式分解，然后分解成多项式及部分分式之和；若分母不可因式分解，则配出一个完全平方式，然后视情况处理.

【例 4—25】 求 $\int \frac{1}{x+x^2}dx$.

解 $\int \frac{1}{x+x^2}dx = \int \frac{1}{x(1+x)}dx$

$$= \int \left(\frac{1}{x}-\frac{1}{x+1}\right)dx = \int \frac{1}{x}dx - \int \frac{1}{x+1}dx$$

$$= \int \frac{1}{x}dx - \int \frac{1}{x+1}d(1+x)$$

$$= \ln|x| - \ln|x+1| + C = \ln\left|\frac{x}{x+1}\right| + C.$$

【例 4—26】 求 $\int \frac{1}{x^2-3x+2}dx$.

解 $\int \frac{1}{x^2-3x+2}dx = \int \frac{1}{(x-1)(x-2)}dx$

$$= \int \left(\frac{1}{x-2}-\frac{1}{x-1}\right)dx = \int \frac{1}{x-2}dx - \int \frac{1}{x-1}dx$$

$$= \int \frac{1}{x-2}d(x-2) - \int \frac{1}{x-1}d(x-1)$$

$$= \ln|x-2| - \ln|x-1| + C = \ln\left|\frac{x-2}{x-1}\right| + C.$$

【例 4—27】 求 $\int \frac{1}{x(x-1)}dx$.

解 $\int \frac{1}{x(x-1)}dx = \int \left(\frac{1}{x-1}-\frac{1}{x}\right)dx$

$$= \int \frac{1}{x-1}dx - \int \frac{1}{x}dx$$

$$= \int \frac{1}{x-1}d(x-1) - \int \frac{1}{x}dx$$

$$= \ln|x-1| - \ln|x| + C = \ln\left|\frac{x-1}{x}\right| + C.$$

【例 4—28】 求 $\int \frac{1}{\sin^2 x + 2\cos^2 x}dx$.

解 $\int \frac{1}{\sin^2 x + 2\cos^2 x}\mathrm{d}x = \int \frac{1}{(\tan^2 x + 2)\cos^2 x}\mathrm{d}x$

$$= \int \frac{\mathrm{d}\tan x}{2 + \tan^2 x} = \frac{\sqrt{2}}{2}\arctan\frac{\tan x}{\sqrt{2}} + C.$$

凑微分法需要多做习题才能掌握解题的技巧，同时，需要熟记下列一些微分式.

(1) $\mathrm{d}x = \frac{1}{a}\mathrm{d}(ax + b)(a \neq 0)$；　　(2) $x\mathrm{d}x = \frac{1}{2}\mathrm{d}x^2$；

(3) $\frac{\mathrm{d}x}{\sqrt{x}} = 2\mathrm{d}\sqrt{x}$；　　(4) $\mathrm{e}^x\mathrm{d}x = \mathrm{d}\mathrm{e}^x$；

(5) $\frac{1}{x} = \mathrm{d}\ln|x|$；　　(6) $\sin x\mathrm{d}x = -\mathrm{d}\cos x$；

(7) $\cos x\mathrm{d}x = \mathrm{d}\sin x$；　　(8) $\sec^2 x\mathrm{d}x = \mathrm{d}\tan x$；

(9) $\csc^2 x\mathrm{d}x = -\mathrm{d}\cot x$；　　(10) $\frac{\mathrm{d}x}{\sqrt{1 - x^2}} = \mathrm{d}\arcsin x$；

(11) $\frac{\mathrm{d}x}{1 + x^2} = \mathrm{d}\arctan x$；　　(12) $a^x\mathrm{d}x = \frac{1}{\ln a}\mathrm{d}a^x$.

4.2.2 第二类换元积分法

上面介绍的第一类换元积分法解决了很多求不定积分的问题，但是还是有一些问题，比如被积函数中含有根式的情况，用第一类换元积分法无法求解. 为了解决这一类的问题，下面介绍第二类换元积分法.

定理4 设 $x = \varphi(t)$ 是单调、可导的函数，$\varphi'(x) \neq 0$ 且 $f(\varphi(t))\varphi'(t)$ 有原函数 $F(t)$，则 $F[\varphi^{-1}(x)]$ 是 $f(x)$ 的原函数，即有换元公式，$\int f(x)\mathrm{d}x = \int f[\varphi(t)]\varphi'(t)\mathrm{d}t = F[\varphi^{-1}(x)] + C$，其中 $\varphi^{-1}(x)$ 是 $x = \varphi(t)$ 的反函数.

证 令 $x = \varphi(t)$，则

$$\int f(x)\mathrm{d}x = \int f(\varphi(t))\mathrm{d}\varphi(t)$$

$$= \int f(\varphi(t))\varphi'(t)\mathrm{d}t = F(t) + C \overset{t=\varphi^{-1}(x)}{=} F(\varphi^{-1}(x)) + C.$$

第二类换元法常用来解决形如 $\int f(\sqrt{a^2 - x^2})\mathrm{d}x$，$\int f(\sqrt{x^2 - a^2})\mathrm{d}x$，$\int f(\sqrt{x^2 + a^2})\mathrm{d}x$ 的积分. 只需分别引入变量替换 $x = a\sin t$，$x = a\sec t$，$x = a\tan t$，其中 t 为锐角，以消除被积表达式中的根号. 在变换后的积分运算中，往往会出现三角函数表达式，由于 t 为新变量，因此计算结果必须再换回原变量. 为了计算方便，往往引入直角三角形，利用锐角三角函数定义来确定所需的三角函数值.

【例4－29】 求下列不定积分.

(1) $\int \frac{\mathrm{d}x}{x^2\sqrt{1 - x^2}}$；　　(2) $\int \frac{\mathrm{d}x}{x^2\sqrt{1 + x^2}}$；　　(3) $\int \frac{\mathrm{d}x}{x^2\sqrt{x^2 - 1}}$.

解 (1) 令 $x = \sin t$, $0 < t < \frac{\pi}{2}$, 则 $\mathrm{d}x = \cos t\mathrm{d}t$,

$$\int \frac{\mathrm{d}x}{x^2\sqrt{1-x^2}} = \int \frac{\cos t}{\sin^2 t\cos t}\mathrm{d}t = \int \frac{1}{\sin^2 t}\mathrm{d}t = -\cot t + C.$$

引入直角三角形，如图 4－1 所示，则 $\cot t = \frac{\sqrt{1-x^2}}{x}$.

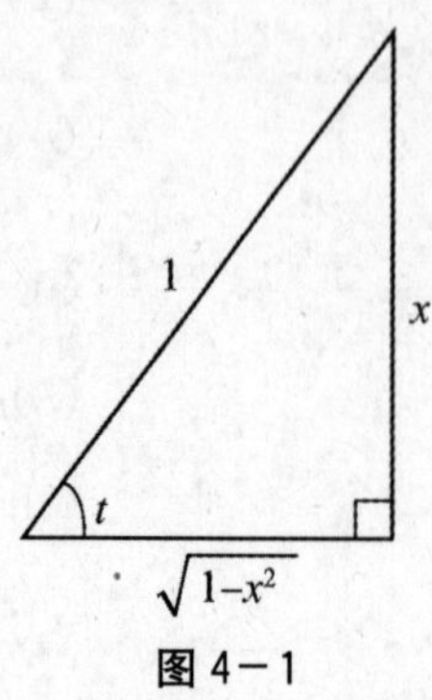

图 4－1

故 $\int \frac{\mathrm{d}x}{x^2\sqrt{1-x^2}} = -\frac{\sqrt{1-x^2}}{x} + C$.

(2) 令 $x = \tan t$, $0 < t < \frac{\pi}{2}$, 则 $\mathrm{d}x = \frac{1}{\cos^2 t}\mathrm{d}t$, $\sqrt{1+x^2} = \sec t$,

$$\begin{aligned}\int \frac{\mathrm{d}x}{x^2\sqrt{1+x^2}} &= \int \frac{1}{\tan^2 t\sec t}\frac{1}{\cos^2 t}\mathrm{d}t = \int \frac{\cos t}{\sin^2 t}\mathrm{d}t \\ &= \int \frac{1}{\sin^2 t}\mathrm{d}\sin t = -\frac{1}{\sin t} + C.\end{aligned}$$

引入直角三角形，如图 4－2 所示，则 $\sin t = \frac{x}{\sqrt{1+x^2}}$.

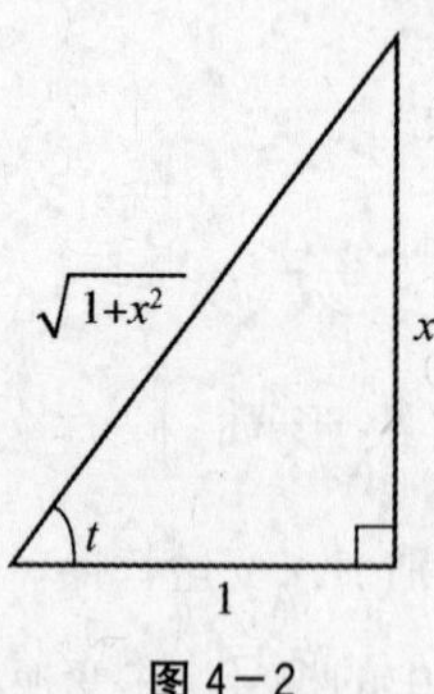

图 4－2

故 $\int \frac{\mathrm{d}x}{x^2\sqrt{1+x^2}} = -\frac{\sqrt{1+x^2}}{x} + C$.

(3) 令 $x = \sec t$, $0 < t < \frac{\pi}{2}$, 则 $\mathrm{d}x = \frac{\sin t}{\cos^2 t}\mathrm{d}t$, $\sqrt{x^2-1} = \tan t$,

$$\int \frac{\mathrm{d}x}{x^2\sqrt{x^2-1}} = \int \frac{1}{\sec^2 t\tan t}\frac{\sin t}{\cos^2 t}\mathrm{d}t = \int \cos t\mathrm{d}t = \sin t + C.$$

引入直角三角形，如图4－3所示，则 $\sin t = \dfrac{\sqrt{x^2-1}}{x}$.

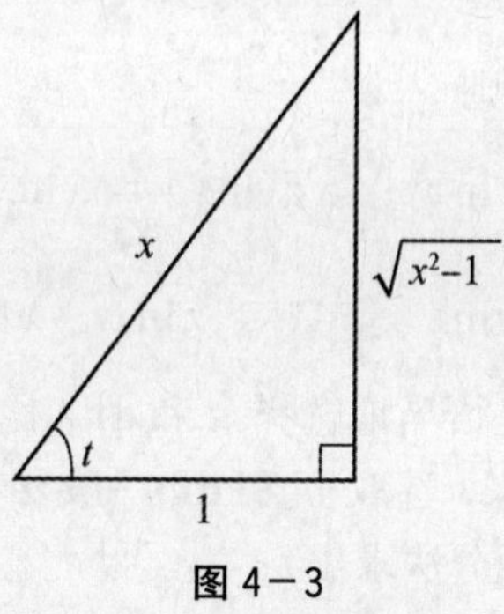

图4－3

故 $\displaystyle\int \frac{\mathrm{d}x}{x^2\sqrt{x^2-1}} = \frac{\sqrt{x^2-1}}{x} + C$.

【例4－30】 求 $\displaystyle\int \frac{\sqrt{x}}{1+\sqrt{x}}\mathrm{d}x$.

解　令 $\sqrt{x} = t$，即 $x = t^2(t \geqslant 0)$，则 $\mathrm{d}x = 2t\mathrm{d}t$，

$$\begin{aligned}\int \frac{\sqrt{x}}{1+\sqrt{x}}\mathrm{d}x &= \int \frac{t}{1+t}\cdot 2t\mathrm{d}t = 2\int \frac{t^2}{1+t}\mathrm{d}t = 2\int \frac{(t^2-1)+1}{1+t}\mathrm{d}t = 2\int \left(t-1+\frac{1}{1+t}\right)\mathrm{d}t \\ &= t^2 - 2t + 2\ln|1+t| + C = x - 2\sqrt{x} + 2\ln|1+\sqrt{x}| + C.\end{aligned}$$

4.3　不定积分的计算——分部积分法

当被积函数是两类不同函数乘积时，往往要用分部积分法来求解. 例如 $\int x^2\mathrm{e}^x\mathrm{d}x$，$\int \mathrm{e}^x\sin x\mathrm{d}x$，这两个积分用我们前面的方法求不出来. 下面推导分部积分法公式.

设函数 $u = u(x)$，$v = v(x)$ 具有连续导数，由乘积微分公式有 $\mathrm{d}(uv) = u\mathrm{d}v + v\mathrm{d}u$，移项有 $u\mathrm{d}v = \mathrm{d}(uv) - v\mathrm{d}u$，两边积分得 $\int u\mathrm{d}v = \int \mathrm{d}(uv) - \int v\mathrm{d}u = uv - \int v\mathrm{d}u$，称该公式为分部积分公式.

上述公式可以将求 $\int u\mathrm{d}v$ 的积分问题转化为求 $\int v\mathrm{d}u$ 的积分. 当后面这个积分较容易求时，分部积分公式就起到了化难为易的作用.

【例4－31】 求 $\int x\mathrm{e}^{-x}\mathrm{d}x$.

解　$\int x\mathrm{e}^{-x}\mathrm{d}x = \int x\mathrm{d}(-\mathrm{e}^{-x}) = -x\mathrm{e}^{-x} + \int \mathrm{e}^{-x}\mathrm{d}x = -x\mathrm{e}^{-x} - \mathrm{e}^{-x} + C.$

【例 4—32】 求 $\int x\sin x\mathrm{d}x$.

解 $\int x\sin x\mathrm{d}x = \int x\mathrm{d}(-\cos x) = -x\cos x + \int \cos x\mathrm{d}x = -x\cos x + \sin x + C$.

【例 4—33】 求 $\int \ln x\mathrm{d}x$.

解 设 $u = \ln x$, $v = x$, 则

$$\int \ln x\mathrm{d}x = x\ln x - \int x\mathrm{d}(\ln x) = x\ln x - \int x\frac{1}{x}\mathrm{d}x$$

$$= x\ln x - \int \mathrm{d}x = x\ln x - x + C.$$

运用好分部积分法的关键是恰当地选择 u 和 $\mathrm{d}v$. 比如，在例 4 - 33 中，若选 $u = 1$, $\mathrm{d}v = \ln x\mathrm{d}x$，则积分就求不出来. 选取 u 和 $\mathrm{d}v$ 一般要考虑如下两点：

(1) v 要容易求得(可用凑微分法求出)；

(2) $\int v\mathrm{d}u$ 要比 $\int u\mathrm{d}v$ 容易求.

【例 4—34】 求 $\int \mathrm{e}^x\sin x\mathrm{d}x$.

解 $$\int \mathrm{e}^x\sin x\mathrm{d}x = \int \sin x\mathrm{d}\mathrm{e}^x = \mathrm{e}^x\sin x - \int \mathrm{e}^x\mathrm{d}\sin x$$

$$= \mathrm{e}^x\sin x - \int \mathrm{e}^x\cos x\mathrm{d}x = \mathrm{e}^x\sin x - \int \cos x\mathrm{d}\mathrm{e}^x$$

$$= \mathrm{e}^x\sin x - \mathrm{e}^x\cos x - \int \mathrm{e}^x\sin x\mathrm{d}x,$$

令 $I = \int \mathrm{e}^x\sin x\mathrm{d}x$, 则 $I = \frac{1}{2}\mathrm{e}^x(\sin x - \cos x) + C$.

一般地，用分部积分公式求解，u 和 $\mathrm{d}v$ 的选择有如下规律可循：

(1) $\int x^n\mathrm{e}^{ax}\mathrm{d}x$, $\int x^n\sin ax\mathrm{d}x$, $\int x^n\cos ax\mathrm{d}x$，可设 $u = x^n$；

(2) $\int x^n\ln x\mathrm{d}x$, $\int x^n\arcsin x\mathrm{d}x$, $\int x^n\arctan x\mathrm{d}x$，可设 $u = \ln x$, $\arcsin x$, $\arctan x$；

(3) $\int \mathrm{e}^{ax}\sin bx\mathrm{d}x$, $\int \mathrm{e}^{ax}\cos bx\mathrm{d}x$，可设 $u = \sin bx, \cos bx$.

注：常数也视为幂函数.

上述情况在 x^n 被换为多项式时仍成立，情况(3)也可设 $u = \mathrm{e}^{ax}$，但一经选定，再次分部积分时必须按原来的选择. 在积分过程中，有时需要同时用换元法和分部积分法.

【例 4—35】 求 $\int x^2\mathrm{e}^x\mathrm{d}x$.

解 $$\int x^2\mathrm{e}^x\mathrm{d}x = \int x^2\mathrm{d}\mathrm{e}^x = x^2\mathrm{e}^x - \int \mathrm{e}^x\mathrm{d}x^2 = x^2\mathrm{e}^x - 2\int x\mathrm{e}^x\mathrm{d}x$$

$$= x^2\mathrm{e}^x - 2\int x\mathrm{d}\mathrm{e}^x = x^2\mathrm{e}^x - 2\left(x\mathrm{e}^x - \int \mathrm{e}^x\mathrm{d}x\right)$$

$$= x^2\mathrm{e}^x - 2x\mathrm{e}^x + 2\int \mathrm{e}^x\mathrm{d}x$$

$$= x^2e^x - 2xe^x + 2e^x + C$$
$$= e^x(x^2 - 2x + 2) + C.$$

【例 4—36】 求$\int x^2\cos x\mathrm{d}x$.

解 $\int x^2\cos x\mathrm{d}x = \int x^2\mathrm{d}\sin x = x^2\sin x - \int \sin x\mathrm{d}x^2$

$$= x^2\sin x - 2\int x\sin x\mathrm{d}x = x^2\sin x + 2\int x\mathrm{d}\cos x$$

$$= x^2\sin x + 2x\cos x - 2\int \cos x\mathrm{d}x$$

$$= x^2\sin x + 2x\cos x - 2\sin x + C.$$

【例 4—37】 求$\int \sin\sqrt{x}\mathrm{d}x$.

解 令 $t = \sqrt{x}$，则 $x = t^2$，$\mathrm{d}x = 2t\mathrm{d}t$，$\int \sin\sqrt{x}\mathrm{d}x = \int 2t\sin t\mathrm{d}t$，

$$\int t\sin t\mathrm{d}t = -\int t\mathrm{d}\cos t = -t\cos t + \int \cos t\mathrm{d}t = -t\cos t + \sin t + C,$$

因此$\int \sin\sqrt{x}\mathrm{d}x = 2(-t\cos t + \sin t) + C$

$$= -2\sqrt{x}\cos\sqrt{x} + 2\sin\sqrt{x} + C.$$

说明：如果运算熟练，使用分部积分法时，可不必写出 u 与 v.

【例 4—38】 求$\int \arctan x\mathrm{d}x$.

解 $\int \arctan x\mathrm{d}x = x\arctan x - \int \frac{x}{1 + x^2}\mathrm{d}x$

$$= x\arctan x - \frac{1}{2}\int \frac{1}{1 + x^2}\mathrm{d}(1 + x^2)$$

$$= x\arctan x - \frac{1}{2}\ln(1 + x^2) + C.$$

【例 4—39】 用多种方法求$\int \frac{x}{\sqrt{1 + x}}\mathrm{d}x$.

解 方法 1：$\int \frac{x}{\sqrt{1 + x}}\mathrm{d}x = \int \frac{x + 1 - 1}{\sqrt{1 + x}}\mathrm{d}x = \int \sqrt{1 + x}\mathrm{d}x - \int \frac{\mathrm{d}x}{\sqrt{1 + x}}$

$$= \frac{2}{3}(1 + x)^{\frac{3}{2}} - 2(1 + x)^{\frac{1}{2}} + C.$$

方法 2：令$\sqrt{1 + x} = t$，则 $x = t^2 - 1$，$\mathrm{d}x = 2t\mathrm{d}t$，

$$\int \frac{x}{\sqrt{1 + x}}\mathrm{d}x = \int\left(t - \frac{1}{t}\right)\cdot 2t\mathrm{d}t = \int(2t^2 - 2)\mathrm{d}t$$

$$= \int 2t^2\mathrm{d}t - \int 2\mathrm{d}t = 2\int t^2\mathrm{d}t - 2\int \mathrm{d}t$$

$$= \frac{2}{3}t^3 - 2t + C$$

$$= \frac{2}{3}(x+1)^{\frac{3}{2}} - 2(1+x)^{\frac{1}{2}} + C.$$

由例 4 - 39 可以看出，不定积分的方法比较多，并且各种解法都有自己的特点，同学们在学习中要多思考、多总结，不断积累经验.

4.4 定积分

在本节中，我们来讨论定积分. 定积分不论在理论上还是实际应用上，都有着十分重要的意义.

4.4.1 定积分的应用背景

4.4.1.1 曲边梯形的面积

设 $y = f(x)$ 在闭区间 $[a, b]$ 上非负、连续，由直线 $x = a$，$x = b$，$y = 0$ 及曲线 $y = f(x)$ 所围成的图形（图 4 - 4）称为曲边梯形，其中曲线弧称为曲边.

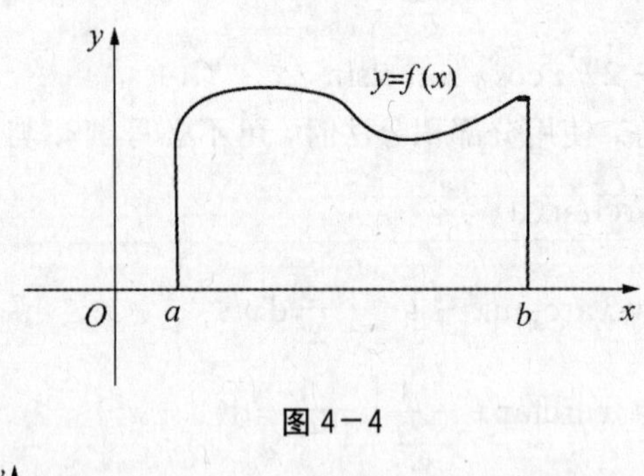

图 4-4

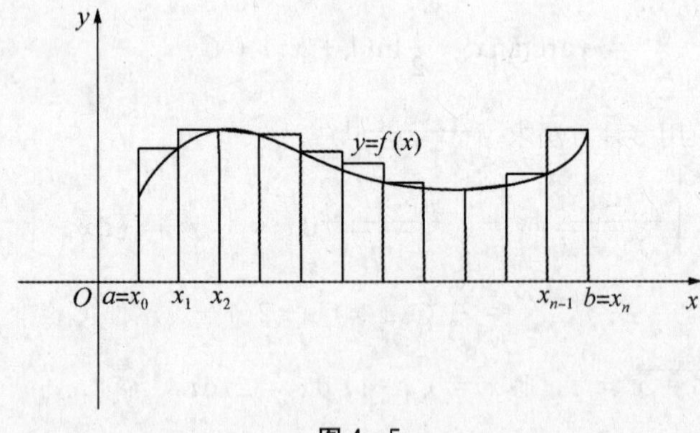

图 4-5

如何求曲边梯形的面积呢？设想：把该曲边梯形用平行于 y 轴的直线分割成许多小的曲边梯形. 每个小曲边梯形近似看作一个小矩形，用长 × 宽求得小矩形面积，加起来就是曲边梯形面积的近似值，分割越细，误差越小，于是当小矩形的宽度趋于零时，这个矩形面积和的极限就是曲边梯形面积的精确值了.

具体实施分为下述四步：

(1) 分割. 任取分点 $a = x_0 < x_1 < x_2 \cdots < x_{n-1} < x_n = b$，把底边$[a, b]$分成 n 个小区间$[x_{i-1}, x_i](i = 1, 2, \cdots, n)$，每个小区间长度记为 $\Delta x_i = x_i - x_{i-1}(i = 1, \cdots, n)$；

(2) 取近似. 在每个小区间$[x_{i-1}, x_i]$上任取一点 $\xi_i(x_{i-1} \leqslant \xi_i \leqslant x_i)$，对应函数值为$f(\xi_i)$，则得小曲边梯形面积 ΔA_i 的近似值为 $\Delta A_i \approx f(\xi_i)\Delta x_i(i = 1, \cdots, n)$；

(3) 求和. 把 n 个小矩形面积相加就得到曲边梯形面积 A 的近似值为

$$A \approx f(\xi_1)\Delta x_1 + f(\xi_2)\Delta x_2 + \cdots + f(\xi_n)\Delta x_n = \sum_{i=1}^{n} f(\xi_i)\Delta x_i;$$

(4) 取极限. 为了保证全部 Δx_i 都是无穷小，我们要求小区间长度中的最大值 $\lambda = \max\limits_{1 \leqslant i \leqslant n}\{\Delta x_i\}$ 趋向于零，这时和式$\sum\limits_{i=1}^{n} f(\xi_i)\Delta x_i$ 的极限就是曲边梯形面积的精确值，即

$$A = \lim_{\lambda \to 0}\sum_{i=1}^{n} f(\xi_i)\Delta x_i.$$

4.4.1.2　变速直线运动的路程

设物体做直线运动，已知速度 $v = v(t)$ 是时间间隔$[T_1, T_2]$上的连续函数，且 $v(t) \geqslant 0$，计算这段时间内所走的路程. 如果是匀速运动，则路程 $s = v(T_2 - T_1)$，若 $v(t)$ 是变速，路程就不能用初等方法求得了. 解决这个问题的思路和步骤与求曲边梯形面积相类似：

(1) 分割. 任取分点 $T_1 = t_0 < t_1 < t_2 < \cdots < t_{n-1} < t_n = T_2$，把$[T_1, T_2]$分成 n 个小段，每小段长为 $\Delta t_i = t_i - t_{i-1}(i = 1, 2, \cdots, n)$；

(2) 取近似. 把每小段$[t_{i-1}, t_i]$上的运动视为匀速，任取时刻 $\xi_i \in [t_{i-1}, t_i]$ 作乘积 $v(\xi_i)\Delta t_i$，则这小段时间所走路程 Δs_i 可近似表示为 $\Delta s_i \approx v(\xi_i)\Delta t_i(i = 1, 2, \cdots, n)$；

(3) 求和. 把 n 个小段时间上的路程相加，就得到总路程 s 的近似值，即

$$s_i \approx \sum_{i=1}^{n} v(\xi_i)\Delta t_i;$$

(4) 取极限. 当 $\lambda = \max\limits_{1 \leqslant i \leqslant n}\{\Delta t_i\} \to 0$ 时，上述总和的极限就是 s 的精确值，即

$$s = \lim_{\lambda \to 0}\sum_{i=1}^{n} v(\xi_i)\Delta t_i.$$

从上述两个具体问题我们看到，它们的实际意义虽然不同，但它们归结成的数学模型却是一致的.

4.4.2　定积分的概念

定义 1　设函数 $y = f(x)$ 在$[a, b]$上有定义，任取分点 $a = x_0 < x_1 < \cdots < x_{n-1} < x_n = b$ 把$[a, b]$分为 n 个小区间$[x_{i-1}, x_i](i = 1, 2, \cdots, n)$，记$\Delta x_i = x_i - x_{i-1}$，$\lambda = \max\limits_{1 \leqslant i \leqslant n}\{\Delta x_i\}(i = 1, 2, \cdots, n)$，再在每个小区间 $[x_{i-1}, x_i]$ 上任取一点 ξ_i，作乘积 $f(\xi_i) \cdot \Delta x_i$ 的和式$\sum\limits_{i=1}^{n} f(\xi_i)\Delta x_i$，如果当 $\lambda \to 0$ 时该和式的极限存在，则称此极限值为

函数 $f(x)$ 在区间$[a, b]$上的定积分，记为

$$\int_a^b f(x)\mathrm{d}x = \lim_{x\to 0}\sum_{i=1}^{n} f(\xi_i)\Delta x_i,$$

其中 $f(x)$ 叫作被积函数，$f(x)\mathrm{d}x$ 叫作被积表达式，x 叫作积分变量，$[a, b]$ 为积分区间，a 和 b 分别叫作积分上限和积分下限.

有了定积分的定义，前面两个实际问题都可用定积分表示为

曲边梯形面积 $A = \int_a^b f(x)\mathrm{d}x$；

变速直线运动路程 $s = \int_{T_1}^{T_2} v(t)\mathrm{d}t$.

注意：(1) 当 $\sum\limits_{i=1}^{n} f(\xi_i)\Delta x_i$ 的极限存在时，定积分表示一个数，它的取值仅与被积函数 $f(x)$ 及积分区间$[a, b]$有关，而与积分变量用什么表示无关，即

$$\int_a^b f(x)\mathrm{d}x = \int_a^b f(t)\mathrm{d}t = \int_a^b f(u)\mathrm{d}u.$$

(2)当 $a = b$ 时，$\int_a^b f(x)\mathrm{d}x = 0$；

当 $a > b$ 时，$\int_a^b f(x)\mathrm{d}x = -\int_b^a f(x)\mathrm{d}x$.

(3)定积分的存在性：当 $f(x)$ 在 $[a, b]$ 上连续或只有有限个第一类间断点时，$f(x)$ 在$[a, b]$上的定积分存在(也称可积).

4.4.3 定积分的几何意义

如果 $f(x) \geqslant 0$，$x \in [a, b]$，定积分 $\int_a^b f(x)\mathrm{d}x$ 在几何上表示由直线 $x = a$，$x = b$，$y = 0$ 及曲线 $y = f(x)$ 所围成的曲边梯形的面积；如果 $f(x) \leqslant 0$，$\int_a^b f(x)\mathrm{d}x$ 表示由直线 $x = a$，$x = b$，$y = 0$ 及曲线 $y = f(x)$ 所围成的曲边梯形位于 x 轴下方的面积的相反数.

如果 $f(x)$ 在$[a, b]$上有正有负时，则积分值等于曲线 $y = f(x)$ 在轴上方部分和下方部分面积的代数和，如图 4-6 所示，有 $\int_a^b f(x)\mathrm{d}x = A_1 - A_2 + A_3$.

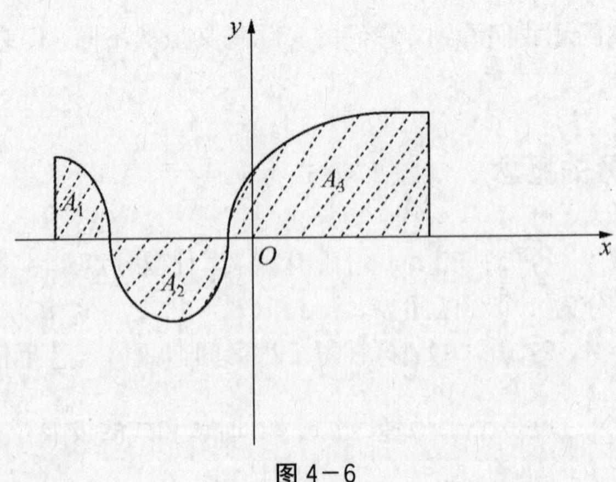

图 4-6

4.4.4　定积分的性质

性质 1　两个可积函数代数和的定积分等于定积分的代数和，即

$$\int_a^b [f(x) \pm g(x)]\mathrm{d}x = \int_a^b f(x)\mathrm{d}x \pm \int_a^b g(x)\mathrm{d}x.$$

性质 1 对于任意有限个函数都是成立的.

性质 2　被积函数中的常数因子可以提到积分号外，即

$$\int_a^b kf(x)\mathrm{d}x = k\int_a^b f(x)\mathrm{d}x (k \text{ 为常数}).$$

性质 3　设 $a < c < b$，则

$$\int_a^b f(x)\mathrm{d}x = \int_a^c f(x)\mathrm{d}x + \int_c^b f(x)\mathrm{d}x.$$

注：对 a，b，c 三点的任何其他相对位置，上述性质仍成立.

例如，$a > b > c$，则

$$\int_c^a f(x)\mathrm{d}x = \int_c^b f(x)\mathrm{d}x + \int_b^a f(x)\mathrm{d}x,$$

那么

$$\int_b^a f(x)\mathrm{d}x = \int_c^a f(x)\mathrm{d}x - \int_c^b f(x)\mathrm{d}x,$$

则

$$-\int_a^b f(x)\mathrm{d}x = \int_c^a f(x)\mathrm{d}x - \int_c^b f(x)\mathrm{d}x,$$

所以

$$\int_a^b f(x)\mathrm{d}x = \int_a^c f(x)\mathrm{d}x + \int_c^b f(x)\mathrm{d}x.$$

性质 4　在区间 $[a, b]$ 上，如果 $f(x) \equiv 1$，则 $\int_a^b f(x)\mathrm{d}x = \int_a^b \mathrm{d}x = b - a$.

性质 5　在 $[a, b]$ 上，若 $f(x) \geqslant g(x)$，则 $\int_a^b f(x)\mathrm{d}x \geqslant \int_a^b g(x)\mathrm{d}x$.

性质 6（积分估值性）　设 M 与 m 分别是 $f(x)$ 在 $[a, b]$ 上的最大值与最小值，则

$$m(b-a) \leqslant \int_a^b f(x)\mathrm{d}x \leqslant M(b-a).$$

证明　因为 $m \leqslant f(x) \leqslant M$，由性质 5 得，$\int_a^b m\mathrm{d}x \leqslant \int_a^b f(x)\mathrm{d}x \leqslant \int_a^b M\mathrm{d}x$，所以

$$m(b-a) \leqslant \int_a^b f(x)\mathrm{d}x \leqslant M(b-a).$$

性质 7（积分中值定理）　如果 $f(x)$ 在 $[a, b]$ 上连续，则至少存在一点 $\xi \in [a, b]$，使得 $\int_a^b f(x)\mathrm{d}x = f(\xi)(b-a)$.

证明　将性质 6 中不等式除以 $b - a$，得 $m \leqslant \frac{1}{b-a}\int_a^b f(x)\mathrm{d}x \leqslant M$，即

$\frac{1}{b-a}\int_a^b f(x)\mathrm{d}x \in [m, M]$，又 $f(x)$ 在$[a, b]$连续，由连续函数介值定理知，在$[a, b]$上至少存在一点 ξ，使 $f(\xi)=\frac{1}{b-a}\int_a^b f(x)\mathrm{d}x$，故

$$\int_a^b f(x)\mathrm{d}x = f(\xi)(b-a)(a \leqslant \xi \leqslant b).$$

积分中值定理的几何意义：曲边 $y=f(x)$ 在$[a, b]$上所围成的曲边梯形面积，等于同一底边而高为 $f(\xi)$ 的一个矩形面积(图 4－7)，$f(\xi)=\frac{1}{b-a}\int_a^b f(x)\mathrm{d}x$ 叫作函数 $f(x)$ 在区间 $[a, b]$ 上的平均高度.

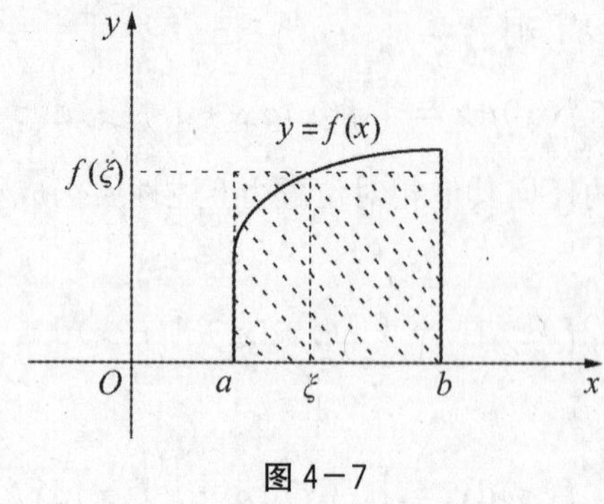

图 4－7

4.5　微积分基本公式

直接用定义来求定积分是十分复杂的，这一节将通过对定积分与原函数的关系的讨论，给出计算定积分的简便的方法.

由前面讨论的结果知，$[T_1, T_2]$上所经过的路程为 $\int_{T_1}^{T_2} v(t)\mathrm{d}t$，而 $\int v(t)\mathrm{d}t = s(t) + C$，其中 $s'(t)=v(t)$，且$[T_1, T_2]$时间内所走路程就是 $s(T_2)-s(T_1)$. 综合上述两方面，得到

$$\int_{T_1}^{T_2} v(t)\mathrm{d}t = s(T_2)-s(T_1).$$

这个等式表明速度函数 $v(t)$ 在$[T_1, T_2]$上的定积分，等于原函数 $s(t)$ 在区间$[T_1, T_2]$上的改变量. 那么这一结论有没有普遍的意义呢?下面的论述给出了肯定的回答.

4.5.1　积分上限函数

设函数 $f(x)$ 在$[a, b]$上连续，$x \in [a, b]$，于是积分 $\int_a^x f(x)\mathrm{d}x$ 是一个定数，因为

定积分与积分变量的记法无关，所以为了避免混淆，把积分变量改写成 t. 于是这个积分就写成了 $\int_a^x f(t)\mathrm{d}t$. 显然，当 x 在 $[a, b]$ 上变动时，对应于每一个 x 值，积分 $\int_a^x f(t)\mathrm{d}t$ 就是一个确定的值，因此，$\int_a^x f(t)\mathrm{d}t$ 是变上限 x 的一个函数，记作 $\varphi(x)$，即

$$\varphi(x) = \int_a^x f(t)\mathrm{d}t(a \leqslant x \leqslant b),$$

通常称函数 $\varphi(x)$ 为变上限积分函数.

定理 5　如果函数 $f(x)$ 在 $[a, b]$ 上连续，则变上限积分 $\varphi(x) = \int_a^x f(t)\mathrm{d}t$ 在 $[a, b]$ 上可导，且导数是 $\varphi'(x) = \frac{\mathrm{d}}{\mathrm{d}x}\int_a^x f(t)\mathrm{d}t = f(x)$（其中 $a \leqslant x \leqslant b$）.

证明　当上限 x 有改变量 Δx 时，函数 $\varphi(x)$ 获得的改变量为 $\Delta\varphi(x)$，则

$$\begin{aligned}\Delta\varphi(x) &= \varphi(x+\Delta x) - \varphi(x) = \int_a^{x+\Delta x} f(t)\mathrm{d}t - \int_a^x f(t)\mathrm{d}t \\ &= \int_a^x f(t)\mathrm{d}t + \int_x^{x+\Delta x} f(t)\mathrm{d}t - \int_a^x f(t)\mathrm{d}t \\ &= \int_x^{x+\Delta x} f(t)\mathrm{d}t.\end{aligned}$$

由积分中值定理，得 $\Delta\varphi(x) = f(\xi)\Delta x$（$\xi$ 在 x 及 $x+\Delta x$ 之间），则 $\frac{\Delta\varphi(x)}{\Delta x} = f(\xi)$，再令 $\Delta x \to 0$，从而 $\xi \to x$，由 $f(x)$ 的连续性，得 $\varphi'(x) = \lim\limits_{\Delta x\to 0}\frac{\Delta\varphi}{\Delta x} = \lim\limits_{\xi\to x} f(\xi) = f(x)$，由 $\varphi'(x) = f(x)$ 知，$\varphi(x)$ 是 $f(x)$ 的一个原函数.

推论 1　连续函数的原函数一定存在.

【例 4-40】　计算 $\varphi(x) = \int_0^x \tan t^2\mathrm{d}t$ 在 $x = 0$，$x = \sqrt{\frac{\pi}{4}}$ 处的导数.

解　因为 $\frac{\mathrm{d}}{\mathrm{d}x}\int_a^x \tan t^2\mathrm{d}t = \tan x^2$，所以 $\varphi'(0) = \tan 0 = 0$，$\varphi'\left(\sqrt{\frac{\pi}{4}}\right) = \tan\frac{\pi}{4} = 1$.

【例 4-41】　计算：(1) $\frac{\mathrm{d}}{\mathrm{d}x}\int_{x^2}^0 \sin t\mathrm{d}t$；(2) $\frac{\mathrm{d}}{\mathrm{d}x}\int_{x^2}^0 x\sin t\mathrm{d}t$.

解　(1) $\frac{\mathrm{d}}{\mathrm{d}x}\int_{x^2}^0 \sin t\mathrm{d}t = \sin x^2 \cdot (x^2)' = -2x\sin x^2$.

(2) $$\begin{aligned}\frac{\mathrm{d}}{\mathrm{d}x}\int_{x^2}^0 x\sin t\mathrm{d}t &= \frac{\mathrm{d}}{\mathrm{d}x}\left(x\int_{x^2}^0 \sin t\mathrm{d}t\right) = \int_{x^2}^0 \sin t\mathrm{d}t + x\frac{\mathrm{d}}{\mathrm{d}x}\int_{x^2}^0 \sin t\mathrm{d}t \\ &= -\cos t\Big|_{x^2}^0 + x(-2x\sin x^2) = -1 + \cos x^2 - 2x^2\sin x^2.\end{aligned}$$

【例 4-42】　求 $\lim\limits_{x\to 0}\frac{\int_0^x \cos t^2\mathrm{d}t}{x}$.

解　$\lim\limits_{x\to 0}\frac{\int_0^x \cos t^2\mathrm{d}t}{x} = \lim\limits_{x\to 0}\frac{\left(\int_0^x \cos t^2\mathrm{d}t\right)'}{(x)'} = \lim\limits_{x\to 0}\cos x^2 = 1.$

4.5.2 牛顿-莱布尼茨(Newton-Leibniz)公式

定理 6 设函数 $f(x)$ 在闭区间$[a, b]$上连续，且 $F(x)$ 是 $f(x)$ 的任一个原函数，则有

$$\int_a^b f(x)\mathrm{d}x = F(b) - F(a).$$

证 由定理 5 知，变上限积分 $\varphi(x) = \int_a^x f(t)\mathrm{d}t$ 也是$f(x)$的一个原函数，故$\varphi(x) - F(x) = C$(C 是常数)，即$\int_a^x f(t)\mathrm{d}t = F(x) + C$. 令 $x = a$，则$\int_a^a f(t)\mathrm{d}t = F(a) + C = 0$，得 $C = -F(a)$，因此有$\int_a^x f(t)\mathrm{d}t = F(x) - F(a)$，再令 $x = b$，则所求积分为 $\int_a^b f(t)\mathrm{d}t = F(b) - F(a)$. 因为积分值于积分变量的记号无关，仍用 x 表示积分变量，即得

$$\int_a^b f(x)\mathrm{d}x = F(b) - F(a)，其中 F'(x) = f(x).$$

上式被称为牛顿－莱布尼茨公式，也被称为微积分基本公式.

这个公式在定积分与原函数这两个似乎不相干的概念之间建立起了数量关系，从而为定积分计算找到了一条简便的途径. 它是整个积分学最重要的公式. 为了计算方便，上述公式常采用下面的格式：

$$\int_a^b f(x)\mathrm{d}x = F(x)\Big|_a^b = F(b) - F(a).$$

【例 4—43】 求定积分.

(1) $\int_0^{\frac{\pi}{2}} \cos x\mathrm{d}x$； (2) $\int_0^1 x^2\mathrm{d}x$； (3) $\int_1^2 \frac{1}{x}\mathrm{d}x$； (4) $\int_{-1}^1 \sqrt{x^2}\mathrm{d}x$.

解 (1) $\int_0^{\frac{\pi}{2}} \cos x\mathrm{d}x = \sin x\Big|_0^{\frac{\pi}{2}} = \sin\frac{\pi}{2} - \sin 0 = 1.$

(2) $\int_0^1 x^2\mathrm{d}x = \frac{1}{3}x^3\Big|_0^1 = \frac{1}{3}(1-0) = \frac{1}{3}.$

(3) $\int_1^2 \frac{1}{x}\mathrm{d}x = \ln x\Big|_1^2 = \ln 2 - \ln 1 = \ln 2.$

(4) 将$\sqrt{x^2} = |x|$ ($x \in [-1, 1]$) 写成如下的分段函数的形式：

$$f(x) = \begin{cases} -x, & -1 \leqslant x \leqslant 0 \\ x, & 0 \leqslant x \leqslant 1 \end{cases}$$

于是

$$\begin{aligned}\int_{-1}^1 \sqrt{x^2}\mathrm{d}x &= \int_{-1}^0 (-x)\mathrm{d}x + \int_0^1 x\mathrm{d}x \\ &= -\frac{x^2}{2}\Big|_{-1}^0 + \frac{x^2}{2}\Big|_0^1 = 1.\end{aligned}$$

注：本题如果不分段积分，将会得到错误结果：

$$\int_{-1}^{1}\sqrt{x^2}\mathrm{d}x=\int_{-1}^{1}x\mathrm{d}x=\frac{x^2}{2}\bigg|_{-1}^{1}=0.$$

事实上，因为$\sqrt{x^2}\geqslant 0$，所以积分应该是正数，而不应是 0.

计算定积分的基本方法是利用牛顿－莱布尼茨公式，定积分的换元法和分部积分法是更有效的计算法.

4.5.3　定积分的换元法

定理 7　设 $f(x)$ 在区间 $[a, b]$ 上连续，函数 $x=\varphi(t)$ 满足以下条件：

(1) $\varphi(\alpha)=a$，$\varphi(\beta)=b$；

(2) $\varphi(t)$ 在 $[\alpha, \beta]$（或 $[\beta, \alpha]$）上为单值、有连续导数的函数.

则有

$$\int_a^b f(x)\mathrm{d}x=\int_\alpha^\beta f[\varphi(t)]\varphi'(t)\mathrm{d}t.$$

注：(1) 应用定积分的换元法需注意，使用代换 $x=\varphi(t)$ 时，由于积分变量变为 t，则积分限也要相应变化，求出新的被积函数 $f[\varphi(t)]\varphi'(t)$ 的原函数 $\varphi(t)$ 之后，不再将 t 的反函数代入 $\varphi(t)$，只需把 t 的上、下限 β、α 代入 $\varphi(t)$ 求出 $\varphi(\beta)-\varphi(\alpha)$ 即可.

(2) 应用换元法（凑微分法）求出定积分时，若积分变量不变，则积分上、下限不变.

【例 4－44】　求 $\int_1^{\mathrm{e}}\frac{1}{x(2x+1)}\mathrm{d}x$.

解　
$$\int_1^{\mathrm{e}}\frac{1}{x(2x+1)}\mathrm{d}x=\int_1^{\mathrm{e}}\left(\frac{1}{x}-\frac{2}{2x+1}\right)\mathrm{d}x=\int_1^{\mathrm{e}}\frac{1}{x}\mathrm{d}x-\int_1^{\mathrm{e}}\frac{\mathrm{d}(2x+1)}{2x+1}$$
$$=\ln x\bigg|_1^{\mathrm{e}}-\ln(2x+1)\bigg|_1^{\mathrm{e}}=1-\ln(2\mathrm{e}+1)+\ln 3.$$

【例 4－45】　求 $\int_0^{\pi}\sin^2\frac{x}{2}\mathrm{d}x$.

解　
$$\int_0^{\pi}\sin^2\frac{x}{2}\mathrm{d}x=\frac{1}{2}\int_0^{\pi}(1-\cos x)\mathrm{d}x=\frac{1}{2}\left(x\bigg|_0^{\pi}-\sin x\bigg|_0^{\pi}\right)=\frac{\pi}{2}.$$

【例 4－46】　求 $\int_0^{\frac{\pi}{2}}\sin t\cos t\mathrm{d}t$.

解　
$$\int_0^{\frac{\pi}{2}}\sin t\cos t\mathrm{d}t=\int_0^{\frac{\pi}{2}}\sin t\mathrm{d}\sin t=\frac{1}{2}\sin^2 t\bigg|_0^{\frac{\pi}{2}}=\frac{1}{2}.$$

【例 4－47】　求 $\int_0^a\sqrt{a^2-x^2}\mathrm{d}x\,(a>0)$.

解　令 $x=a\sin t$，$t\in\left[0, \frac{\pi}{2}\right]$，则 $\mathrm{d}x=a\cos t\mathrm{d}t$.

当 $x=0$ 时，$t=0$；当 $x=a$ 时，$t=\frac{\pi}{2}$，故

$$\int_0^a\sqrt{a^2-x^2}\mathrm{d}x=\int_0^{\frac{\pi}{2}}\sqrt{a^2-a^2\sin^2 t}\,\mathrm{d}(a\sin t)$$

$$= \int_0^{\frac{\pi}{2}} a\cos t \cdot a\cos t\,\mathrm{d}t = a^2\int_0^{\frac{\pi}{2}} \cos^2 t\,\mathrm{d}t$$

$$= a^2\int_0^{\frac{\pi}{2}} \frac{1+\cos 2t}{2}\mathrm{d}t = \frac{a^2}{2}\left(t + \frac{1}{2}\sin 2t\right)\Big|_0^{\frac{\pi}{2}} = \frac{1}{4}\pi a^2.$$

【例 4—48】 证明：(1) 若 $f(x)$ 在 $[-a, a]$ 上连续且为偶数，则 $\int_{-a}^{a} f(x)\mathrm{d}x = 2\int_0^a f(x)\mathrm{d}x$；

(2) 若 $f(x)$ 在 $[-a, a]$ 上连续且为奇数，则 $\int_{-a}^{a} f(x)\mathrm{d}x = 0$.

证 $\int_{-a}^{a} f(x)\mathrm{d}x = \int_{-a}^{0} f(x) + \int_0^a f(x)\mathrm{d}x$. 对积分 $\int_{-a}^{0} f(x)\mathrm{d}x$ 作代换 $x = -t$，得

$$\int_{-a}^{0} f(x)\mathrm{d}x = -\int_a^0 f(-t)\mathrm{d}t = \int_0^a f(-t)\mathrm{d}t = \int_0^a f(-x)\mathrm{d}x,$$

故 $\int_{-a}^{a} f(x)\mathrm{d}x = \int_0^a f(-x)\mathrm{d}x + \int_0^a f(x)\mathrm{d}x = \int_0^a [f(-x) + f(x)]\mathrm{d}x$.

(1) 若 $f(x)$ 为偶函数，则 $f(-x) + f(x) = 2f(x)$，从而

$$\int_{-a}^{a} f(x)\mathrm{d}x = 2\int_0^a f(x)\mathrm{d}x.$$

(2) 若 $f(x)$ 为奇函数，则 $f(-x) + f(x) = 0$，从而

$$\int_{-a}^{a} f(x)\mathrm{d}x = 0.$$

4.5.4 定积分的分部积分法

若 u，v 是 $[a, b]$ 上具有连续导数的函数，则 $\int u\mathrm{d}v = uv - \int v\mathrm{d}u$，故

$$\int_a^b u\mathrm{d}v = uv\Big|_a^b - \int_a^b v\mathrm{d}u.$$

上述公式称为定积分的分部积分公式.

【例 4—49】 计算 $\int_1^{\mathrm{e}} \ln x\mathrm{d}x$.

解 $\int_1^{\mathrm{e}} \ln x\mathrm{d}x = x\ln x\Big|_1^{\mathrm{e}} - \int_1^{\mathrm{e}} x \cdot \frac{1}{x}\mathrm{d}x = 1.$

【例 4—50】 计算 $\int_0^1 x\mathrm{e}^x\mathrm{d}x$.

解 $\int_0^1 x\mathrm{e}^x\mathrm{d}x = \int_0^1 x\mathrm{d}\mathrm{e}^x = x\mathrm{e}^x\Big|_0^1 - \int_0^1 \mathrm{e}^x\mathrm{d}x = \mathrm{e} - (\mathrm{e} - 1) = 1.$

【例 4—51】 计算 $\int_0^{\sqrt{3}} \arctan x\mathrm{d}x$.

解 $\int_0^{\sqrt{3}} x\arctan x\mathrm{d}x = x\arctan x\Big|_0^{\sqrt{3}} - \int_0^{\sqrt{3}} x \cdot \frac{1}{1+x^2}\mathrm{d}x$

$$= \sqrt{3} \cdot \frac{\pi}{3} - \frac{1}{2}\int_0^{\sqrt{3}} \frac{1}{1+x^2}\mathrm{d}(1+x^2) = \frac{\pi}{\sqrt{3}} - \frac{1}{2}\ln(x^2+1)\Big|_0^{\sqrt{3}}$$

$$= \frac{\pi}{\sqrt{3}} - \frac{1}{2}\ln 4 = \frac{\sqrt{3}}{3}\pi - \ln 2.$$

*4.6　广义积分

前面介绍的定积分有两个前提条件：①积分区间是有限的；②被积函数是有界的. 如果某些函数不满足这两个条件，即积分区间是无限的，或者被积函数是无界的. 这两类积分通常称为反常积分或广义积分，相应地，前面的定积分则称为正常积分或常义积分.

4.6.1　无穷限的广义积分

定义 2　设函数 $f(x)$ 在 $[a, +\infty)$ 上连续，取 $b > a$，称极限 $\lim\limits_{b\to+\infty}\int_a^b f(x)\mathrm{d}x$ 为 $f(x)$ 在 $[a, +\infty)$ 上的广义积分，记为

$$\int_a^{+\infty} f(x)\mathrm{d}x = \lim_{b\to+\infty}\int_a^b f(x)\mathrm{d}x.$$

若极限存在，则称广义积分 $\int_a^{+\infty} f(x)\mathrm{d}x$ 收敛；若极限不存在，则称 $\int_a^{+\infty} f(x)\mathrm{d}x$ 发散.

类似地，可定义 $f(x)$ 在 $(-\infty, b]$ 上的广义积分为

$$\int_{-\infty}^b f(x)\mathrm{d}x = \lim_{a\to-\infty}\int_a^b f(x)\mathrm{d}x.$$

$f(x)$ 在 $(-\infty, +\infty)$ 上的广义积分为

$$\int_{-\infty}^{+\infty} f(x)\mathrm{d}x = \int_{-\infty}^{c} f(x)\mathrm{d}x + \int_c^{+\infty} f(x)\mathrm{d}x,$$

其中 c 为任意实数，当右端两个广义积分都收敛时，广义积分 $\int_{-\infty}^{+\infty} f(x)\mathrm{d}x$ 才是收敛的，否则是发散的.

【例 4−52】　讨论 $\int_2^{+\infty}\frac{\mathrm{d}x}{x\ln x}$ 的敛散性.

解　因为 $\int_2^{+\infty}\frac{\mathrm{d}x}{x\ln x} = \lim\limits_{b\to+\infty}\int_2^b \frac{\mathrm{d}x}{x\ln x} = \lim\limits_{b\to+\infty}\int_2^b \frac{\mathrm{d}(\ln x)}{\ln x}$

$$= \lim_{b\to+\infty}\ln|\ln x|\Big|_2^b = \lim_{b\to+\infty}(\ln|\ln b| - \ln\ln 2) = +\infty,$$

所以 $\int_2^{+\infty}\frac{\mathrm{d}x}{x\ln x}$ 是发散的.

为了书写方便，实际运算过程中常常省去极限记号，而形式地把 ∞ 当成一个“数”，直接利用牛顿－莱布尼茨公式计算. 例如，

$$\int_a^{+\infty} f(x)\mathrm{d}x = F(x)\Big|_a^{+\infty} = F(+\infty) - F(a),$$

$$\int_{-\infty}^b f(x)\mathrm{d}x = F(x)\Big|_{-\infty}^b = F(b) - F(-\infty),$$

$$\int_{-\infty}^{+\infty} f(x)\mathrm{d}x = F(x)\Big|_{-\infty}^{+\infty} = F(+\infty) - F(-\infty),$$

其中 $F(x)$ 是 $f(x)$ 的原函数，记号 $F(-\infty)$ 和 $F(+\infty)$ 应被理解为极限运算，即

$$F(-\infty) = \lim_{x\to-\infty} F(x),\ F(+\infty) = \lim_{x\to+\infty} F(x).$$

【例 4－53】 讨论广义积分 $\int_{-\infty}^{+\infty} \frac{1}{1+x^2}\mathrm{d}x$ 的敛散性.

解 因为 $\int_{-\infty}^{+\infty} \frac{1}{1+x^2}\mathrm{d}x = \int_{-\infty}^{0} \frac{1}{1+x^2}\mathrm{d}x + \int_{0}^{+\infty} \frac{1}{1+x^2}\mathrm{d}x$

$$= \arctan x\Big|_{-\infty}^{0} + \arctan x\Big|_{0}^{+\infty} = \frac{\pi}{2} + \frac{\pi}{2} = \pi,$$

所以 $\int_{-\infty}^{+\infty} \frac{1}{1+x^2}\mathrm{d}x$ 是收敛的.

4.6.2 无界函数的广义积分

定义 3 设 $f(x)$ 在 $(a,b]$ 上连续，且 $\lim\limits_{x\to a^+} f(x) = \infty$，取 $\varepsilon > 0$，称极限 $\lim\limits_{\varepsilon\to 0^+}\int_{a+\varepsilon}^b f(x)\mathrm{d}x$ 为 $f(x)$ 在 $(a,b]$ 上的广义积分，记为

$$\int_a^b f(x)\mathrm{d}x = \lim_{\varepsilon\to 0^+}\int_{a+\varepsilon}^b f(x)\mathrm{d}x.$$

若该极限存在，则称广义积分 $\int_a^b f(x)\mathrm{d}x$ 收敛；否则，则称广义积分 $\int_a^b f(x)\mathrm{d}x$ 发散.

类似地，当 $x = b$ 为 $f(x)$ 的无穷间断点时，即 $\lim\limits_{x\to b^-} f(x) = \infty$，$f(x)$ 在 $[a,b)$ 上的广义积分，记为

$$\int_a^b f(x)\mathrm{d}x = \lim_{\varepsilon\to 0^+}\int_a^{b-\varepsilon} f(x)\mathrm{d}x.$$

当无穷间断点 $x = c$ 位于区间 $[a,b]$ 内部时，则定义广义积分 $\int_a^b f(x)\mathrm{d}x$ 为

$$\int_a^b f(x)\mathrm{d}x = \int_a^c f(x)\mathrm{d}x + \int_c^b f(x)\mathrm{d}x.$$

当上式右端两个广义积分都收敛时，$\int_a^b f(x)\mathrm{d}x$ 才收敛；当右端有一个广义积分发散或两个都发散时，则称 $\int_a^b f(x)\mathrm{d}x$ 发散. 发散点称为瑕点，无界函数的广义积分又被称为瑕积分.

【例 4－54】 讨论广义积分 $\int_0^1 \ln x\mathrm{d}x$ 的敛散性.

解 因为 $\int_0^1 \ln x\mathrm{d}x = \lim\limits_{\varepsilon\to 0^+}\int_\varepsilon^1 \ln x\mathrm{d}x = \lim\limits_{\varepsilon\to 0^+}\left(x\ln x\,|_\varepsilon^1 - \int_\varepsilon^1 \mathrm{d}x\right)$

$$= \lim_{\varepsilon \to 0^+} (-\varepsilon \ln \varepsilon - 1 + \varepsilon) = -1,$$

所以 $\int_0^1 \ln x \mathrm{d}x$ 是收敛的.

注意：$\lim\limits_{\varepsilon \to 0^+} \varepsilon \ln \varepsilon = \lim\limits_{\varepsilon \to 0^+} \dfrac{\ln \varepsilon}{\dfrac{1}{\varepsilon}} = \lim\limits_{\varepsilon \to 0^+} \dfrac{\dfrac{1}{\varepsilon}}{-\dfrac{1}{\varepsilon^2}} = 0$(洛必达法则).

尤其需要注意，由于常义积分与瑕积分外表上没什么区别，所以在应用牛顿－莱布尼茨公式计算积分 $\int_a^b f(x)\mathrm{d}x$ 时要特别小心，一定要先检查 $\int_a^b f(x)\mathrm{d}x$ 在区间 $[a, b]$ 上有无瑕点，不然就有可能出错.

4.7　定积分的应用

前面我们讨论了定积分的概念和计算方法，在此基础上进一步来研究它的应用. 定积分在几何学、物理学、经济学等方面有着广泛的应用，本节主要介绍它在几何、物理及经济方面的一些应用.

4.7.1　微元法

我们用定积分的方法解决了曲边梯形的面积及变速直线运动的路程的计算问题，综合这两个问题可以看出，在用定积分解决一些几何和物理问题时，可按"分割、近似求和、取极限"三个步骤把所求的量表示为定积分的形式. 这种方法常常被简称为"微元法".

设 $f(x)$ 在区间 $[a, b]$ 上连续，为求与 $f(x)$ 有关的某一总量 F，先选取任意小的代表区间 $[x, x + \mathrm{d}x] \subset [a, b]$，在该小区间上，按照"以常代变""以均代不均"" 以直代曲" 的思路，写出局部上所求量的近似值，即为微元 $\mathrm{d}F = f(x)\mathrm{d}x$. 称上述求总量 F 的方法为微元法.

4.7.2　定积分的几何应用

4.7.2.1　平面图形的面积

1. 直角坐标系下面积的计算

(1) 用微元法求连续曲线 $y = f(x)[f(x) > 0]$，$x = a$，$x = b(a < b)$ 和 x 轴所围成的曲边梯形的面积(图 4－8). 可在区间 $[a, b]$ 内任取相邻两点 x 和 $x + \mathrm{d}x$，过这两点作 x 轴的垂线，于是所求的面积微元为 $\mathrm{d}A =$

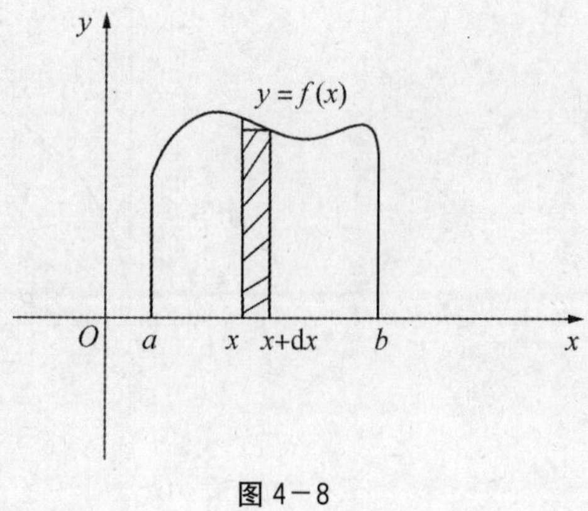

图 4－8

$f(x)\mathrm{d}x$. 进而可得所求曲边梯形的面积为 $A = \int_a^b f(x)\mathrm{d}x$. 若 $y = f(x)$ 在$[a, b]$上不全是非负的，则所围成的面积为 $A = \int_a^b |f(x)|\mathrm{d}x$.

(2) 求两条连续曲线 $y = f(x)$，$y = g(x)[f(x) > g(x)]$ 及直线 $x = a$，$x = b(a < b)$ 所围成的平面图形的面积(图4-9). 可在区间$[a, b]$内任取相邻两点 x 和 $x + \mathrm{d}x$，做出图中的阴影矩形，则面积微元为 $\mathrm{d}A = [f(x) - g(x)]\mathrm{d}x$，于是所求面积为 $A = \int_a^b [f(x) - g(x)]\mathrm{d}x$.

(3) 求由两条曲线 $x = \varphi(y)$，$x = \psi(y)$ 所围成图形(图 4-10). 可在$[c, d]$内任取相邻两点 y，$y + \mathrm{d}y$，做出图中的阴影矩形，则面积元素为 $\mathrm{d}A = [\psi(y) - \varphi(y)]\mathrm{d}y$，于是所求面积为 $A = \int_c^d [\psi(y) - \varphi(y)]\mathrm{d}y$.

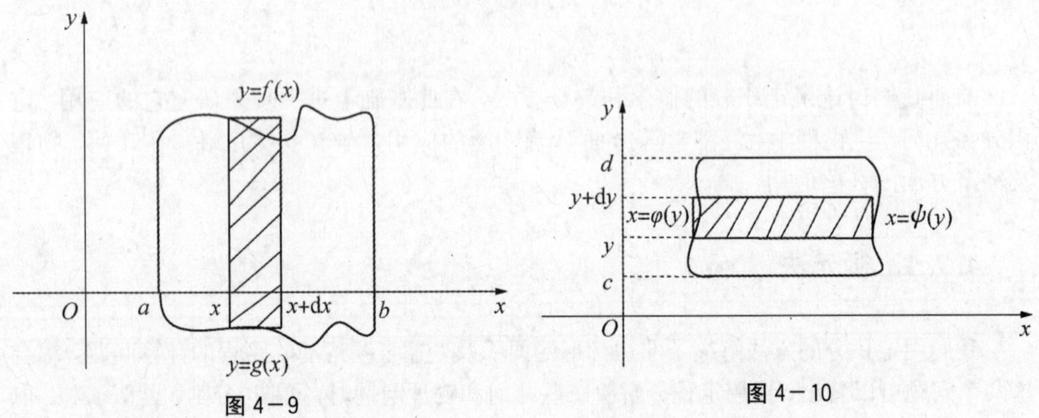

图 4-9　　图 4-10

【例 4-55】 求两条抛物线 $y = x^2$，$y^2 = x$ 所围成的图形的面积.

解 (1)画出图形(如图 4-11)所示. 求出两曲线交点以确定积分区间.

解方程组 $\begin{cases} y = x^2 \\ y^2 = x \end{cases}$ 得交点为(0, 0)，(1, 1).

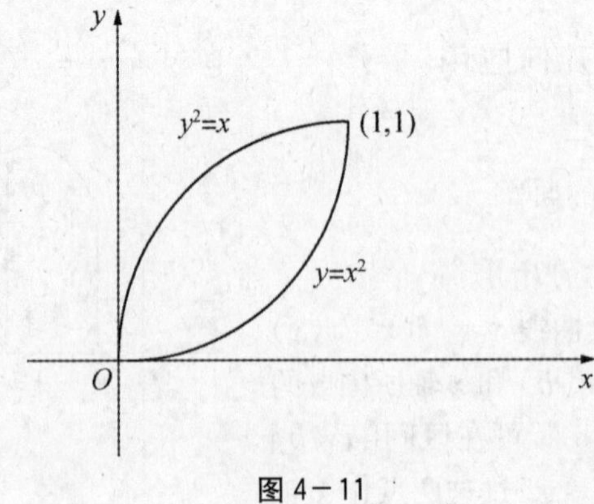

图 4-11

(2) 选择积分变量，写出面积元素，取 x 作为积分变量，x 的变化范围是[0, 1]，于是 $\mathrm{d}A = (\sqrt{x} - x^2)\mathrm{d}x$.

(3) 写出面积 A 的积分表达式，并计算，得 $A = \int_0^1 \mathrm{d}A = \int_0^1 (\sqrt{x} - x^2)\mathrm{d}x = \left(\frac{2}{3}x^{\frac{3}{2}} - \frac{1}{3}x^3\right)\Big|_0^1 = \frac{1}{3}$.

【例 4—56】 求曲线 $y = \mathrm{e}^x$ 及直线 $y = \mathrm{e}$ 所围成的图形面积.

解 如图 4 - 12 所示，解方程组 $\begin{cases} y = \mathrm{e}^x \\ y = \mathrm{e} \end{cases}$ 得交点为(1, e).

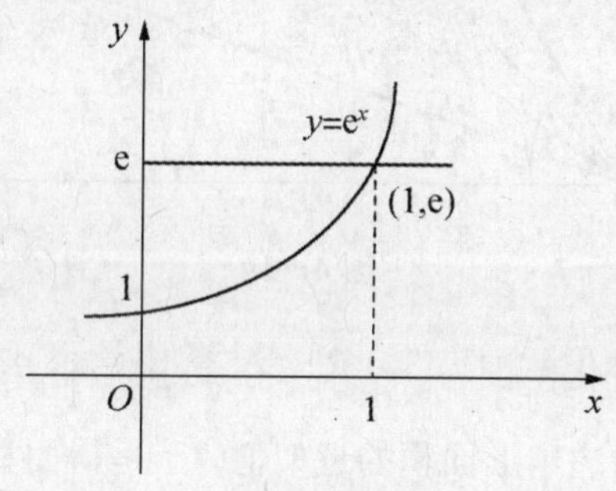

图 4－12

取 x 作为积分变量，$x \in [0, 1]$，则 $\mathrm{d}A = (\mathrm{e} - \mathrm{e}^x)\mathrm{d}x$，故所求面积为

$$A = \int_0^1 (\mathrm{e} - \mathrm{e}^x)\mathrm{d}x = (\mathrm{e}x - \mathrm{e}^x)\Big|_0^1 = 1.$$

【例 4—57】 求 $y^2 = 2x$ 及 $y = x - 4$ 所围成图形的面积.

解 如图 4 - 13 所示，解方程组 $\begin{cases} y^2 = 2x \\ y = x - 4 \end{cases}$ 得交点为(2, - 2), (8, 4).

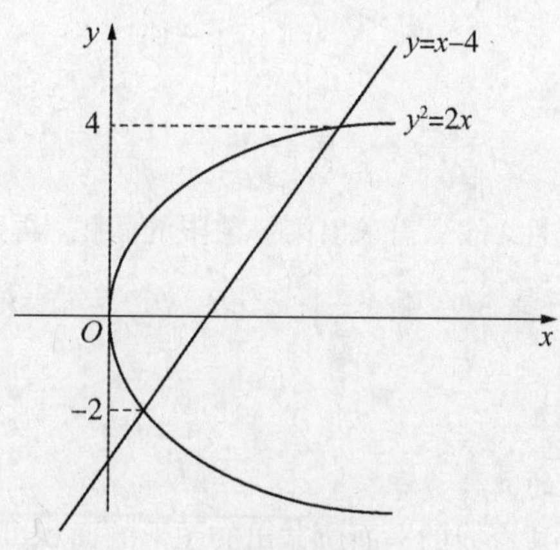

图 4－13

取 y 作为积分变量，$y \in [-2, 4]$，则 $\mathrm{d}A = \left[(y + 4) - \frac{1}{2}y^2\right]\mathrm{d}y$，故所求面积为

$$A = \int_{-2}^4 \mathrm{d}A = \int_{-2}^4 \left[(y + 4) - \frac{1}{2}y^2\right]\mathrm{d}y = \left(\frac{1}{2}y^2 + 4y - \frac{1}{6}y^3\right)\Big|_{-2}^4 = 18.$$

2. 极坐标系下的面积计算

在用定积分计算面积时，有些图形面积用极坐标计算比较方便. 下面用微元法推导极坐标系下的面积公式.

求由曲线 $\rho = \rho(\theta)$ 及两条射线 $\theta = \alpha$，$\theta = \beta$ 所围成的图形的面积，如图 4 - 14 所示.

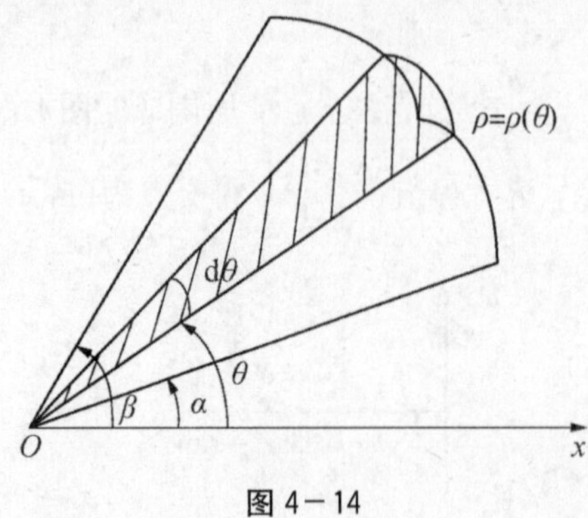

图 4－14

取 θ 为积分变量，其变化范围为$[\alpha, \beta]$，在微小区间$[\theta, \theta + \mathrm{d}\theta]$上"以常代变"，即以小扇形面积 $\mathrm{d}A$ 作为小曲边扇形面积的近似值，于是得面积微元为 $\mathrm{d}A = \frac{1}{2}\rho^2(\theta)\mathrm{d}\theta$. 将 $\mathrm{d}A$ 在$[\alpha, \beta]$上积分，便得所求的曲边扇形面积为 $A = \int_\alpha^\beta \mathrm{d}A = \frac{1}{2}\int_\alpha^\beta \rho^2(\theta)\mathrm{d}\theta$.

【例 4－58】 计算双扭线 $r^2 = a^2\cos 2\theta (a > 0)$ 所围成的图形的面积(图 4 - 15).

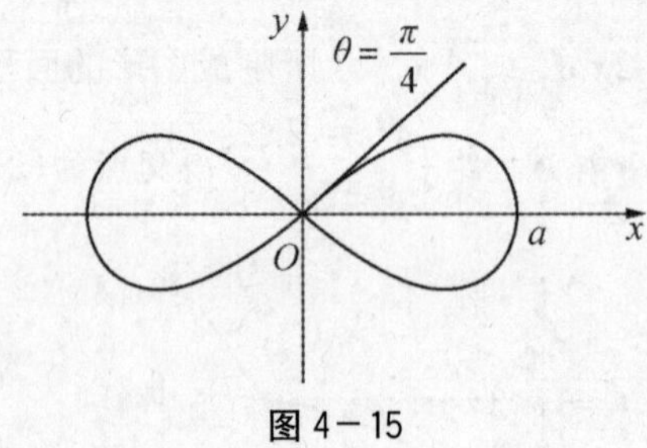

图 4－15

解 由于图形的对称性，故只需求出第一象限的面积，再乘以 4 即可. 在第一象限 θ 的变化范围为$\left[0, \frac{\pi}{4}\right]$，于是 $A = 4 \times \frac{1}{2}\int_0^{\frac{\pi}{4}} a^2\cos 2\theta \mathrm{d}\theta = a^2\sin 2\theta \Big|_0^{\frac{\pi}{4}} = a^2$.

4.7.2.2 立体的体积

1. 平行截面面积已知的立体体积

设一几何体被垂直于某直线的平面所截出的图形的面积可求，则该几何体可用定积分求其体积.

不妨设上述直线为 x 轴，并假设在 x 处的截面面积 $A(x)$ 是 x 的已知连续函数，求该几何体介于 $x = a$ 和 $x = b (a < b)$ 之间的体积.

先求体积微元，在小区间$[x, x + \mathrm{d}x]$上把 $A(x)$ 看作不变，即把$[x, x + \mathrm{d}x]$上的立

体薄片近似看作以 $A(x)$ 为底，$\mathrm{d}x$ 为高的小柱体，于是得 $\mathrm{d}V = A(x)\mathrm{d}x$，然后在区间 $[a, b]$ 上积分，便得到公式 $V = \int_a^b \mathrm{d}V = \int_a^b A(x)\mathrm{d}x$.

2. 旋转体的体积

旋转体就是一个由连续曲线 $y = f(x)$ 绕着与其共面的一条直线旋转一周而成的立体. 这条直线叫作旋转轴. 如图 4－16 所示.

上述旋转体可以看作是由连续曲线 $y = f(x)$ 与直线 $x = a$，$x = b$ 及 x 轴所围成的曲边梯形绕 x 轴旋转一周而成的立体，现在考虑用定积分来计算这种旋转体的体积.

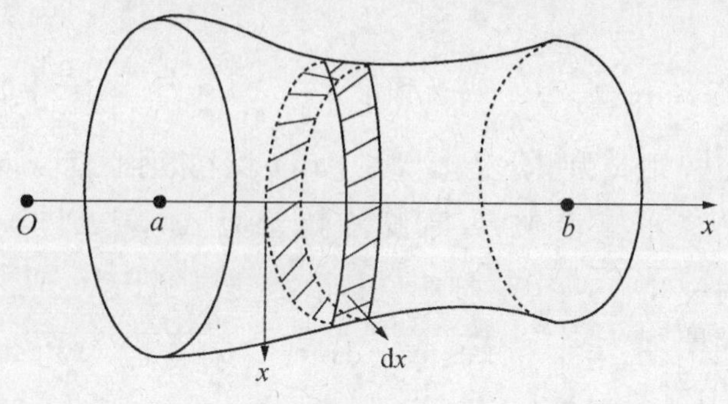

图 4－16

在 $[a, b]$ 内任取相邻两点 x 和 $x + \mathrm{d}x$，过小区间 $[x, x + \mathrm{d}x]$ 的曲边梯形，绕 x 轴旋转而成的薄片的体积近似等于以 $f(x)$ 为底半径，$\mathrm{d}x$ 为高的圆柱体的体积. 体积微元 $\mathrm{d}V = \pi[f(x)]^2\mathrm{d}x$ 在区间 $[a, b]$ 上作定积分，便得旋转体体积为 $V = \pi\int_a^b [f(x)]^2\mathrm{d}x$.

用与上面类似的方法可以求出由曲线 $x = \theta(y)$，直线 $y = c$，$y = d(c < d)$，与 y 轴所围成的曲边梯形绕 y 轴旋转一周而成的旋转体的体积为 $V = \pi\int_c^d [(\theta(y)]^2\mathrm{d}y$.

【例 4－59】 求椭圆 $\frac{x^2}{a^2} + \frac{y^2}{b^2} = 1$ 绕 x 轴旋转一周所形成的椭球的体积 V.

解 由椭圆方程得 $y^2 = \frac{b^2}{a^2}(a^2 - x^2)$，则再由对称性可知，

$$V = 2\pi\int_0^a \frac{b^2}{a^2}(a^2 - x^2)\mathrm{d}x = \frac{2\pi b^2}{a^2}\int_0^a (a^2 - x^2)\mathrm{d}x = \frac{2\pi b}{a^2}\left(a^2x - \frac{x^3}{3}\right)\Big|_0^a = \frac{4}{3}\pi ab^2.$$

当 $a = b = R$ 时，得半径为 R 的球体体积公式 $V = \frac{4}{3}\pi R^3$.

4.7.2.3　曲线的弧长

设有曲线 $y = f(x)$，且 $f(x)$ 连续，求 $x \in [a, b]$ 上的一段弧的长度 s，如图 4－17 所示.

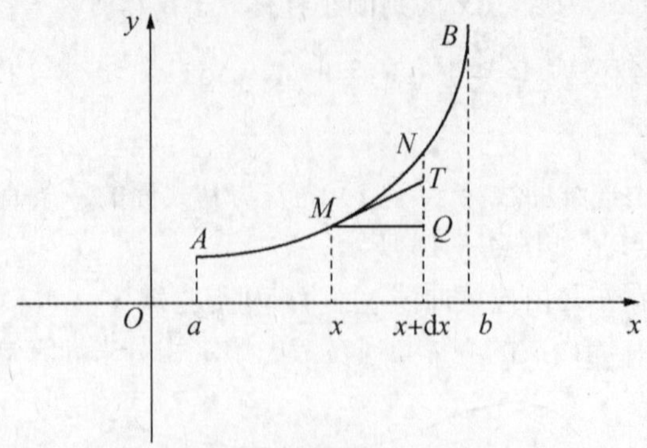

图 4－17

我们仍用微元法，取 x 为积分变量，$x \in [a, b]$，在微小区间 $[x, x+\mathrm{d}x]$ 内，用切线段 MT 来近似代替小弧段 $\overset{\frown}{MN}$，得弧长微元为 $\mathrm{d}s = MT = \sqrt{MQ^2 + QT^2} = \sqrt{(\mathrm{d}x)^2 + (\mathrm{d}y)^2} = \sqrt{1+(y')^2}\,\mathrm{d}x$，称 $\mathrm{d}s$ 为弧微分，所求弧长为

$$s = \int_a^b \mathrm{d}s = \int_a^b \sqrt{1+(y')^2}\,\mathrm{d}s = \int_a^b \sqrt{1+[f'(x)]^2}\,\mathrm{d}x.$$

若曲线由参数方程 $\begin{cases} x = \varphi(t) \\ y = \theta(t) \end{cases}$ $(\alpha \leqslant t \leqslant \beta)$ 给出，这时弧微分为 $\mathrm{d}s = \sqrt{(\mathrm{d}x)^2 + (\mathrm{d}y)^2} = \sqrt{[\varphi'(t)]^2 + [\theta'(t)]^2}\,\mathrm{d}t$，则 $s = \int_\alpha^\beta \sqrt{[\varphi'(t)]^2 + [\theta'(t)]^2}\,\mathrm{d}t$.

注：求弧长时，由于被积函数都是正的，因此，定积分的下限要小于上限.

【例 4－60】 计算如图 4－18 所示的摆线 $\begin{cases} x = a(t - \sin t) \\ y = a(1 - \cos t) \end{cases}$ 的一拱 $(0 \leqslant t \leqslant 2\pi)$ 的长度.

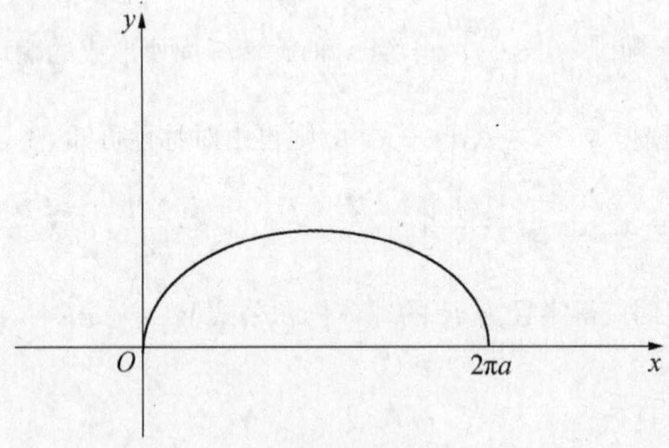

图 4－18

解 因为 $\mathrm{d}s = \sqrt{a^2(1-\cos t)^2 + a^2\sin^2 t}\,\mathrm{d}t = a\sqrt{2(1-\cos t)}\,\mathrm{d}t = 2a\sin\dfrac{t}{2}\mathrm{d}t$，

所以 $s = \int_0^{2\pi} 2a\sin\dfrac{t}{2}\mathrm{d}t = 2a\left(-2\cos\dfrac{t}{2}\right)\Big|_0^{2\pi} = 8a$.

4.7.3　定积分的物理应用

定积分的应用非常广泛，自然科学、工程技术中许多问题都可以化成定积分的数学模型来解决，下面我们举一个物理方面的实例，以提高读者运用定积分的能力.

设物体在变力 $y = f(x)$ 作用下，沿 x 轴正向从点 a 移动到点 b，求它所做的功 W. 在 $[a, b]$ 上任取相邻两点 x 和 $x + \mathrm{d}x$，则力 $f(x)$ 所做的功微元是 $\mathrm{d}W = f(x)\mathrm{d}x$，于是所做的功为 $W = \int_a^b f(x)\mathrm{d}x$.

【例4—61】 设弹簧的弹力与形变的长度成正比，已知汽车上的减震弹簧压缩1 cm时需力14 000 N，求弹簧压缩2 cm时所做的功.

解　根据题设，弹力 $f(x) = kx$（k 为比例系数），当 $x = 0.01$ m 时，$f(0.01) = 0.01k = 1.4\times 10^4$ N，得 $k = 1.4\times 10^6$ N/m，故弹力为 $f(x) = 1.4\times 10^6 x$，则所求的功为

$$W = \int_0^{0.02} 1.4\times 10^6 x\mathrm{d}x = \frac{1}{2}\times 1.4\times 10^6 x^2\Big|_0^{0.02} = 280(\mathrm{J}).$$

4.7.4　定积分的经济应用

1. 已知总产量的变化率求总产量

【例4—62】 设某产品在时刻 t 总产量的变化率为 $f(t) = 100 + 12t - 0.6t^2$，求从 $t = 2$ 到 $t = 4$ 的总产量.

解　设总产量为 $Q(t)$，由已知条件得 $Q'(t) = f(t)$，即总产量 $Q(t)$ 是 $f(t)$ 的一个原函数，故

$$\begin{aligned}\int_2^4 f(t)\mathrm{d}t &= \int_2^4 (100 + 12t - 0.6t^2)\mathrm{d}t \\ &= (100t + 6t^2 - 0.2t^3)\Big|_2^4 = 260.8,\end{aligned}$$

即所求的总产量为260.8.

2. 已知边际函数求总量函数

边际变量(边际成本、边际收入、边际利润)是指对应经济变量的变化率，如果已知边际成本求总成本，已知边际收入求总收入，已知边际利润求总利润，就要用到定积分方法.

【例4—63】 已知生产某产品 x(单位：百台) 的边际成本和边际收入分别为

$$C'(x) = 3 + \frac{1}{3}x,$$

$$R'(x) = 7 - x,$$

其中 $C(x)$ 和 $R(x)$ 分别是总成本函数(单位：万元) 和总收入(单位：万元) 函数.

(1) 假设固定成本 $C(0) = 1$，求总成本函数、总收入函数和总利润函数.

(2) 当产量为多少时，总利润最大?最大利润是多少?

解 (1)总成本为固定成本与可变成本之和，即

$$C(x) = C(0) + \int_0^x \left(3 + \frac{1}{3}x\right)\mathrm{d}x,$$

这里，x 既是积分限，又是积分变量，容易混淆，故改写为

$$C(x) = C(0) + \int_0^x \left(3 + \frac{1}{3}t\right)\mathrm{d}t = 1 + 3x + \frac{1}{6}x^2.$$

总收入函数为

$$R(x) = R(0) + \int_0^x (7 - t)\mathrm{d}t = 7x - \frac{1}{2}x^2.$$

因为当产量为零时，没有收入，所以 $R(0) = 0$.

总利润为总收入与总成本之差，故总利润为

$$\begin{aligned} L(x) = R(x) - C(x) &= \left(7x - \frac{1}{2}x^2\right) - \left(1 + 3x + \frac{1}{6}x^2\right) \\ &= -1 + 4x - \frac{2}{3}x^2. \end{aligned}$$

(2) $L'(x) = 4 - \frac{4}{3}x$，令 $4 - \frac{4}{3}x = 0$，得唯一驻点 $x = 3$，根据这个问题的实际意义，当 $x = 3$ 时，$L(x)$ 最大，故最大利润为

$$L(3) = -1 + 4 \times 3 - \frac{2}{3} \times 3^2 = 5(\text{万元}).$$

本章小结

我们在这一章讨论了一元函数的积分学. 积分学中有两个重要的概念：不定积分和定积分.

在不定积分中，我们讨论了已知函数的导数和微分. 如何求这个函数，这是积分学的基本问题之一. 讨论了不定积分的概念、性质和基本积分方法. 不定积分在运算上是不容易的，它不仅要求灵活掌握积分方法，而且对于解题经验也有较高的要求. 因此，必须多看些例题，多动手做一些不定积分的习题，这样才能锻炼出应有的积分技能.

定积分在几何学、物理学、经济学、生物学等领域中都有广泛的应用. 因此不论在理论上还是实际应用上，都有着十分重要的意义. 本章首先分析了典型的实例，由此引出定积分的概念，它是一种特殊形式的极限. 进而讨论了定积分的性质，接下来重点研究了微积分基本定理，即牛顿－莱布尼茨公式，该公式把定积分与原函数这两个似乎没有关系的概念联系了起来，为定积分的计算找到了简便的途径. 牛顿－莱布尼茨公式是积分学中最重要的公式. 接下来又讨论了定积分的换元法和分部积分法. 前面关于不定积分的全面训练，为解决定积分提供了基础.

介绍了定积分的应用. 首先介绍了定积分的几何应用，几何应用主要包括求平面图形的面积，求旋转体的体积和截面面积已知的立体的体积以及求曲线的弧长，几何应用

是定积分应用的重点. 在定积分的物理应用中介绍了变力做的功. 接下来又介绍了定积分在经济中的应用.

扩展阅读(1)——数学家简介

莱布尼茨

莱布尼茨(Gottfriend Wilhelm Leibniz, 1646—1716年), 是十七八世纪德国最重要的数学家、物理学家和哲学家, 一个举世罕见的科学天才. 他博览群书, 涉猎百科, 对丰富人类的科学知识宝库做出了不可磨灭的贡献.

1. 生平事迹

莱布尼茨出生于德国东部莱比锡的一个书香之家, 父亲是莱比锡大学的道德哲学教授, 母亲出生在一个教授家庭. 莱布尼茨的父亲在他年仅6岁时便去世了, 给他留下了丰富的藏书. 莱布尼茨因此得以广泛接触古希腊罗马文化, 阅读了许多著名学者的著作, 由此而获得了坚实的文化功底.

在20岁的时候, 莱布尼茨转入阿尔特道夫大学. 这一年, 他发表了第一篇数学论文《论组合的艺术》. 这是一篇关于数理逻辑的文章, 其基本思想是出于想把理论的真理性论证归结于一种计算的结果. 这篇论文虽不够成熟, 但却闪耀着创新的智慧和数学才华.

莱布尼茨在阿尔特道夫大学获得博士学位后便投身外交界. 从1671年开始, 他利用外交活动开拓了与外界的广泛联系, 尤以通信作为他获取外界信息、与人进行思想交流的一种主要方式. 在出访巴黎时, 莱布尼茨深受帕斯卡事迹的鼓舞, 决心钻研高等数学, 并研究了笛卡儿、费尔马、帕斯卡等人的著作. 1673年, 莱布尼茨被推荐为英国皇家学会会员. 此时, 他的兴趣已明显地朝向了数学和自然科学, 开始了对无穷小算法的研究, 独立地创立了微积分的基本概念与算法, 和牛顿共同奠定了微积分学. 1676年, 他到汉诺威公爵府担任法律顾问兼图书馆馆长. 1700年, 他被选为巴黎科学院院士, 促成建立了柏林科学院并任首任院长.

1716年11月14日, 莱布尼茨在汉诺威逝世, 终年70岁.

2. 始创微积分

莱布尼茨在1673—1676年间发表了微积分思想的论著. 以前, 微分和积分作为两种数学运算、两类数学问题, 是分别被人们加以研究的. 卡瓦列里、巴罗、沃利斯等人得到了一系列求面积(积分)、求切线斜率(导数)的重要结果, 但这些结果都是孤立的, 不连贯的.

然而关于微积分创立的优先权, 数学上曾掀起了一场激烈的争论. 实际上, 牛顿在微积分方面的研究虽早于莱布尼茨, 但莱布尼茨成果的发表则早于牛顿. 莱布尼茨在1684年10月发表的《教师学报》上的论文《一种求极大极小的奇妙类型的计算》, 在数学史上被认为是最早发表的微积分文献. 牛顿在1687年出版的《自然哲学的数学原理》的第一版和第二版也写道:"十年前在我和最杰出的几何学家G. W. 莱布尼茨的通信中,我表明我已经知道确定极大值和极小值的方法、作切线的方法以及类似的方法,但我在交换的信件中隐瞒了这方法,……这位最卓越的科学家在回信中写道,他也发现了一种同样的方法. 并叙述了他的方法. 他与我的方法几乎没有什么不同,除了他的措词和符号以外."(但在第三版及以后再版时,这段话被删掉了). 因此,后来人们公认牛顿和莱布尼茨是各自独立地创建微积分的. 牛顿从物理学出发,运用集合方法研究微积分,其应用上更多地结合了运动学,造诣高于莱布尼茨;莱布尼茨则从几何问题出发,运用分析学方法引进微积分概念、得出运算法则,其数学的严密性与系统性是牛顿所不及的. 莱布尼茨认识到好的数学符号能节省思维劳动,运用符号的技巧是数学成功的关键之一. 因此,他发明了一套适用的符号系统,如,引入$\mathrm{d}x$表示x的微分,$\int$表示积分,$\mathrm{d}^n x$表示n阶微分等等. 这些符号进一步促进了微积分学的发展. 1713年,莱布尼茨发表了《微积分的历史和起源》一文,总结了自己创立微积分学的思路,说明了自己成就的独立性.

3. 高等数学上的众多成就

莱布尼茨在数学方面的成就是巨大的,他的研究及成果渗透到高等数学的许多领域. 他的一系列重要数学理论的提出,为后来的数学理论奠定了基础.

莱布尼茨曾讨论过负数和复数的性质,得出负数的对数并不存在,共轭复数的和是实数的结论. 在后来的研究中,莱布尼茨证明了自己结论是正确的. 他还对线性方程组进行研究,对消元法从理论上进行了探讨,并首先引入了行列式的概念,提出行列式的某些理论. 此外,莱布尼茨还创立了符号逻辑学的基本概念,发明了能够进行加、减、乘、除及开方运算的计算机和二进制,为计算机的现代发展奠定了坚实的基础.

4. 丰硕的物理学成果

莱布尼茨的物理学成就也是非凡的. 他发表《物理学新假说》,提出了具体运动原理和抽象运动原理,认为运动着的物体,不论多么渺小,它将带着处于完全静止状态的物体的部分一起运动. 他还对笛卡儿提出的动量守恒原理进行了认真的探讨,提出了能量守恒原理的雏形,并在《教师学报》上发表了《关于笛卡儿和其他人在自然定律方面的显著错误的简短证明》,提出了运动的量的问题,证明了动量不能作为运动的度量单位,并引入动能概念,第一次认为动能守恒是一个普通的物理原理. 他又充分地证明了"永动机是不可能"的观点. 他也反对牛顿的绝对时空观,认为"没有物质也就没有空间,空间本身不是绝对的实在性.""空间和物质的区别就像时间和运动的区别一样,可是这些东西虽有区别,却是不可分离的."在光学方面,莱布尼茨也有所建树,他利用微积分中的求极值方法,推导出了折射定律,并尝试用求极值的方法解释光学基本定律. 可以说,莱布尼茨的物理学研究一直是朝着为物理学建立一个类似欧氏几何的公理系统的目标前进的.

5. 中西文化交流之倡导者

莱布尼茨对中国的科学、文化和哲学思想十分关注,是最早研究中国文化和中国哲学的德国人. 他向耶稣会来华传教士格里马尔迪了解许多有关中国的情况，包括养蚕纺织、造纸印染、冶金矿产、天文地理、数学文字等等，并将这些资料编辑成册出版，他认为中西相互之间应建立一种交流认识的新型关系. 在《中国近况》一书的绪论中，莱布尼茨写道："全人类最伟大的文化和最发达的文明仿佛今天汇集在我们大陆的两端，即汇集在欧洲和位于地球另一端的东方的欧洲——中国.""中国这一文明古国与欧洲相比，面积相当，但人口数量则已超过欧洲.""在日常生活以及经验地应付自然的技能方面，我们是不分伯仲的. 我们双方各自都具备通过相互交流使对方受益的技能. 在思考的缜密和理性的思辨方面，显然我们要略胜一筹"，但"在时间哲学，即在生活与人类实际方面的伦理以及治国学说方面，我们实在是相形见绌了."在这里，莱布尼茨不仅显示出了不带"欧洲中心论"色彩的虚心好学精神，而且为中西文化双向交流描绘了宏伟的蓝图，极力推动这种交流向纵深发展，使东西方人民相互学习，取长补短，共同繁荣进步.

莱布尼茨为促进中西文化交流做出了毕生的努力，产生了广泛而深远的影响. 他的虚心好学、对中国文化平等相待，不含"欧洲中心论"偏见的精神尤为难能可贵，值得后世永远敬仰、效仿.

扩展阅读(2)——数学典故

破碎的数

在拉丁文里，分数是来源于"破碎"一词，因此分数也曾被人叫作"破碎的数". 在数的历史上，分数几乎与自然数同样古老，在各个民族最古老的文献里，都能找到有关分数的记载. 然而，分数在数学中传播并获得自己的地位，却用了几千年的时间.

在欧洲，这些"破碎的数"曾经令人谈虎色变，视为畏途. 7世纪时，有个数学家算出了一道8个分数相加的习题，竟被认为是干了一件了不起的大事情. 在很长的一段时间里，欧洲数学家在编写算术课本时，不得不把分数的运算法则单独叙述，因为许多学生遇到分数后，就会心灰意懒，不愿意继续学习数学了. 直到17世纪，欧洲的许多学校还不得不派最好的教师去讲授分数知识. 以至到现在，德国人形容某个人陷入困境时，还常常引用一句古老的谚语，说他"掉进分数里去了".

一些古希腊数学家干脆不承认分数，把分数叫作"整数的比".

在西方，分数理论的发展出奇地缓慢，直到16世纪，西方的数学家们才对分数有了比较系统的认识. 甚至到了17世纪，数学家科克在计算 $3/5+7/8+9/10+12/20$ 时，还用分母的乘积8 000作为公分母!

而这些知识，我国数学家在2 000多年前就已经知道了. 我国现在尚能见到最早的一部数学著作，刻在汉朝初期的一批竹简上，名字叫《算数书》. 它是1984年初在湖北省江陵县出土的. 在这本书里，已经对分数运算做了深入的研究.

稍晚些时候，在我国古代数学名著《九章算术》里，已经在世界上首次系统地研究了分数. 书中将分数的加法叫作“合分”，减法叫作“减分”，乘法叫作“乘分”，除法叫作“经分”，并结合大量例题，详细介绍了它们的运算法则，以及分数的通分、约分、化带分数为假分数的方法步骤. 尤其令人自豪的是，我国古代数学家发明的这些方法步骤，已与现代的方法步骤大体相同了.

扩展阅读(3)——名家谈数学

陈希孺，中国科学院院士、博士生导师，曾在中国科技大学研究生院工作. 我国著名的数学理论统计学家. 曾任中国现场统计研究会理事长，同时担任中国统计学会副会长，国家技术监督局所属的全国统计方法应用技术标准化委员会委员，兼第一分会委员会主任. 如何学好数学？陈希孺院士有如下赠言——

学习物理、化学、生物这类实证科学，离不开实验. 数学好像没有实验. 其实不然，数学的实验就是习题. 如果说学好数学有什么经验，那么多做习题就是最重要的一条.

数学习题大体上可分为两类：一类属于“复习”的性质，大都比较容易，其目的是帮助学习者温习教材内容——公式、定理、方法等，中学阶段布置的作业大都属于这一类；另一类我称之为“研究”型的，难度比较大. 解决这类问题，除要求对教材内容有切实的掌握外，还要求能灵活运用，甚至有别出心裁的想法. 这类题在参考书中较多.

做习题，二者不能偏废. 或更确切地说，第一类题是一个初级阶段，不能跨越，但不能止于此. 要学好数学，必须经历大量的第二类习题的训练，才能收到登堂入室的功效.

有的学生不理解这一层意思，觉得花那么多时间去想一些较难的题，是否有用和值得，有畏难情绪，这属于意志问题. 人容易产生惰性，它使人倾向于避难就易，不克服这种惰性，事业难望有成. 不论学习什么，入门容易，精通很难. 好比切菜，人人都会，但要练出一手好的刀工，则非有多年的努力不可.

我国老一辈的数学大师都非常重视这方面的训练，他们深厚的学术根底与杰出的科研成就，得益于在这方面所下的工夫. 如现任复旦大学名誉校长的苏步青院士有一个故事. 抗战时他在重庆，敌机常来轰炸，利用躲防空洞段这时间作习题. 几年下来，做了上万道题. 华罗庚院士也是靠自学成才，成为一代宗师的. 他早年学习数学时，不是把一本书的定理公式都看懂了就算完事，而是要自己亲自“做”一遍. 他常说：“人家在没有这个定理时还能发现它，现在如果已摆在面前，你还做不出，那岂不是愧对前人，又怎能谈到超越前人，有所创新呢？”

对于多做习题对学好数学的重要性，我个人也有一点经验和教训. 在中学时代，课程不重，我生性又偏好逻辑思维方面的东西，因此课余的大量时间，都花在阅读数学方面的参考书上(尤其是其中有大量较难习题的参考书). 我做了大量的题，这使我获益匪浅. 因此我的数学成绩在中学时代一直名列前茅. 上大学后，我这方面的努力放松了.

我把时间主要花在读书上，觉得读书能增长新知识. 就这样，中学时代好做习题的习惯丢掉了不少. 大学毕业工作后，逐渐显示了自己由于大学阶段忽视做习题而带来的后果，表现在碰到问题时办法少，克服难点的能力弱. 这其中的根源，就在于因少做习题而使所学的东西流于表面，未能融会贯通，不能为己所用. 意识到这一点以后，我进行了一些“补课”，即选择几本权威著作，把其中的习题做一遍——共写了十多个本子. 这些本子至今还留着，有的还曾出版. 后来我在学习的理论研究领域里能取得一些微小的成绩，部分与此有关.

做习题是一件费时和费脑力的事，不易坚持. 首先要解决两个问题：一是有足够的时间，这需要养成爱惜光阴的习惯，不把时间浪费在一些无益的事情上；二是不断增进对这个问题的认识，把做习题由一种负担转变为一种乐趣. 正如古人所说：“知之者不如好之者，好之者不如乐之者.”当然，这个境界的达到，也是从实际的努力中得来的.

另外，做习题和阅读参考书，二者不可偏废，实际上，大多数好的习题多来自各种参考书. 好的参考书对教材中因时间关系没有讲透的方法，通过例子加以介绍，很有启发性，多读这类好书，对提高自己解题的能力大有帮助.

做课外习题是一种课外自我提高的形式，不能急于求成，要有“细水长流”的打算. 有的难题，一时做不出来，不要轻易放弃，但也不要固着在这一点上. 我自己有过这种经验：做一个题，一时做不出，放下来过一段时间再从另外途径想一想，几经周折，经过几个月终于解决了，当时感觉好像成就了一件大事，就如经过艰苦努力，终于爬上了一座山峰. 这种经历也会大大提高学习的兴趣.

习题4

1. 求下列不定积分.

(1) $\int \sqrt{x}\,\mathrm{d}x$；　　(2) $\int x\sqrt[3]{x}\,\mathrm{d}x$；

(3) $\int (x^3 - 2x + 3)\,\mathrm{d}x$；　　(4) $\int (x+1)^2\,\mathrm{d}x$；

(5) $\int \left(\mathrm{e}^x + \dfrac{2}{x}\right)\mathrm{d}x$；　　(6) $\int \sec x(\sec x - \tan x)\,\mathrm{d}x$.

2. 求下列不定积分.

(1) $\int \cos(1-3x)\,\mathrm{d}x$；　　(2) $\int \mathrm{e}^x \sin \mathrm{e}^x\,\mathrm{d}x$；

(3) $\int \dfrac{1-\sin x}{x+\cos x}\,\mathrm{d}x$；　　(4) $\int \mathrm{e}^{x-3}\,\mathrm{d}x$；

(5) $\int \dfrac{x^2}{1+x^2}\,\mathrm{d}x$；　　(6) $\int (3-2x)^2\,\mathrm{d}x$；

(7) $\int x\mathrm{e}^{-x^2}\,\mathrm{d}x$；　　(8) $\int x\sin x^2\,\mathrm{d}x$；

(9) $\int \frac{dx}{1+\sqrt{x}}$；　　(10) $\int \frac{x^3}{\sqrt{1+x^2}}dx$；

(11) $\int \frac{x^2}{\sqrt{4-x^2}}dx$；　　(12) $\int \frac{dx}{1+\sqrt{2x}}$.

3. 求下列不定积分.

(1) $\int x\ln x dx$；　　(2) $\int x\arctan x dx$；

(3) $\int \arccos x dx$；　　(4) $\int x\sin x dx$；

(5) $\int xe^{-x}dx$.

*4. 用定积分定义证明：

(1) $\int_a^b k dx = k(b-a)$（k 为常数）；

(2) $\int_a^b [f(x) \pm g(x)]dx = \int_a^b f(x)dx \pm \int_a^b g(x)dx$.

5. 求下列定积分.

(1) $\int_0^2 x^4 dx$；　　(2) $\int_0^1 (2e^x+1)dx$；

(3) $\int_1^4 \sqrt{x}dx$；　　(4) $\int_{-1}^1 \frac{1}{1+x^2}dx$；

(5) $\int_0^{\frac{1}{2}} \frac{1}{\sqrt{1-x^2}}dx$；　　(6) $\int_0^1 \frac{x^2}{1+x^2}dx$.

6. 应用换元积分法求下列定积分.

(1) $\int_0^{e-1} \frac{1}{1+x}dx$；　　(2) $\int_{-2}^{-1} \frac{1}{(11+5x)^3}dx$；

(3) $\int_0^e \frac{e^x}{1+e^x}dx$；　　(4) $\int_0^4 \frac{\sqrt{x}}{1+\sqrt{x}}dx$

(5) $\int_1^e \frac{\ln x}{x}dx$；　　(6) $\int_{-2}^0 \frac{1}{x^2+2x+2}dx$；

(7) $\int_0^{\frac{\pi}{2}} \sin^2 x\cos x dx$；　　(8) $\int_0^{\ln 2} e^x \cos e^x dx$.

7. 应用分部积分法求下列定积分.

(1) $\int_1^2 \ln x dx$；　　(2) $\int_0^{\ln 2} xe^x dx$；

(3) $\int_1^e x\ln x dx$；　　(4) $\int_0^{\frac{\pi}{2}} e^x \cos x dx$.

*8. 讨论下列广义积分的敛散性.

(1) $\int_1^{+\infty} \frac{1}{x^2}dx$；　　(2) $\int_0^{+\infty} xe^{-x^2}dx$.

*9. 应用微元法求下列图形的面积.

(1) 由抛物线 $y = x^2$ 与直线 $y = x$ 所围图形；

(2) 由抛物线 $y = 4 - x^2$ 与 x 轴所围图形.

*10. 求下列旋转体的体积.

(1) $y = x^2$ 与 $y = 1$ 所围图形绕 x 轴旋转；

(2) $\frac{x^2}{a^2} + \frac{y^2}{b^2} = 1$ 所围图形绕 y 轴旋转.

第5章　多元函数微积分

前面我们学习了一元函数的微积分，并用该知识解决了不少实际问题. 但是世界是庞大的，事物之间的联系是复杂的，一元函数无法尽数描述这诸多事物间的复杂关系. 于是，我们将在本章中引入多元函数的概念以及多元函数的微积分. 多元函数的微积分与一元函数的微积分有着紧密的联系，但又有着本质的区别. 从方法论的角度来说，二者的计算方法是相似的，但多元函数微积分的计算过程要比一元函数的复杂得多. 不过从二元函数到三元及三元以上的多元函数的相关计算没有本质的区别，只是简单的推广，因此，我们本章我们主要介绍二元函数和二元函数微积分的相关概念.

5.1　空间解析几何基本知识

平面解析几何是在平面上建立直角坐标系，把平面上任意一个点的位置通过直角坐标系的两个坐标表示出来，而平面上点的轨迹是曲线，平面曲线一般用一元函数 $y=f(x)$ 表示，于是就建立起来了平面上数与形的结合. 与平面解析几何类似，空间解析几何是要建立空间中数与形的结合. 其所用的方法是在空间中建立直角坐标系，然后把空间中的点用空间直角坐标系的坐标表示出来. 下面我们就具体来说一说空间解析几何是如何实现空间中的数形结合的，为引入二元函数做好铺垫.

5.1.1　空间直角坐标系

解析几何是用代数方法研究几何图形性质的一门学科，它的最大特点是将数学的两个基本研究对象——数与形结合起来了，也就是我们中学时代所说的数形结合. 关于数与形，我国著名数学家华罗庚先生曾赋诗描述：

数与形本是相倚依，焉能分作两边飞.

数无形时少直觉，形少数时难入微.

数形结合百般好，隔离分家万事休.

切莫忘，几何代数流一体，永远联系莫分离.

空间直角坐标系是实现这种数形结合思想的基本概念和工具.

在平面解析几何中，为了确定平面上的点的位置，我们引入了平面直角坐标系，从而把平面上的任一点用一个二元有序数组 (x,y) 来表示. 同样，为了表示空间中的点，我们需要引入空间直角坐标系. 因为平面是二维的，所以平面直角坐标系有两条坐标轴，而空间是三维的，故空间直角坐标系就需要有三条坐标轴，而且这三条坐标轴显然需要两两相互垂直.

我们在平面直角坐标系的基础上，增加一条坐标轴，称之为纵轴，也叫 z 轴. 这条坐标轴的坐标原点要与 xOy 平面的坐标原点 O 重合，单位长度相同，而方向要与原来的 x 轴和 y 轴都垂直. 一般地，我们把 x 轴和 y 轴放置在水平面上，z 轴沿铅垂线放置，三者起点重合，称之为原点，记为 O. 它们三者的方向一般符合右手法则，即以掌的形式伸出右手(伸出方向不限)，拇指的方向是 z 轴的方向，其余四指伸直时所指的方向是 x 轴的方向，而它们弯曲九十度时所指的方向是 y 轴的方向，如图 5 - 1 所示.

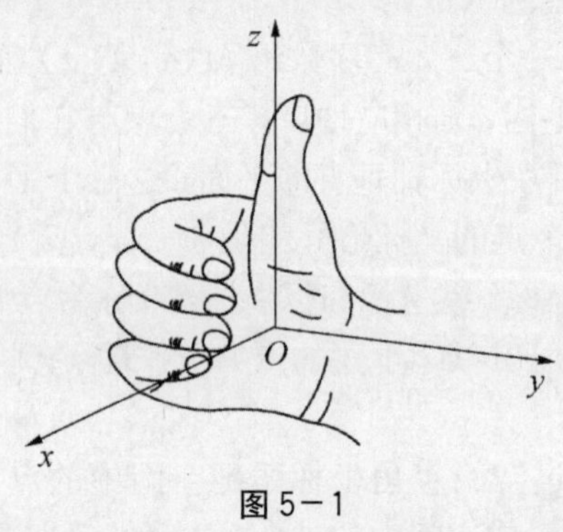

图 5－1

三条坐标轴中任意两条都能确定一个平面，这样三条坐标轴就确定了三张平面，我们统称这三张平面为坐标平面. 坐标平面由坐标轴确定，其记号也依据坐标轴而定，依所生成的坐标轴的符号，分别记为 xOy 面、xOz 面、yOz 面，也可分别简称为 xy 平面、xz 平面、yz 平面. 三个坐标平面两两互相垂直，把空间分割成八个部分，依次叫作第 Ⅰ 卦限，第 Ⅱ 卦限，……，第 Ⅷ 卦限，如图 5 - 2 所示.

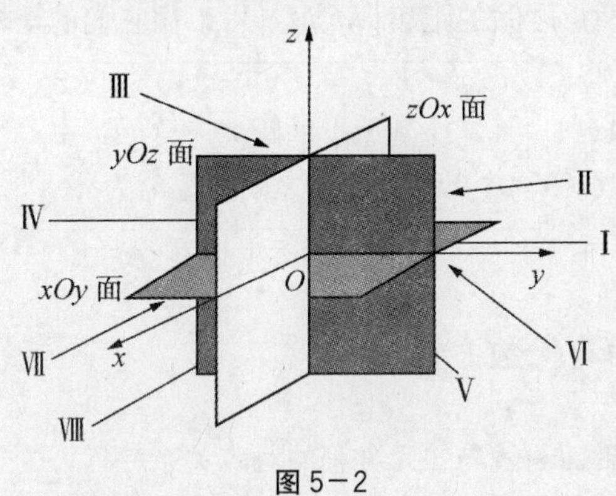

图 5－2

有了空间直角坐标系后，我们就可以确定空间中的任一点和一个三元有序数组 (x, y, z) 之间的一一对应关系.

如图 5 - 3 所示，点 M 是空间中任意的一点，过点 M 分别作垂直于 x 轴、y 轴、z 轴的平面，设这些平面与坐标轴的交点依次为 P，Q，R，这三点在相应坐标轴上的坐标依次记为 x，y，z. 于是点 M 唯一地确定了一个三元有序数组 $M(x, y, z)$.

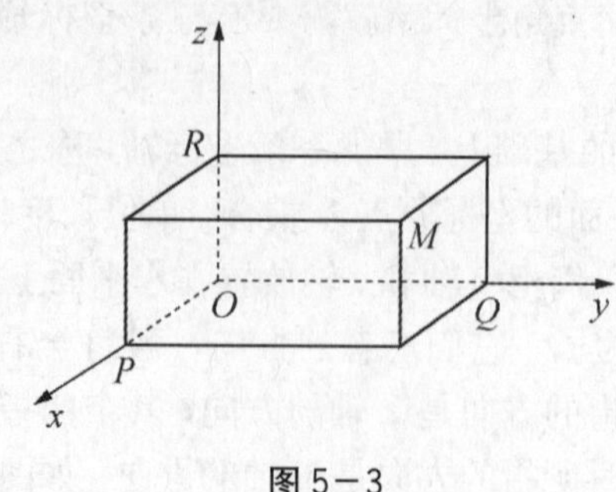

图 5－3

反之，对于任意给定的一个三元有序数组 $M(x,y,z)$，把 x,y,z 这三个数依次作为 x 轴、y 轴、z 轴上点的坐标，则相应地，有三个点与它们相对应，不妨依次记为 P，Q，R，过这三点依次作与所在坐标轴垂直的平面，这三个平面必交于空间中的一个点，而且只能交于一个点，而这个点的坐标恰好就是 $M(x,y,z)$，也即点 M. 我们把这组数 x,y,z 依次叫作点 M 的横坐标、纵坐标和竖坐标，统称为点 M 的坐标；点 M 记作 $M(x,y,z)$. 例如，原点记作 $O(0,0,0)$，上述的点 P 记作 $P(x,0,0)$，点 Q 记作 $Q(0,y,0)$，点 R 记作 $R(0,0,z)$.

综上所述，我们可以通过空间直角坐标系把空间中的点看成三元有序数组；反之，我们也可以把三元有序数组看成空间中的点. 这样我们就把数(三元有序数组) 和空间中的点建立起一一对应关系.

空间中两点间的距离公式

求空间中任两点间的距离是我们经常面对的问题，这里我们仿照平面上两点之间的距离公式给出空间中两点之间的距离公式. 设空间中的两个点为 $M_1(x_1,x_2,z_1)$，$M_2(x_2,y_2,z_2)$，则这两点之间的距离 $|M_1M_2|$ 可以用它们的坐标表示为

$$|M_1M_2| = \sqrt{(x_1-x_2)^2+(y_1-y_2)^2+(z_1-z_2)^2}.$$

【例 5－1】 求点 $A(1,-1,2)$ 到原点的距离.

解 原点的坐标为 $O(0,0,0)$，则两点之间的距离为

$$|AO| = \sqrt{(1-0)^2+(-1-0)^2+(2-0)^2} = \sqrt{6}.$$

5.1.2 空间曲面与代数方程

与平面解析几何中平面曲线与二元方程的对应关系一样，在空间解析几何中也存在空间曲面和空间曲线与三元方程的对应关系. 我们首先来看一下空间曲面和三元方程之间的关系.

定义 1 如果三元方程 $F(x,y,z)=0$ 与曲面 S 存在着关系：① 满足方程 $F(x,y,z)=0$ 的任何一组解 (x,y,z) 所对应的点都在曲面 S 上；② 曲面 S 上的任一点的坐标 (x,y,z) 都满足方程 $F(x,y,z)=0$. 那么，就称方程 $F(x,y,z)=0$ 为曲面 S 的方程，相应地，称曲面 S 为方程 $F(x,y,z)=0$ 的曲面.

根据曲面方程的定义知，曲面上的点与曲面方程的解之间存在着一一对应关系，由此关系，我们可以把对几何中点的轨迹(曲面)的研究转化为代数方程的研究. 这样，几何问题就转化成了代数问题. 同样地，对代数问题的研究可以借助于几何工具，从而实现“数形结合”“资源共享”.

5.1.2.1　平面的方程

【例 5—2】　求位于 yOz 平面前方，和 yOz 平面距离为 1 的平面的方程.

解　由题设条件知，所求平面与坐标平面 yOz 是平行的. 设 M 为所求平面上的任一点，记为 $M(x,y,z)$. 过点 M 可以向平面 yOz 做垂线，设垂足为 N，则 N 的坐标为 $N(0,y,z)$，且

$$|MN| = 1.$$

由两点之间的距离公式，得

$$\sqrt{(x-0)^2+(y-y)^2+(z-z)^2} = 1.$$

解得 $x^2 = 1$.

由于该平面位于 yOz 平面前方，故平面的方程为

$$x = 1.$$

方程 $x = 1$ 对 y，z 没有限制，这表示在这个方程中 y，z 是自由的，取什么样的值都可以. 比如说点(1，1，8)和点(1，6，2)都满足方程 $x = 1$，因此，都在我们所求的平面上.

由此例我们可知，平面 yOz 的方程为 $x = 0$. 所有与平面 yOz 平行且到它的距离为某一定值 c 的平面的方程均可表示为 $|x| = c$. 类似地，xOy 平面的方程为 $z = 0$，平行于 xOy 平面且到它的距离为 c 的平面的方程则为 $|z| = c$；xOz 平面的方程为 $y = 0$，平行于 xOz 平面且到它的距离为 c 的平面的方程为 $|y| = c$.

【例 5—3】　设点 $M_1(1,1,2)$，$M_2(2,2,1)$，求到 M_1，M_2 距离相等的平面的方程.

解　所求平面是线段 M_1M_2 的中垂面. 设平面上任一点 $N(x,y,z)$，由题意知，$|M_1N| = |M_2N|$，于是得

$$\sqrt{(x-1)^2+(y-1)^2+(z-2)^2} = \sqrt{(x-2)^2+(y-2)^2+(z-1)^2},$$

整理即得所求平面的方程为

$$2x+2y-2z = 3.$$

5.1.2.2　球面的方程

在空间中，到一定点的距离等于定值的点的轨迹称为球面，这个定点称为球面的球心，定距离称为球面的半径.

【例 5—4】　求球心在 $M_0(x_0,y_0,z_0)$，半径为 R 的球面的方程.

解　设球面上任一点 $M(x,y,z)$，则由球面的定义和两点之间的距离公式得

$$\sqrt{(x-x_0)^2+(y-y_0)^2+(z-z_0)^2} = R,$$

或者写成

$$(x - x_0)^2 + (y - y_0)^2 + (z - z_0)^2 = R^2.$$

这就是球面上任一点的坐标满足的方程，而不在球面上的点不满足这个方程，所以这个方程就是以点 M_0 为球心，以 R 为半径的球面的方程，如图 5 - 4 所示.

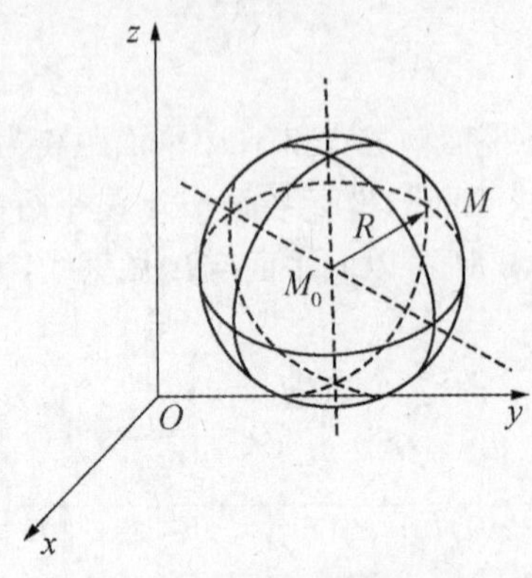

图 5－4

特别地，球心在原点 $O(0, 0, 0)$，半径为 1 的球面的方程为

$$x^2 + y^2 + z^2 = 1,$$

我们称之为单位球面.

5. 1. 2. 3　旋转曲面

一条平面曲线绕其平面上的一条直线旋转一周所形成的曲面称为旋转曲面，这条直线称为旋转曲面的轴，曲线称为旋转曲面的母线.

下面我们建立 yOz 面上的曲线绕 z 轴旋转所生成的旋转曲面的方程.

设已知 yOz 面上的曲线

$$C: f(y, z) = 0.$$

此曲线绕 z 轴旋转一周，就得到一个以 z 轴为旋转轴的旋转曲面，如图 5 - 5 所示，我们来求该旋转曲面的方程.

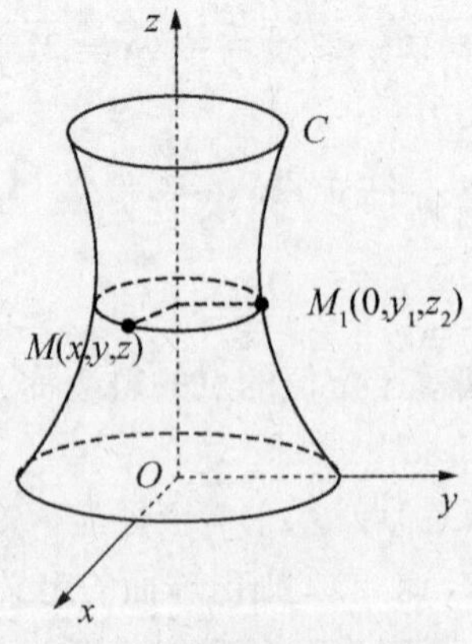

图 5－5

在旋转曲面上任取一点 $M(x,y,z)$，不妨设它是由 yOz 面上曲线 C 上的点 $M_1(0,y_1,z_2)$ 旋转而得. 显然，两点的坐标应有如下关系：

(1) 竖坐标相等，即 $z=z_2$；

(2) 点 M_1 到圆心（z 轴）的距离 $|y_1|$ 等于点 M 到圆心（z 轴）的距离 $\sqrt{x^2+y^2}$，即

$$|y_1|=\sqrt{x^2+y^2},$$

得

$$y_1=\pm\sqrt{x^2+y^2}.$$

由于 $M_1(0,y_1,z_2)$ 是曲线 C 上的点，故有

$$f(y_1,z_2)=0.$$

将 $z=z_2$，$y_1=\pm\sqrt{x^2+y^2}$ 代入方程 $f(y_1,z_2)=0$，得方程

$$f(\pm\sqrt{x^2+y^2},z)=0.$$

这就是所求旋转曲面的方程.

把上述旋转曲面方程 $f(\pm\sqrt{x^2+y^2},z)=0$ 与其母线方程 $f(y,z)=0$ 比较可知，旋转曲面方程由其母线方程变化而来（请读者自己总结规律）. 由此变化规律我们可得曲线 C：$f(y,z)=0$，绕 y 轴旋转所得的旋转曲面方程为 $f(y,\pm\sqrt{x^2+z^2})=0$.

【例 5－5】 求 yOz 面上的抛物线 $z=y^2$ 绕 z 轴旋转所成的旋转曲面的方程.

解 将 yOz 面上的抛物线 $z=y^2$ 中的 z 保持不变，y 用 $\pm\sqrt{x^2+y^2}$ 替换，即得此旋转曲面的方程

$$z=x^2+y^2.$$

这个曲面是由抛物线旋转得来的，故被称为旋转抛物面，如图 5－6 所示.

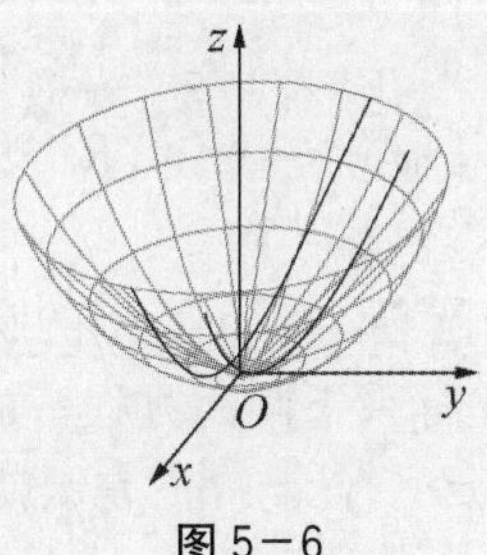

图 5－6

5.1.3 空间曲线与代数方程

在空间解析几何中直线可以看成是两个互相不平行的平面的交线. 例如设平面 Π_1 的方程为 $A_1x+B_1y+C_1z+D_1=0$，平面 Π_2 的方程为 $A_2x+B_2y+C_2z+D_2=0$，它们的交线为直线，如图 5－7 所示，那么直线 l 上任一点的坐标应同时满足这两个平面的方程，即应满足方程组

$$\begin{cases}A_1x+B_1y+C_1z+D_1=0\\A_2x+B_2y+C_2z+D_2=0\end{cases}$$

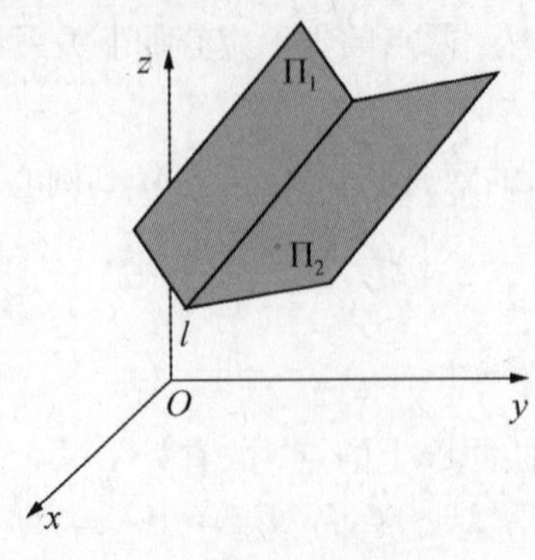

图 5-7

反过来，不满足该方程组的解所对应的点一定不会同时在平面 Π_1 和 Π_2 上，因此也不会在它们的交线，即直线 l 上. 因为，上述线性方程组就是直线 l 的方程，我们称之为直线 l 的一般式方程. 当然，直线还有其他形式的方程表示，但因为其推导过程超出了我们所学知识的范围，因此在本书中略去了，有兴趣的同学可阅读理工类的高等数学教材.

与空间直线类似，空间曲线可看成是空间曲面的交线.

【例 5-6】 求 xOy 平面与球面 $x^2+y^2+z^2=R^2$ 的交线.

解 所求的交线是 xOy 平面上的曲线，由于曲线上的点既在平面 xOy（方程表示为 $z=0$）上，又在球面 $x^2+y^2+z^2=R^2$ 上，所以曲线上的点的坐标满足方程组

$$\begin{cases} x^2+y^2+z^2=R^2 \\ z=0 \end{cases}$$

化简得

$$\begin{cases} x^2+y^2=R^2 \\ z=0 \end{cases}$$

这是 xOy 平面上以原点 O 为圆心，半径为 R 的圆.

应当注意，这是在空间直角坐标系下圆的方程，如果是在平面直角坐标系下原点 O 为圆心，半径为 R 的圆的方程用 $x^2+y^2=R^2$ 表示就可以了.

5.1.4 用代数方法研究二次曲面

前面研究了空间解析几何的第一类问题，即已知曲面求方程的问题.

下面我们研究空间解析几何的第二类问题，即已知方程求曲面的问题.

【例 5-7】 研究方程 $x^2+y^2=R^2$ 所表示的几何图形.

解 由平面解析几何的知识可知，方程 $x^2+y^2=R^2$ 表示平面上以原点 O 为圆心，半径为 R 的圆. 那么，在空间直角坐标系中方程 $x^2+y^2=R^2$ 表示什么呢?

方程中不含有 z，这说明该方程所表示的二次曲面中 z 是自由的、不受限制的，也就是说，z 可以取任意实数. 因此，此曲面上的点的坐标只要 x 和 y 满足 $x^2+y^2=R^2$ 就可

以了. 故此方程在空间直角坐标系中表示的曲面是由平行于 z 轴的直线 l(l 上的点的竖坐标 z 不受限制) 沿 xOy 面上的圆 $x^2 + y^2 = R^2$ 移动而成的轨迹，这个轨迹上的点的三个坐标显然满足"z 是自由的，x 和 y 满足 $x^2 + y^2 = R^2$"，我们称它为圆柱面，如图 5－8 所示. 其中称 xOy 面上的圆 $x^2 + y^2 = R^2$ 为该圆柱面的准线，称直线 l 为它的母线.

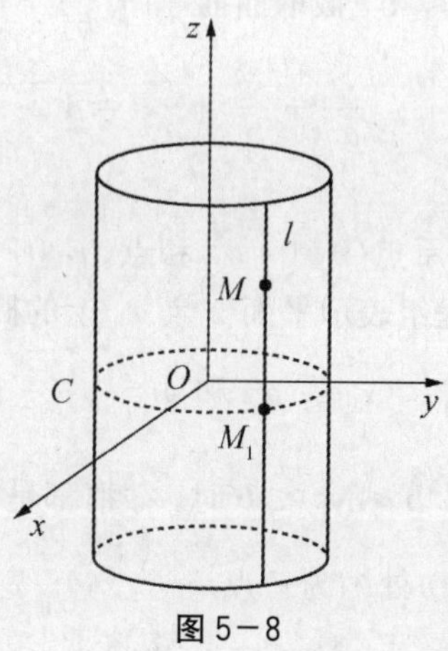

图 5－8

一般地，在空间直角坐标系中，方程 $F(x,y) = 0$ 表示准线为 $F(x,y) = 0$，母线平行于 z 轴的柱面，如图 5－9 所示.

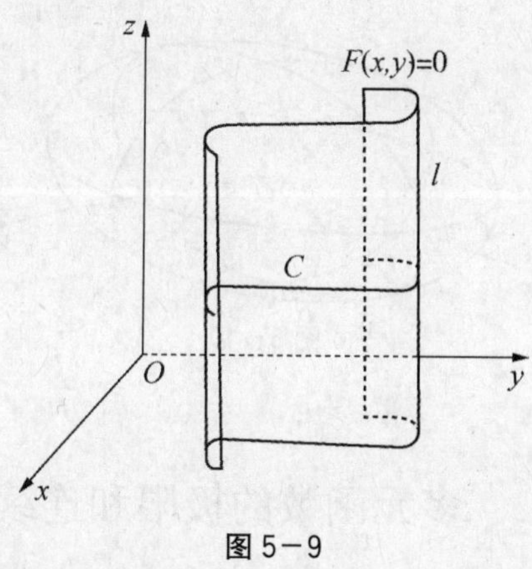

图 5－9

柱面的名字通常与它的准线 $F(x,y) = 0$ 所表示的平面曲线的名字一致，比如方程 $\frac{x^2}{a^2} + \frac{y^2}{b^2} = 1$ 表示母线平行于 z 轴的椭圆柱面.

除了上述这些特殊的空间曲面外，在空间解析几何中，我们把三元二次方程 $F(x, y, z) = 0$ 所表示的曲面称为二次曲面. 一般来说，这些曲面都很难在空间中通过描点的方法画出它们的图象，但如果分别用平行于三个坐标平面 xOy，xOz，yOz 的平面截取这些曲面，就会得到一些截痕，通过这些截痕我们可以研究曲面的形状和走势. 这种用代数方法研究曲面的形状和性质的方法称为截痕法. 下面我们通过例子说明如何求这些截痕，并通过这些截痕来研究曲面的大致形状.

【例 5−8】 研究曲面$\frac{x^2}{a^2}+\frac{y^2}{b^2}+\frac{z^2}{c^2}=1$的形状.

解 显然方程$\frac{x^2}{a^2}+\frac{y^2}{b^2}+\frac{z^2}{c^2}=1$满足$-a\leqslant x\leqslant a$，$-b\leqslant y\leqslant b$，$-c\leqslant z\leqslant c$.

用平面$z=z_0(-c\leqslant z_0\leqslant c)$截取曲面$\frac{x^2}{a^2}+\frac{y^2}{b^2}+\frac{z^2}{c^2}=1$，联立得方程组

$$\begin{cases}\frac{x^2}{a^2}+\frac{y^2}{b^2}+\frac{z^2}{c^2}=1\\ z=z_0\end{cases}$$

当$z_0=\pm c$时，方程组表示点$(0,0,c)$和点$(0,0,-c)$；

当$-c<z_0<c$时，方程组表示平面$z=z_0$上的椭圆曲线.

同理，用平面$x=x_0(-a\leqslant x_0\leqslant a)$和$y=y_0(-b\leqslant y_0\leqslant b)$截取曲面$\frac{x^2}{a^2}+\frac{y^2}{b^2}+\frac{z^2}{c^2}=1$，当$-a<x_0<a$，$-b<y_0<b$时，截痕都是椭圆，并在点$(-a,0,0)$、$(a,0,0)$、$(0,-b,0)$、$(0,b,0)$处缩为一点.

我们称曲面$\frac{x^2}{a^2}+\frac{y^2}{b^2}+\frac{z^2}{c^2}=1$为椭球面，如图 5−10 所示.

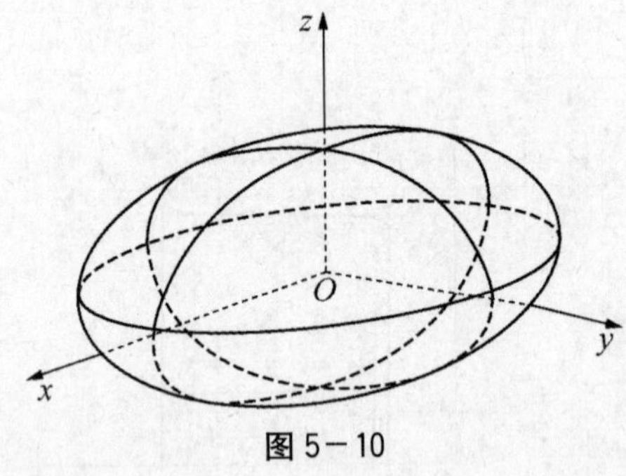

图 5−10

5.2 多元函数的极限和连续性

在自然科学和社会科学等领域的许多问题中，往往会涉及多方面的因素，这反映在数学上就是一个函数往往依赖于多个自变量，这就需要研究多元函数. 本节我们重点研究二元函数的基本概念以及它的极限的存在性和函数本身的连续性.

5.2.1 多元函数的概念

若函数只有一个自变量，我们称之为一元函数. 但在实际的日常生活和科学研究中经常会遇到多个变量相互依赖的问题. 比如，长方形面积的大小与它的长和宽都有关

系；商品的价格，比如说房价，受地价、建筑成本、供需关系等因素的影响.

【例 5−9】 1905 年，法国心理学家 A. 比奈(A. Binet) 与西蒙(T. Simon) 一起制定了第一个测量智力的工具 —— 比奈 - 西蒙智力量表，即 B - S 量表. 他们从语言、操作、空间等各方面针对不同年龄的儿童给出不同的测量题目，测验儿童最高能通过哪个年龄段的题目. 把儿童实际通过的试题对应的年龄称为智龄，用 MA 表示，把儿童的真实年龄称为实龄，用 CA 表示，这样便得到一个被称作智商的表示式(智商用 IQ 表示)：

$$IQ = \left(\frac{MA}{CA}\right)\times 100.$$

可见智商与实龄和智龄两个变量有关. 由此我们抽象出二元函数的概念.

定义 2 设在某一变化过程中，有三个变量 x, y, z，其中，x, y 的变化范围记作 D. 如果对于 D 中的任意一组值 (x, y)，都存在唯一的 z，通过对应法则 f 与之对应，则我们称 z 是 x, y 的二元函数，记作

$$z = f(x, y),$$

其中称 x, y 为自变量，称 z 为因变量，称 f 为对应法则，称 x, y 的取值范围 D 为函数的定义域.

对于 D 中的任意一组取值 (x_0, y_0)，都存在 $z_0 = f(x_0, y_0)$，我们称 z_0 为当 $x = x_0$，$y = y_0$ 时的函数值. 所有函数值的集合记作

$$R = \{z \mid z = f(x, y), (x, y) \in D\}.$$

称作函数的值域.

类似地，我们也可以定义三元及三元以上的函数. 我们把二元及二元以上的函数统称为多元函数. 二元函数的结果可以直接推广到其他多元函数，故本节内容中我们重点讲述二元函数的相关内容.

这里我们先给出区域的概念. 所谓平面上的区域，是指由平面上一条或者几条曲线所围成的平面上封闭的一部分. 称包围区域的曲线为该区域的边界，称包含边界的区域为闭区域. 称不包含边界的区域为开区域，简称区域. 如果某个区域能包含在某一个具有确定的半径的圆内，我们称之为有界区域，否则称之为无界区域.

二元函数的定义域是使函数有意义的全体有序数组 (x, y) 所组成的平面点集，它显然是平面上的一个区域或者几个区域的并集.

【例 5−10】 求函数 $z = \sqrt{x + y}$ 的定义域.

解 要使函数 $z = \sqrt{x + y}$ 有意义，显然需要 $x + y \geqslant 0$，即该函数的定义域是直线 $x + y = 0$ 上方的区域，包含直线 $x + y = 0$(如图 5 - 11).

【例 5−11】 求函数 $z = \dfrac{1}{\sqrt{1 - x^2 - y^2}}$ 的定义域.

解 显然有 $1 - x^2 - y^2 > 0$，即 $x^2 + y^2 < 1$. 这是平面上以原点(0, 0) 为圆心，以 1 为半径的圆，此区域不包括边界.

对于二元函数 $z = f(x, y)$，当点 (x, y) 在其定义域内变动时，相应的点 $M(x, y, z)$ 的集合就表示空间中的一张曲面，这就是二元函数的几何意义.

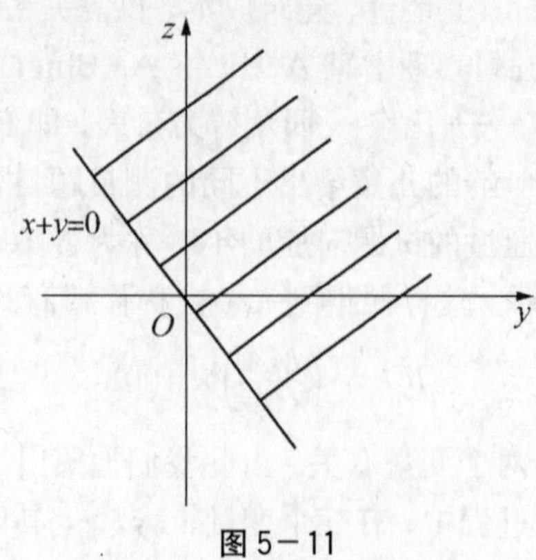

图 5－11

5.2.2 二元函数的极限

与一元函数类似，为介绍二元函数极限的概念，我们先引入平面上邻域的概念.

设点 $P_0(x_0, y_0)$ 是平面上一定点，δ 为可以任意小的正数，我们把平面上满足条件

$$|PP_0| = \sqrt{(x-x_0)^2+(y-y_0)^2} = \rho < \delta$$

的点 $P(x,y)$ 的集合叫作点 P_0 的 δ 邻域，其中称 $P_0(x_0, y_0)$ 为邻域的中心，称 δ 为邻域的半径.

另外，我们把满足条件

$$0 < |PP_0| = \sqrt{(x-x_0)^2+(y-y_0)^2} = \rho < \delta$$

的点 $P(x,y)$ 的集合叫作点 P_0 的去心 δ 邻域.

和一元函数极限的定义类似，我们给出二元函数极限的概念.

定义 3 设函数 $z = f(x,y)$ 在点 $P_0(x_0, y_0)$ 的去心邻域内有定义，如果当点 $P(x, y)$ 无限趋近点 $P_0(x_0, y_0)$（$|PP_0| \to 0$）时，函数 $z = f(x,y)$ 无限接近于常数 A，则称当 $P(x,y) \to P(x_0, y_0)$ 时，函数 $z = f(x,y)$ 以 A 为极限，记作

$$\lim_{(x,y)\to(x_0, y_0)} f(x,y) = A,$$

或者记为

$$f(x,y) \to A[\text{当 } P(x,y) \to P(x_0, y_0) \text{ 时}].$$

注：其实二元函数极限严格的说法（$\varepsilon - \delta$ 语言）如下：

设函数 $z = f(x,y)$ 在点 $P_0(x_0, y_0)$ 的去心邻域内有定义，如果 $\forall \varepsilon > 0$，$\exists \delta > 0$，当 $|PP_0| < \delta$ 时，有 $|f(x,y) - A| < \varepsilon$，则称当 $P(x,y) \to P(x_0, y_0)$ 时，函数 $z = f(x,y)$ 的极限为 A，记为

$$\lim_{(x,y)\to(x_0, y_0)} f(x,y) = A,$$

或

$$f(x,y) \to A[\text{当 } P(x,y) \to P(x_0, y_0) \text{ 时}].$$

对于一元函数，当 $x \to x_0$ 时，x 可以沿 x 轴从 x_0 的左右两侧趋于 x_0. 但是对于二元

函数来说，平面上的点 $P(x,y)$ 可以从任意的方向以任意的方式(即沿任意的路径) 趋于点 $P_0(x_0, y_0)$. 由“一元函数在某点处极限存在的充要条件是它在该点的左右极限都存在而且相等”知，要想说明二元函数在点 $P_0(x_0, y_0)$ 处的极限等于 A，就必须说明点 $P(x,y)$ 从任意的方向以任意的方式(即沿任意的路径) 趋于点 $P_0(x_0, y_0)$ 时极限都存在而且等于 A，但显然用这种方法求二元函数的极限是不可能的. 事实上，我们经常用这种思想来判断二元函数在某点处的极限不存在：如果有一条路径的极限不存在，或者有至少两条路径的极限存在但不相等，我们就可以说二元函数在这一点的极限不存在.

【例 5－12】　当 $(x,y) \to (0, 0)$ 时，二元函数 $f(x,y) = \dfrac{2xy}{x^2 + y^2}$ 的极限是否存在?

解　令 $y = kx$,即点 (x,y) 沿着直线路径 $y = kx$ 趋近于 $(0, 0)$，代入上述极限式中，得

$$\lim_{\substack{x \to 0 \\ y \to 0}} \frac{2x(kx)}{x^2 + (kx)^2} = \lim_{\substack{x \to 0 \\ y \to 0}} \frac{2kx^2}{(1 + k^2)x^2} = \frac{2k}{1 + k^2}.$$

这个结果说明，当点 (x,y) 沿着不同的直线路径，如 $y = x$ 与 $y = 2x$ 趋近于 $(0, 0)$ 时，所得到的极限值是不一样的，它和直线的斜率 k 有关系. 因此，当 $(x,y) \to (0, 0)$ 时，函数 $f(x,y) = \dfrac{2xy}{x^2 + y^2}$ 的极限不存在.

5.2.3　二元函数的连续性

与一元函数类似，我们给出二元函数连续性的概念.

定义 4　设二元函数 $z = f(x,y)$ 在点 $P_0(x_0, y_0)$ 的邻域内有定义，若

$$\lim_{\substack{x \to x_0 \\ y \to y_0}} f(x,y) = f(x_0, y_0),$$

则称二元函数 $z = f(x,y)$ 在点 $P_0(x_0, y_0)$ 连续，且二元函数 $z = f(x,y)$ 在其连续点 $P_0(x_0, y_0)$ 处的极限值等于它在点 $P_0(x_0, y_0)$ 的函数值.

一般地，若函数 $z = f(x,y)$ 在其定义域 D 内的任一点都连续，则称函数 $z = f(x, y)$ 在 D 内连续. 从几何上看，此时二元函数的图象是区域 D 上一张无孔无缝的曲面.

如果函数 $z = f(x,y)$ 在点 $P_0(x_0, y_0)$ 不连续，就说函数 $f(x,y)$ 在点 $P_0(x_0, y_0)$ 间断，称点 $P_0(x_0, y_0)$ 为函数 $f(x,y)$ 的间断点. 与一元函数不同的是，我们无须判别二元函数间断点的类型.

一般来说，二元初等函数在其定义域内是连续的. 与一元连续函数类似，二元连续函数的和、差、积、商(分母不等于0) 仍然是连续函数，连续的二元函数复合仍然是连续函数，且二元连续函数有与一元函数类似的求极限法则.

【例 5－13】　求二元函数 $z = \sin(x + y)$ 在点 $(0, 0)$ 处的极限.

解　显然点 $(0, 0)$ 在二元函数 $z = \sin(x + y)$ 的定义域内，且函数 $z = \sin(x + y)$ 在点 $(0, 0)$ 是连续的，利用二元连续函数的定义，得

$$\lim_{\substack{x \to 0 \\ y \to 0}} \sin(x + y) = \sin(0 + 0) = \sin 0 = 0.$$

【例 5－14】 求极限$\lim\limits_{\substack{x\to 1\\ y\to 1}}\ln\sqrt{xy}$.

解 显然函数 $z=\ln\sqrt{xy}$ 是由函数 $z=\ln u$，$u=\sqrt{xy}$ 复合而成，而函数 $u=\sqrt{xy}$ 在点(1，1)连续，函数 $z=\ln u$ 在 $u=1$ 处连续．由“连续函数的复合函数仍然是连续函数”知，函数 $z=\ln\sqrt{xy}$ 在点(1，1)处连续．故由连续函数在连续点处的极限的求法，得

$$\lim_{\substack{x\to 1\\ y\to 1}}\ln\sqrt{xy}=\ln\sqrt{1\times 1}=0.$$

5.3 多元函数的偏导数与全微分

很多情况下我们都想知道多元函数的因变量关于某一个自变量的变化率，这就是关于多元函数的偏导数的问题．有的时候还想知道当多元函数的每一个自变量都发生微小的改变时函数的改变量是什么样子的，这个量是否容易计算，如果不易计算，那它是否有有效的近似表示，而这就是多元函数全微分的内容．本节我们将重点介绍二元函数的偏导数和全微分．

5.3.1 偏导数

一元函数 $y=f(x)$ 的导数是指其因变量 y 相对于自变量 x 的变化率，是研究一元函数性质的极为重要的工具．与之类似，对于二元函数 $z=f(x,y)$，很多时候我们也需要知道其因变量 z 关于其自变量 x,y 的变化率．比如说一种商品的销量，一般来说会受到它的价格和市场投放量的影响，那么我们就想知道价格的波动和市场投放量的变化对销量有什么样的影响，也就是说我们想知道销量关于价格的变化率以及关于市场投放量的变化率．这种二元函数的因变量关于它的某一个自变量的变化率就是我们马上要认识的偏导数．

5.3.1.1 偏导数的概念

定义 5 二元函数 $z=f(x,y)$ 在点 $P_0(x_0,\ y_0)$ 的邻域内有定义，在点 $P_0(x_0,\ y_0)$ 处，y 固定在 y_0 不变，给 x 一增量 Δx，则相应的因变量即函数 z 有增量(通常称之为偏增量)

$$\Delta z_x=f(x_0+\Delta x,y_0)-f(x_0,\ y_0).$$

如果极限

$$\lim_{\Delta x\to 0}\frac{\Delta z_x}{\Delta x}=\lim_{\Delta x\to 0}\frac{f(x_0+\Delta x,y_0)-f(x_0,\ y_0)}{\Delta x}$$

存在，则称此极限值为函数 $z=f(x,y)$ 在点 $P_0(x_0,\ y_0)$ 处对自变量 x 的偏导数，记作

$$z_x'(x_0,\ y_0),\ f_x'(x_0,\ y_0),\ \left.\frac{\partial z}{\partial x}\right|_{\substack{x=x_0\\ y=y_0}},\ \left.\frac{\partial f}{\partial x}\right|_{\substack{x=x_0\\ y=y_0}}.$$

类似地，如果把 x 固定在 x_0 处，极限

$$\lim_{\Delta y\to 0}\frac{\Delta z_y}{\Delta y}=\lim_{\Delta x\to 0}\frac{f(x_0,\ y_0+\Delta y)-f(x_0,\ y_0)}{\Delta y}$$

存在，则称此极限值为函数 $z=f(x,y)$ 在点 $P_0(x_0,\ y_0)$ 处对自变量 y 的偏导数，记作

$$z_y'(x_0,\ y_0),\ f_y'(x_0,\ y_0),\ \left.\frac{\partial z}{\partial y}\right|_{\substack{x=x_0\\ y=y_0}},\ \left.\frac{\partial f}{\partial y}\right|_{\substack{x=x_0\\ y=y_0}}.$$

如果二元函数 $z=f(x,y)$ 在其定义域 D 内每一点对 x 和 y 的偏导数都存在，那么这偏导数是 x 和 y 的函数，称为函数 $z=f(x,y)$ 对 x 或者 y 的偏导函数，分别记作

$$z_x'(x,y),\ f_x'(x,y),\ \frac{\partial z}{\partial x},\ \frac{\partial f}{\partial x};$$

$$z_y'(x,y),\ f_y'(x,y),\ \frac{\partial z}{\partial y},\ \frac{\partial f}{\partial y}.$$

在不引起混淆的情况下，常将偏导函数简称为偏导数，易知

$$f_x'(x_0,\ y_0)=f_x'(x,y)\big|_{\substack{x=x_0\\ y=y_0}};$$

$$f_y'(x_0,\ y_0)=f_y'(x,y)\big|_{\substack{x=x_0\\ y=y_0}}.$$

5.3.1.2　偏导数的计算

由偏导数的定义可知，求二元函数对其中一个自变量(比如说 x) 的偏导数，只需要把它看成这个自变量(比如说 x) 的函数，把其他的自变量都当成常数，然后用一元函数的求导法则对这个自变量(比如说 x) 求导即可.

【例 5－15】　求函数 $z=x^2+y^3+2xy$ 的偏导数 $\frac{\partial z}{\partial x}$, $\frac{\partial z}{\partial y}$.

解　求 $\frac{\partial z}{\partial x}$，把 y 当成常量，对 x 求导，得 z 关于 x 的偏导数为

$$\frac{\partial z}{\partial x}=2x+0+2y=2(x+y),$$

求 $\frac{\partial z}{\partial y}$，把 x 当成常量，对 y 求导，得 z 关于 y 的偏导数为

$$\frac{\partial z}{\partial y}=0+3y^2+2x=3y^2+2x.$$

【例 5－16】　设二元函数 $f(x,y)=\ln(x^2+y^3)$，求 $f_x'(1,\ 2)$ 和 $f_y'(1,\ 2)$.

解　由二元函数的偏导函数和二元函数在某一点处的偏导数之间的关系，我们先分别求该函数关于自变量 x,y 的偏导函数：

$$f_x'(x,y)=\frac{2x}{x^2+y^3},\ f_y'(x,y)=\frac{3y^2}{x^2+y^3}.$$

代入点的坐标，得

$$f_x'(1,\ 2)=\frac{2\times 1}{1^2+2^3}=\frac{2}{9},\ f_y'(1,\ 2)=\frac{3\times 2^2}{1^2+2^3}=\frac{4}{3}.$$

【例 5－17】　求函数 $f(x,y)=\begin{cases}\dfrac{2xy}{x^2+y^2}, & (x,y)\neq(0,\ 0)\\ 0, & (x,y)=(0,\ 0)\end{cases}$ 在点(0, 0) 处的偏导数.

解 由偏导数的定义，固定 $y=0$，给 x 一增量 Δx，得到函数关于 x 的偏增量

$$\Delta z_x = f(0+\Delta x,0)-f(0,0)=0,$$

于是有

$$f'_x(0,0)=\lim_{\Delta x\to 0}\frac{\Delta z_x}{\Delta x}=0.$$

同理有

$$f'_y(0,0)=0.$$

由例 5-12 知，该函数在点 $(0,0)$ 是不连续的. 这说明，对于二元函数来说，即使在某点处偏导数都存在，也不能说明函数在这一点处连续. 这与一元函数可导和连续的关系“可导一定连续”是不同的.

5.3.2 全微分

我们知道，一元函数 $y=f(x)$ 的微分是指当自变量 x 有微小的改变时，函数的改变量 Δy 的近似值，记为 $\mathrm{d}y$. 相应地，对于二元函数 $z=f(x,y)$，我们也想要知道当自变量 x,y 有微小的改变时，因变量 z 的改变量的近似值，这个近似值和一元函数那个近似值有什么样的区别和联系呢?

设二元函数 $z=f(x,y)$ 在点 $P_0(x_0,y_0)$ 的某邻域内有定义，并设 $P(x_0+\Delta x,y_0+\Delta y)$ 为该邻域内任意一点，则称这两点的函数值之差为点 P_0 关于自变量增量 $\Delta x,\Delta y$ 的全增量，记作 Δz，即

$$\Delta z=f(x_0+\Delta x,y_0+\Delta y)-f(x_0,y_0).$$

与一元函数的相比，二元函数全增量的计算更为复杂，因此，我们希望像处理一元函数增量的手法一样来处理二元函数，即找到全增量 Δz 关于自变量的增量 $\Delta x,\Delta y$ 的线性函数加上一个无穷小量的表示形式，进而用 $\Delta x,\Delta y$ 的线性函数近似地代替全增量 Δz. 为此，我们首先引入二元函数可微的概念.

定义 6 设二元函数 $z=f(x,y)$ 在点 $P_0(x_0,y_0)$ 的某邻域内有定义，若对该邻域内的任一点 $P(x_0+\Delta x,y_0+\Delta y)$，函数在点 $P_0(x_0,y_0)$ 的全增量 Δz 可表示为

$$\Delta z=A\Delta x+B\Delta y+o(\rho),$$

则称函数 $z=f(x,y)$ 在点 $P_0(x_0,y_0)$ 可微，称 $A\Delta x+B\Delta y$ 为函数 $z=f(x,y)$ 在点 $P_0(x_0,y_0)$ 的全微分，记作

$$\mathrm{d}z=A\Delta x+B\Delta y,$$

其中 A，B 与 $\Delta x,\Delta y$ 无关，因此也称 $A\Delta x+B\Delta y$ 为 Δz 的线性主部，$o(\rho)$ 是关于 $\rho=\sqrt{(\Delta x)^2+(\Delta y)^2}$ 的高阶无穷小量.

显然有

$$\Delta z=\mathrm{d}z+o(\rho).$$

如果函数 $z=f(x,y)$ 在区域 D 上各点处都可微，则称函数 $z=f(x,y)$ 在区域 D 上可微.

对于一元函数来说，可微与可导是等价的，而且有 $\mathrm{d}y=y'\mathrm{d}x$. 那么二元函数的可

导(偏导数存在)和可微之间有什么关系呢?

定理 1　(可微的必要条件)如果函数 $z = f(x,y)$ 在点 $P_0(x_0, y_0)$ 可微，则该函数在点 $P_0(x_0, y_0)$ 处的偏导数 $f'_x(x_0, y_0)$，$f'_y(x_0, y_0)$ 必存在，而且函数 $z = f(x,y)$ 在点 $P_0(x_0, y_0)$ 的全微分为

$$\mathrm{d}z = f'_x(x_0, y_0)\Delta x + f'_y(x_0, y_0)\Delta y.$$

证　因为函数 $z = f(x,y)$ 在点 $P_0(x_0, y_0)$ 可微，所以有

$$\Delta z = A\Delta x + B\Delta y + o(\rho).$$

当 $\Delta y = 0$ 时，上式变成

$$\Delta z = A\Delta x + o(|\Delta x|),$$

此时显然可令 $\Delta x \neq 0$，否则上式无意义，于是有

$$\frac{\Delta z}{\Delta x} = A + \frac{o(\rho)}{\Delta x}.$$

两边取极限，由偏导数的定义得

$$f'_x(x_0, y_0) = \lim_{\Delta x \to 0}\left[A + \frac{o(\rho)}{\Delta x}\right] = A.$$

同理可得

$$f'_y(x_0, y_0) = B.$$

因此有

$$\mathrm{d}z = f'_x(x_0, y_0)\Delta x + f'_y(x_0, y_0)\Delta y.$$

与一元函数类似，自变量的增量等于自变量的微分，即 $\Delta x = \mathrm{d}x, \Delta y = \mathrm{d}y$，故二元函数的全微分也可表示为

$$\mathrm{d}z = f'_x(x_0, y_0)\mathrm{d}x + f'_y(x_0, y_0)\mathrm{d}y,$$

其中，$f'_x(x_0, y_0)\mathrm{d}x$ 和 $f'_y(x_0, y_0)\mathrm{d}y$ 为二元函数的偏微分.

如果函数 $z = f(x,y)$ 在区域 D 上可微，则它在 D 内任意点处的全微分记为

$$\mathrm{d}z = f'_x(x,y)\mathrm{d}x + f'_y(x,y)\mathrm{d}y,$$

或者记为

$$\mathrm{d}z = \frac{\partial z}{\partial x}\mathrm{d}x + \frac{\partial z}{\partial y}\mathrm{d}y.$$

【例 5—18】　求函数 $z = \mathrm{e}^{xy^2}$ 的全微分.

解　先求函数的两个偏导数：

$$\frac{\partial z}{\partial x} = \mathrm{e}^{xy^2} \cdot y^2 = y^2\mathrm{e}^{xy^2},\ \frac{\partial z}{\partial y} = \mathrm{e}^{xy^2} \cdot 2xy = 2xy\mathrm{e}^{xy^2},$$

于是函数的全微分

$$\mathrm{d}z = \frac{\partial z}{\partial x}\mathrm{d}x + \frac{\partial z}{\partial y}\mathrm{d}y = y^2\mathrm{e}^{xy^2}\mathrm{d}x + 2xy\mathrm{e}^{xy^2}\mathrm{d}y.$$

【例 5—19】　求函数 $z = xy^2$ 在点(1, -1, 1)处，当 $\Delta x = 0.1, \Delta y = -0.1$ 时的全增量与全微分.

解　函数 $z = xy^2$ 在点(1, -1, 1)处，当 $\Delta x = 0.1, \Delta y = -0.1$ 时的全增量为

$$\Delta z = (1 + 0.1)\times(-1 - 0.1)^2 - 1\times(-1)^2 = 0.331.$$

因为函数 $z = xy^2$ 在点(1, -1, 1)处的偏导数分别为

$$\left.\frac{\partial z}{\partial x}\right|_{\substack{x=1\\y=-1}} = y^2\big|_{\substack{x=1\\y=-1}} = 1,\ \left.\frac{\partial z}{\partial y}\right|_{\substack{x=1\\y=-1}} = 2xy\big|_{\substack{x=1\\y=-1}} = -2,$$

所以 $z = xy^2$ 在点(1, -1, 1)处的全微分为

$$\mathrm{d}z\big|_{\substack{x=1\\y=-1}} = \left.\frac{\partial z}{\partial x}\right|_{\substack{x=1\\y=-1}}\Delta x + \left.\frac{\partial z}{\partial y}\right|_{\substack{x=1\\y=-1}}\Delta y = 1\times 0.1 - 2\times(-0.1) = 0.3.$$

由定理1我们知道，二元函数在某点处可微，偏导数一定存在，但反过来，当偏导数存在时，函数是否一定可微呢?答案是不一定. 但是如果函数在某一点处的偏导数连续，那函数在该点处就一定可微. 而可微和连续的关系可描述为，如果函数 $z = f(x,y)$ 在点 (x,y) 处可微，那么函数一定在点 (x,y) 处连续.

以上结论对三元及三元以上函数均成立.

5.4　多元复合函数的求导

本节我们将重点介绍二元复合函数的求(偏)导法则，二元函数的复合情形比较复杂，我们分类研究.

5.4.1　一元函数与多元函数复合的情形

定理 2　如果函数 $z = f(u, v)$ 在点 (u, v) 处可微，而中间变量 $u = u(x)$，$v = v(x)$ 都是 x 的一元函数且在点 x 处可导，则复合函数 $z = f[u(x), v(x)]$ 是 x 的一元函数，且 z 关于 x 的导数就是全导数，即

$$\frac{\mathrm{d}z}{\mathrm{d}x} = \frac{\partial z}{\partial u}\frac{\mathrm{d}u}{\mathrm{d}x} + \frac{\partial z}{\partial v}\frac{\mathrm{d}v}{\mathrm{d}x}.$$

【例 5-20】　设二元函数 $z = \mathrm{e}^u\sin v$，其中 $u = 2x, v = \ln x$，求$\frac{\mathrm{d}z}{\mathrm{d}x}$.

解　因为把 $u = 2x, v = \ln x$ 与二元函数 $z = \mathrm{e}^u\sin v$ 复合之后，z 成为关于 x 的一元函数，所以利用定理 2，得

$$\begin{aligned}\frac{\mathrm{d}z}{\mathrm{d}x} &= \frac{\partial z}{\partial u}\frac{\mathrm{d}u}{\mathrm{d}x} + \frac{\partial z}{\partial v}\frac{\mathrm{d}v}{\mathrm{d}x}\\ &= 2\mathrm{e}^u\sin v + \mathrm{e}^u\cos v\,\frac{1}{x}\\ &= 2\mathrm{e}^{2x}\sin\ln x + \frac{\mathrm{e}^{2x}\cos\ln x}{x}.\end{aligned}$$

*【例 5-21】　设函数 $z = u^v$，其中 $u = 1 + x^2$，$v = \cos x$，求$\frac{\mathrm{d}z}{\mathrm{d}x}$.

解　利用定理 2，得

$$\frac{\mathrm{d}z}{\mathrm{d}x} = \frac{\partial z}{\partial u}\frac{\mathrm{d}u}{\mathrm{d}x} + \frac{\partial z}{\partial v}\frac{\mathrm{d}v}{\mathrm{d}x}$$

$$= vu^{v-1}2x + u^v \ln u(-\sin x)$$
$$= (1+x^2)^{\cos x - 1}[2x\cos x - (1+x^2)\sin x \ln(1+x^2)].$$

5.4.2　二元函数与二元函数的复合

定理 3　如果二元函数 $z = f(u, v)$ 在点 (u, v) 处可微，而中间变量 $u = \varphi(x, y)$ 及 $v = \psi(x, y)$ 在点 (x, y) 可微，那么复合函数 $z = f[\varphi(x, y), \psi(x, y)]$ 关于 x, y 的偏导数存在，且有

$$\begin{cases} \dfrac{\partial z}{\partial x} = \dfrac{\partial z}{\partial u}\dfrac{\partial u}{\partial x} + \dfrac{\partial z}{\partial v}\dfrac{\partial v}{\partial x} \\ \dfrac{\partial z}{\partial y} = \dfrac{\partial z}{\partial u}\dfrac{\partial u}{\partial y} + \dfrac{\partial z}{\partial v}\dfrac{\partial v}{\partial y} \end{cases}.$$

称上述法则为链式法则.

【例 5－22】　设 $z = u\sin v$，其中 $u = xy$，$v = x + y$，求 $\dfrac{\partial z}{\partial x}$，$\dfrac{\partial z}{\partial y}$.

解　
$$\frac{\partial z}{\partial x} = \frac{\partial z}{\partial u}\frac{\partial u}{\partial x} + \frac{\partial z}{\partial v}\frac{\partial v}{\partial x}$$
$$= \sin v \cdot y + u\cos v \cdot 1$$
$$= y\sin v + u\cos v$$
$$= y\sin(x+y) + xy\cos(x+y),$$

$$\frac{\partial z}{\partial y} = \frac{\partial z}{\partial u}\frac{\partial u}{\partial y} + \frac{\partial z}{\partial v}\frac{\partial v}{\partial y}$$
$$= \sin v \cdot x + u\cos v \cdot 1$$
$$= x\sin v + u\cos v$$
$$= x\sin(x+y) + xy\cos(x+y).$$

【例 5－23】　设 $z = e^u\cos v$，其中 $u = x^2$，$v = xy^2$，求 $\dfrac{\partial z}{\partial x}$，$\dfrac{\partial z}{\partial y}$.

解　
$$\frac{\partial z}{\partial x} = \frac{\partial z}{\partial u}\frac{\mathrm{d}u}{\mathrm{d}x} + \frac{\partial z}{\partial v}\frac{\partial v}{\partial x}$$
$$= e^u\cos v \cdot 2x - e^u\sin v \cdot y^2$$
$$= e^u(2x\cos v - y^2\sin v)$$
$$= e^{x^2}(2x\cos xy^2 - y^2\sin xy^2),$$

$$\frac{\partial z}{\partial y} = \frac{\partial z}{\partial u}\frac{\mathrm{d}u}{\mathrm{d}y} + \frac{\partial z}{\partial v}\frac{\partial v}{\partial y}$$
$$= e^u\cos v \cdot 0 - e^u\sin v \cdot 2xy$$
$$= -2xye^u\sin v$$
$$= -2xye^{x^2}\sin xy^2.$$

注：对一元函数 $u = x^2$ 求导时用一般求导符号 d.

5.4.3 其他情形

定理 4 如果二元函数 $z=f(u,v)$ 在点 (u,v) 处可微，而中间变量 $u=\varphi(x,y)$ 在点 (x,y) 可微，$v=\psi(y)$ 在点 y 可微，那么复合函数 $z=f[\varphi(x,y),\psi(y)]$ 在点 (x,y) 的偏导数 $\frac{\partial z}{\partial x}$ 和 $\frac{\partial z}{\partial y}$ 都存在，且有

$$\frac{\partial z}{\partial x}=\frac{\partial z}{\partial u}\frac{\partial u}{\partial x},$$

$$\frac{\partial z}{\partial y}=\frac{\partial z}{\partial u}\frac{\partial u}{\partial y}+\frac{\partial z}{\partial v}\frac{\mathrm{d}v}{\mathrm{d}y}.$$

【例 5—24】 设 $z=uv$，其中 $u=x^2+y^2$，$v=\mathrm{e}^y$，求 $\frac{\partial z}{\partial x}$，$\frac{\partial z}{\partial y}$.

解

$$\frac{\partial z}{\partial x}=\frac{\partial z}{\partial u}\frac{\partial u}{\partial x}=v\cdot 2x=2x(x^2+y^2),$$

$$\begin{aligned}\frac{\partial z}{\partial y}&=\frac{\partial z}{\partial u}\frac{\partial u}{\partial y}+\frac{\partial z}{\partial v}\frac{\mathrm{d}v}{\mathrm{d}y}\\&=v\cdot 2x+u\mathrm{e}^y\\&=2x(x^2+y^2)+(x^2+y^2)\mathrm{e}^y.\end{aligned}$$

*5.5 二元函数的极值

可利用一阶或二阶导数讨论一元函数的极值，二元函数也可以，但是因为自变量的个数增加，所以二元函数求极值的方法和步骤会更加复杂和繁琐.

定义 7 函数 $z=f(x,y)$ 在点 (x_0,y_0) 的某邻域内有定义，如果对于该邻域内异于 (x_0,y_0) 的任意一点 (x,y)，恒有

$$f(x,y)\leqslant f(x_0,y_0)\,[\text{或 } f(x,y)\geqslant f(x_0,y_0)],$$

则称 $f(x_0,y_0)$ 为函数 $z=f(x,y)$ 的极大值(或极小值)，点 (x_0,y_0) 为极大值点(或极小值点).

将极大值、极小值统称为极值，将极大值点、极小值点统称为极值点.

下面我们给出二元函数极值存在的必要条件和充分条件.

定理 5(极值存在的必要条件) 如果函数 $z=f(x,y)$ 在 (x_0,y_0) 有偏导数，且取得极值，则有

$$f'_x(x_0,y_0)=0,\ f'_y(x_0,y_0)=0.$$

我们把满足 $f'_x(x_0,y_0)=0$，$f'_y(x_0,y_0)=0$ 的点 (x_0,y_0) 称为函数 $z=f(x,y)$ 的驻点. 由定理 5 知，对于偏导数存在的函数，极值点一定是驻点，但驻点未必是极值点.

与一元函数类似，函数的极值点要么是驻点，要么是偏导数不存在的点，但二者都未必一定是极值点. 下面我们给出判定一个驻点为极值点的充要条件.

定理 6(极值存在的充分条件)　设函数 $z = f(x,y)$ 在 (x_0, y_0) 的某邻域内有连续的一阶和二阶偏导数，且 $f'_x(x_0, y_0) = 0$，$f'_y(x_0, y_0) = 0$. 令

$$A = f''_{xx}(x_0, y_0),\ B = f''_{xy}(x_0, y_0),\ C = f''_{yy}(x_0, y_0),$$

则

(1) 当 $AC - B^2 > 0$ 时，$f(x_0, y_0)$ 是极值，且当 $A > 0$ 时，$f(x_0, y_0)$ 是极小值，当 $A < 0$ 时，$f(x_0, y_0)$ 是极大值；

(2) 当 $AC - B^2 < 0$ 时，$f(x_0, y_0)$ 不是极值；

(3) 当 $AC - B^2 = 0$ 时，$f(x_0, y_0)$ 是否是极值要另作讨论.

【例 5—25】　求二元函数 $f(x,y) = x^3 + y^2 - 3x - 4y + 9$ 的极值.

解　$f(x,y)$ 的一阶偏导数为 $f'_x(x,y) = 3x^2 - 3$，$f'_y(x,y) = 2y - 4$.

令 $f'_x(x,y) = 3x^2 - 3 = 0$，$f'_y(x,y) = 2y - 4 = 0$，得驻点 $(-1, 2)$ 和 $(1, 2)$.

计算二阶偏导数，得

$$f''_{xx}(x,y) = 6x,$$
$$f''_{xy}(x,y) = 0,$$
$$f''_{yy}(x,y) = 2.$$

在驻点 $(-1, 2)$ 处，各二阶偏导数值分别为

$$A = f''_{xx}(-1, 2) = -6,$$
$$B = f''_{xy}(-1, 2) = 0,$$
$$C = f''_{yy}(-1, 2) = 2,$$

于是 $AC - B^2 = -12 < 0$. 由定理 2 知驻点 $(-1, 2)$ 不是极值点.

在驻点 $(1, 2)$ 处，各二阶偏导数值分别为

$$A = f''_{xx}(1, 2) = 6,$$
$$B = f''_{xy}(1, 2) = 0,$$
$$C = f''_{yy}(1, 2) = 2,$$

于是 $AC - B^2 = 12 > 0$. 由定理 2 知驻点 $(1, 2)$ 是极值点，又因为 $A = 6 > 0$，所以驻点 $(1, 2)$ 是极小值点，极小值为 $f(1, 2) = 3$.

一般来说我们可以利用函数的极值来求实际问题中函数的最值. 与一元函数类似，在实际问题中，如果函数在区域 D 内只有一个驻点，那么这个点一定是极值点，而且也是最值点，还可以根据实际问题的性质来断定这个点是函数的最小值点还是最大值点.

【例 5—26】　要做一个容积为 a 的长方体无盖容器，问：选择怎样的长、宽、高，才能使用料最少呢？

解　设长方体容器的长、宽、高分别为 $x, y, z\ (x > 0,\ y > 0,\ z > 0)$. 记容器的表面积为

$$S = 2xz + 2yz + xy.$$

由已知条件得 $z = \dfrac{a}{xy}$，代入容积表达式得

$$S = \frac{2a}{y} + \frac{2a}{x} + xy.$$

这是关于 x,y 的二元函数，对 S 关于 x,y 求偏导，得

$$\begin{cases} S'_x = -\dfrac{2a}{x^2} + y = 0 \\ S'_y = -\dfrac{2a}{y^2} + x = 0 \end{cases}$$

解得驻点坐标

$$x = y = \sqrt[3]{2a}.$$

就实际问题分析，在容积一定的条件，容器有最小的表面积. 而 S 在其定义域内只有一个驻点，所以它是最小值点. 故当 $x = y = \sqrt[3]{2a}$，$z = \dfrac{\sqrt[3]{2a}}{2}$ 时，S 有最小值，即当长、宽、高分别是 $\sqrt[3]{2a}$，$\sqrt[3]{2a}$，$\dfrac{\sqrt[3]{2a}}{2}$ 时，所用材料最省.

5.6 二重积分的概念

在一元函数微积分中我们已经知道，定积分是某种特定的和式的极限，用来求平面上不规则图形的面积等关于自变量满足可加性的一些几何量和物理量. 当时我们用的思想是“分割，近似，求和，取极限”. 那么，这种思想能否推广到二元函数所表示的一些关于自变量满足可加性的几何量和物理量上呢？答案是肯定的，具体见我们接下来要讨论的内容.

5.6.1 引例

5.6.1.1 曲顶柱体的体积

设有一空间立体 Ω，它的底是 xOy 面上的有界闭区域 D，它的侧面是以 D 的边界曲线为准线，而母线平行于 z 轴的柱面，它的顶是曲面 $z = f(x,y)$，当 $(x,y) \in D$ 时，$f(x,y)$ 在 D 上连续且 $f(x,y) \geqslant 0$，称这种立体为曲顶柱体，如图 5 - 12 所示.

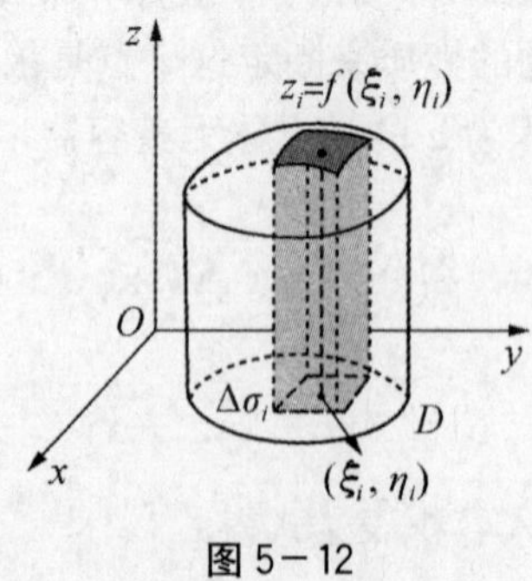

图 5－12

曲顶柱体的体积 V 可以按下述步骤计算：

(1) 分割. 用任意有限条相交曲线将区域 D 分成 n 个小区域，记为 $\Delta\sigma_1$, $\Delta\sigma_2$, …, $\Delta\sigma_n$，同时也用 $\Delta\sigma_i(i=1, 2, \cdots, n)$ 表示第 i 个小区域的面积. 相应地，过每个小区域的边界作垂直于 xOy 平面的柱面，则这些柱面把原曲顶柱体分为 n 个小的曲顶柱体.

(2) 近似. 每一个小的曲顶柱体的体积可以用一个平顶柱体的体积来近似. 我们以第 i 个小区域 $\Delta\sigma_i$ 为例来说明近似的方法，如图 5－12 所示. 这个小曲顶柱体的底面积是 $\Delta\sigma_i$，它近似的平顶柱体的底面积当然也是 $\Delta\sigma_i$. 然后找该平顶柱体的高. 由于小曲顶柱体的底面积 $\Delta\sigma_i$ 很小，而且它的顶是一张连续的曲面，所以它各处的高度变化很小，因此，我们在 $\Delta\sigma_i$ 上任取一点 (ξ_i, η_i)，以 $f(\xi_i, \eta_i)$ 来作小平顶柱体的高. 于是我们得到小曲顶柱体的体积的近似表达式

$$\Delta V \approx f(\xi_i, \eta_i)\Delta\sigma_i .$$

(3) 求和. 原曲顶柱体的体积等于所有小曲顶柱体的体积的和，因此曲顶柱体的体积 V 的近似值为

$$V = \sum_{i=1}^{n}\Delta V \approx \sum_{i=1}^{n} f(\xi_i, \eta_i)\Delta\sigma_i .$$

(4) 取极限. 显然，我们对区域 D 分割得越细，每一个 $\Delta\sigma_i$ 就越小，上述式子的近似程度就越好，误差也就越小. 正所谓“割之弥细，失之弥少”，这正体现了极限的思想. 我们令 λ 为所有小区域 $\Delta\sigma_i(i=1, 2, \cdots, n)$ 的直径的最大值，于是可得曲顶柱体体积的确切值

$$V = \lim_{\lambda\to 0}\sum_{i=1}^{n} f(\xi_i, \eta_i)\Delta\sigma_i .$$

注：一个闭区域的直径是指区域上任意两点的距离的最大者.

5.6.1.2　平面薄片的质量

设有一平面薄片占有 xOy 面上的有界闭区域 D，如图 5－13 所示. 它的密度是不均匀的，即它在点 (x, y) 处的密度为 $\rho(x, y) \geqslant 0$，而且 $\rho(x, y)$ 在区域 D 上连续，现计算该平面薄片的质量 M.

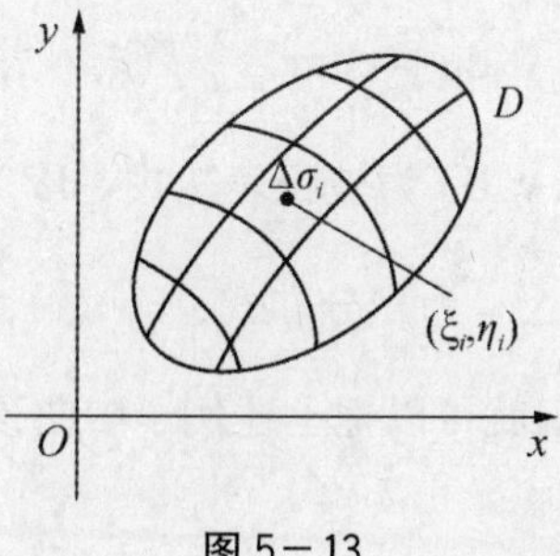

图 5－13

我们采用“分割，近似，求和，取极限”的方法求 M.

(1) 分割. 用任意有限条相交曲线将区域 D 分成 n 个小区域，即 $\Delta\sigma_1$, $\Delta\sigma_2$, …, $\Delta\sigma_n$ 同时也用 $\Delta\sigma_i(i=1, 2, \cdots, n)$ 表示第 i 个小区域的面积. 令 λ_i 表示小区域 $\Delta\sigma_i$ 的直径.

(2) 近似. 当小区域 $\Delta\sigma_i$ 很小时(我们是可以做到让 $\Delta\sigma_i$ 很小的), 小薄片的密度的改变也会很小, 因此我们可以近似地认为在小区域 $\Delta\sigma_i$ 薄片的质量是均匀的. 我们在 $\Delta\sigma_i$ 上任取一点(ξ_i, η_i), 以点(ξ_i, η_i)处的密度 $\rho(\xi_i, \eta_i)$近似替代整个小区域 $\Delta\sigma_i$ 上的密度, 于是得 $\Delta\sigma_i$ 的质量的 ΔM_i 的近似值.

$$\Delta M_i \approx \rho(\xi_i, \eta_i)\Delta\sigma_i$$

(3) 求和. 整个小薄片的面积等于每一个小区域 $\Delta\sigma_i$ 的面积的和, 于是得

$$M = \sum_{i=1}^{n} \Delta M_i \approx \sum_{i=1}^{n} \rho(\xi_i, \eta_i)\Delta\sigma_i$$

(4) 取极限. 显然, 我们把整个薄片分割得越细, 上式的近似程度就越好, 也就是说误差越小. 正所谓"割之弥细, 失之弥少", 这正是极限的思想. 于是我们令 $\lambda = \max\limits_{1 \leqslant i \leqslant n}\{\lambda_i\}$, 得薄片的质量为

$$M = \lim_{\lambda \to 0} \sum_{i=1}^{n} \rho(\xi_i, \eta_i)\Delta\sigma_i.$$

综上所知, 两种实际意义完全不同的问题, 可以用相同的方法来解决, 而且最终都归结为同一类和式的极限问题. 因此, 我们有必要撇开这类问题的实际背景, 给出一个更广泛、更抽象、适用范围更广的数学概念, 即二重积分.

5.6.2 二重积分的概念

定义 8 设二元函数 $z = f(x,y)$ 是闭区域 D 上的有界函数, 将区域 D 任意分成 n 个小区域$\Delta\sigma_1, \Delta\sigma_2, \cdots, \Delta\sigma_n$, 同时也用 $\Delta\sigma_i (i = 1, 2, \cdots, n)$ 表示第 i 个小区域的面积, λ_i 表示 $\Delta\sigma_i$ 的直径. 令 $\lambda = \max\limits_{1 \leqslant i \leqslant n}\{\lambda_i\}$, $\forall(\xi_i, \eta_i) \in \Delta\sigma_i$, 作乘积 $f(\xi_i, \eta_i)\Delta\sigma_i$ $(i = 1, \cdots, n)$, 然后作和式$\sum\limits_{i=1}^{n} f(\xi_i, \eta_i)\Delta\sigma_i$. 若极限$\lim\limits_{\lambda \to 0} \sum\limits_{i=1}^{n} f(\xi_i, \eta_i)\Delta\sigma_i$ 存在, 则称此极限为函数 $z = f(x,y)$ 在区域 D 上的二重积分, 记为

$$\iint_D f(x,y)\mathrm{d}\sigma = \lim_{\lambda \to 0} \sum_{i=1}^{n} f(\xi_i, \eta_i)\Delta\sigma_i,$$

其中 $f(x,y)$ 为被积函数, $f(x,y)\mathrm{d}\sigma$ 为被积表达式, $\mathrm{d}\sigma$ 为面积元素, x 和 y 为积分变量, D 为积分区域, $\sum\limits_{i=1}^{n} f(\xi_i, \eta_i)\Delta\sigma_i$ 为积分和式.

有了二重积分的定义, 我们就可以把上述例子中曲顶柱体的体积和平面薄片的质量用定积分表示, 分别为

$$V = \iint_D f(x,y)\mathrm{d}\sigma, \ M = \iint_D \rho(x,y)\mathrm{d}\sigma.$$

由此可见, 当 $f(x,y) \geqslant 0$ 时, 二重积分$\iint\limits_D f(x,y)\mathrm{d}\sigma$ 的几何意义就是, 以 $f(x,y)$ 为顶、以区域 D 为底的曲顶柱体的体积.

特别地，当 $f(x,y)=1$ 时，二重积分 $\iint_D f(x,y)\mathrm{d}\sigma=\iint_D 1\mathrm{d}\sigma=\iint_D \mathrm{d}\sigma$，表示高为 1 的平顶柱体的体积，它在数值上等于区域 D 的面积. 于是我们也得到了用二重积分计算平面图形面积的方法和公式

$$S(D)=\iint_D \mathrm{d}\sigma.$$

5.6.3　二重积分的性质

性质 1　$\iint_D kf(x,y)\mathrm{d}\sigma = k\iint_D f(x,y)\mathrm{d}\sigma$，其中 k 为常数.

性质 2　$\iint_D [af(x,y)+bg(x,y)]\mathrm{d}\sigma=\iint_D af(x,y)\mathrm{d}\sigma+\iint_D bg(x,y)\mathrm{d}\sigma$，其中 a，b 为常数.

性质 3　设 $D=D_1\cup D_2$，而且 D_1 与 D_2 除边界无交集，则 $\iint_D f(x,y)\mathrm{d}\sigma=\iint_{D_1} f(x,y)\mathrm{d}\sigma+\iint_{D_2} f(x,y)\mathrm{d}\sigma$.

注：二重积分还有其他的比较复杂的性质，我们在此略去.

【例 5－27】　求二重积分 $\iint_D 5\mathrm{d}\sigma$，其中 $D=\{(x,y)\mid 0\leqslant x^2+y^2\leqslant 4\}$.

解　由二重积分的几何意义和性质 1 得

$$\iint_D 5\mathrm{d}\sigma=5\iint_D \mathrm{d}\sigma=5S(D)=20\pi.$$

5.7　二重积分的计算

按照定义来计算二重积分，对于一些特别简单的被积函数和积分区域来说是可行的，但对一般的函数和区域来说，常常是很困难的，甚至是不可能的. 因此需要寻求二重积分的简便可行的计算方法. 一般来说，我们需要通过把二重积分化为二次积分来算出结果.

下面我们利用二重积分的几何意义，来讨论二重积分 $\iint_D f(x,y)\mathrm{d}\sigma$ 在直角坐标系中的计算问题. 在讨论中假定 $f(x,y)\geqslant 0$.

在直角坐标系中，二重积分的面积元素 $\mathrm{d}\sigma$ 可表示为 $\mathrm{d}x\mathrm{d}y$，即

$$\iint_D f(x,y)\mathrm{d}\sigma=\iint_D f(x,y)\mathrm{d}x\mathrm{d}y.$$

设积分区域 D 可以用不等式 $a\leqslant x\leqslant b$，$\varphi_1(x)\leqslant y\leqslant \varphi_2(x)$ 来表示，如图 5－14

所示，其中函数 $\varphi_1(x)$，$\varphi_2(x)$ 在区间 $[a, b]$ 上连续.

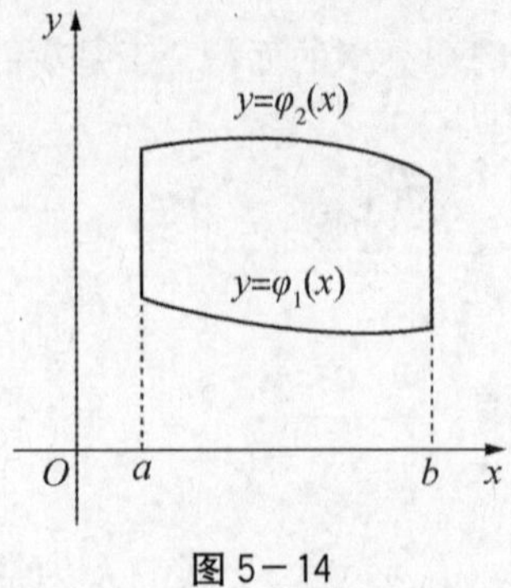

图 5－14

根据二重积分的几何意义，$\iint\limits_D f(x,y)\mathrm{d}\sigma$ 表示的是以曲面 $z = f(x,y)$ 为顶，以区域 D 为底的曲顶柱体的体积. 下面我们用元素法来计算曲顶柱体的体积 V.

过 $[a, b]$ 上一点 x_0，作与 yOz 面平行的平面 $x = x_0$，此平面与曲顶柱体相交所得的截面是一个以区间 $[\varphi_1(x_0), \varphi_2(x_0)]$ 为底、以 $z = f(x_0, y)$ 为曲边的曲边梯形（图 5－15 的阴影部分）. 由定积分的几何意义可知，这个截面的面积为

$$A(x_0) = \int_{\varphi_1(x_0)}^{\varphi_2(x_0)} f(x_0, y)\mathrm{d}y.$$

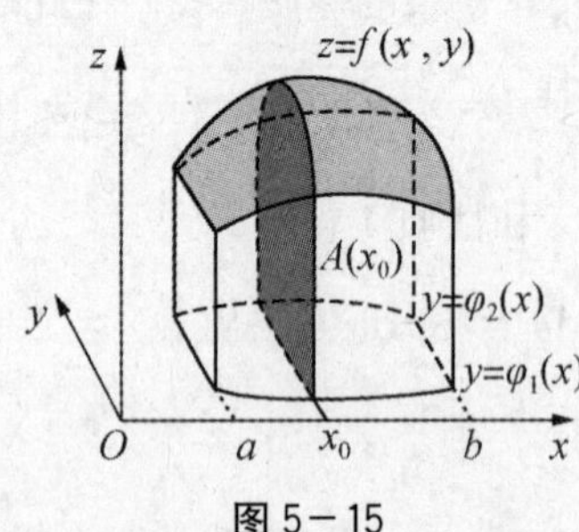

图 5－15

一般地，过 $[a, b]$ 上任一点 x 且平行于 yOz 面的平面，与曲顶柱体相交所得的截面的面积为

$$A(x) = \int_{\varphi_1(x)}^{\varphi_2(x)} f(x,y)\mathrm{d}y.$$

注意，上式中 x 保持不变，y 是积分变量. 于是对于区间 $[a, b]$ 上任意一个小区间 $[x, x + \mathrm{d}x]$，由元素法可知曲顶柱体的体积元素为

$$\mathrm{d}V = A(x)\mathrm{d}x.$$

将 $\mathrm{d}V$ 从 a 到 b 求定积分，就得到曲顶柱体的体积

$$V = \int_a^b A(x)\mathrm{d}x = \int_a^b \left[\int_{\varphi_1(x)}^{\varphi_2(x)} f(x,y)\mathrm{d}y\right]\mathrm{d}x,$$

于是得二重积分的计算公式

$$\iint\limits_D f(x,y)\mathrm{d}x\mathrm{d}y=\int_a^b\left[\int_{\varphi_1(x)}^{\varphi_2(x)}f(x,y)\mathrm{d}y\right]\mathrm{d}x.$$

上式右端的积分叫作先对 y 后对 x 的二次积分. 也就是说在对 y 积分时，也即求积分 $\int_{\varphi_1(x)}^{\varphi_2(x)}f(x,y)\mathrm{d}y$ 时，把 x 看成是常数，把函数 $f(x,y)$ 仅看成是关于 y 的函数，并对 y 计算从 $\varphi_1(x)$ 到 $\varphi_2(x)$ 的定积分;然后把算得的结果(常数或者含有变量 x 的函数)再对 x 计算在$[a, b]$上的定积分. 上式也记作

$$\iint\limits_D f(x,y)\mathrm{d}x\mathrm{d}y=\int_a^b\mathrm{d}x\int_{\varphi_1(x)}^{\varphi_2(x)}f(x,y)\mathrm{d}y.$$

一般来说，当积分区域形如图 5 - 16 和图 5 - 17 时，我们就把二重积分化为先对 y 后对 x 的二次积分来计算.

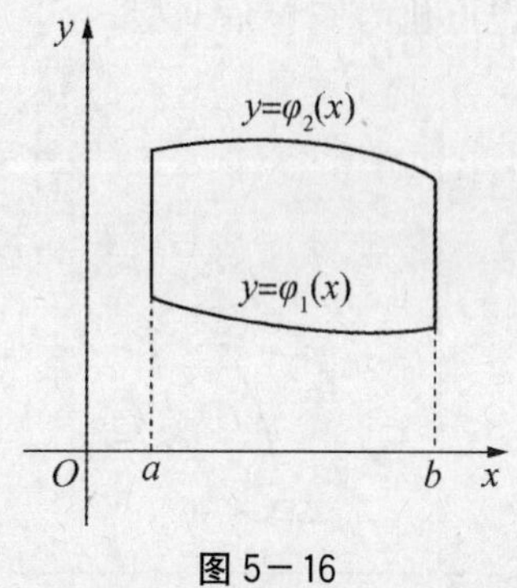

图 5－16

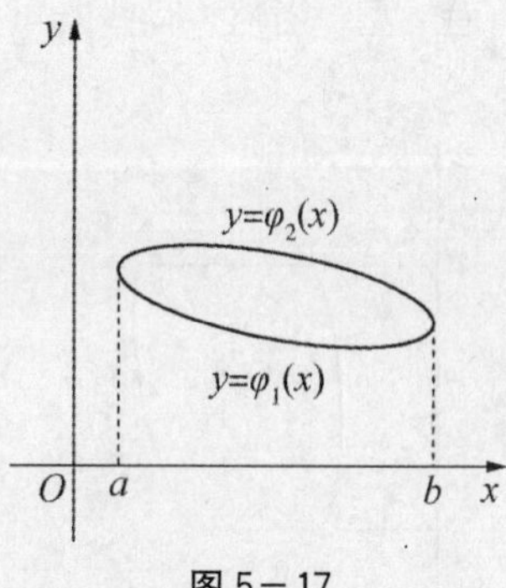

图 5－17

在上述讨论中我们假定了 $f(x,y)\geqslant 0$，但在实际计算过程中 $f(x,y)$ 不受此条件限制.

【例 5－28】 计算 $I=\iint\limits_D(1-x^2)\mathrm{d}x\mathrm{d}y$，其中 $D=\{(x,y)\mid -1\leqslant x\leqslant 1,\ 0\leqslant y\leqslant 2\}$.

解 该积分区域 D 是一个矩形，所以直接把二重积分 I 化为二次积分，得

$$\begin{aligned}I&=\int_{-1}^1\mathrm{d}x\int_0^2(1-x^2)\mathrm{d}y=\int_{-1}^1\left[(1-x^2)y\right]\Big|_0^2\mathrm{d}x\\&=\int_{-1}^1 2(1-x^2)\mathrm{d}x=\left(2x-\frac{2}{3}x^3\right)\Big|_1^2=\frac{8}{3}.\end{aligned}$$

【例 5－29】 计算二重积分 $I=\iint\limits_D xy^2\mathrm{d}x\mathrm{d}y$，其中积分区域 D 是由 x 轴，y 轴和直线 $y=1-x$ 所围成的闭区域.

解 积分区域如图 5－18 所示. 由图 5－18 可知，

$D=\{(x,y)\mid 0\leqslant x\leqslant 1,\ 0\leqslant y\leqslant 1-x\}$，故二重积分化为二次积分，得

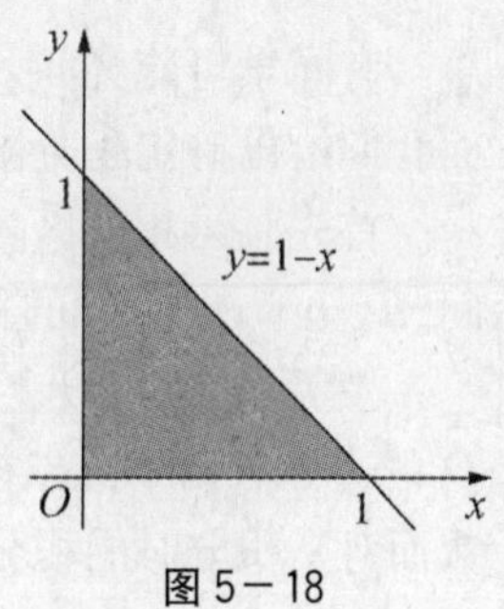

图 5－18

$$\begin{aligned}I&=\int_0^1\mathrm{d}x\int_0^{1-x}xy^2\mathrm{d}y=\int_0^1\left(x\cdot\frac{1}{3}y^3\right)\Big|_0^{1-x}\mathrm{d}x\\&=\frac{1}{3}\int_0^1 x(1-x)^3\mathrm{d}x=\frac{1}{3}\int_0^1(-x^4+3x^3-3x^2+x)\mathrm{d}x\end{aligned}$$

$$= \frac{1}{3}\left(-\frac{1}{5}x^5 + \frac{3}{4}x^4 - x^3 + \frac{1}{2}x^2\right)\Big|_0^1 = \frac{1}{60}.$$

注：一般情况下，在计算二重积分时需要把积分区域画出来.

上述积分过程中我们是把二重积分化为先对 y 后对 x 的二次积分来计算的. 那么，二重积分 $\iint\limits_D f(x,y)\mathrm{d}\sigma$ 能否化为先 x 后 y 型的二次积分呢?答案是肯定的. 当二重积分的积分区域 $D=\{(x,y)\mid \psi_1(y)\leqslant x\leqslant \psi_2(y),\ c\leqslant y\leqslant d\}$（类似图 5－19，图 5－20 所示）时，二重积分 $\iint\limits_D f(x,y)\mathrm{d}\sigma$ 需要化为先 x 后 y 型的二次积分.

一般来说，二重积分是化为先 y 后 x 型还是化为先 x 后 y 型与积分区域有关系. 如果积分区域形如图 5－16、图 5－17，就化为先 y 后 x 型，如果形如图 5－19、图 5－20，就化为先 x 后 y 型. 当然，有些既可化为先 y 后 x 型，也可化为先 x 后 y 型.

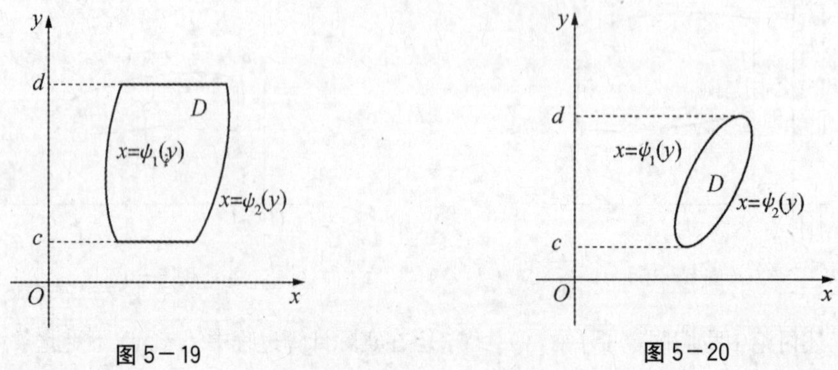

图 5－19　　图 5－20

【例 5－30】 把例 5－29 的积分化为先 x 后 y 型的二次积分，并求其值.

解 积分区域 D 可表示为 $D=\{(x,y)\mid 0\leqslant y\leqslant 1,\ 0\leqslant x\leqslant 1-y\}$，故二重积分化为二次积分，得

$$I=\int_0^1\mathrm{d}y\int_0^{1-y}xy^2\mathrm{d}x=\int_0^1\left(\frac{1}{2}x^2y^2\right)\Big|_0^{1-y}\mathrm{d}y$$

$$=\frac{1}{2}\int_0^1(1-y)^2y^2\mathrm{d}y=\frac{1}{2}\int_0^1(y^4-2y^3+y^2)\mathrm{d}y$$

$$=\frac{1}{2}\left(\frac{1}{5}y^5-\frac{1}{2}y^4+\frac{1}{3}y^3\right)\Big|_0^1=\frac{1}{60}.$$

有同学可能会问，在把二重积分化为二次积分的时候，x,y 的积分限如何确定呢?下面我们给出确定积分限的方法 —— 几何法.

首先画出积分区域 D 的图形，不妨设积分区域如图 5－21 所示. 确定出 x 的变化区间 $[a,\ b]$，也即 x 的积分区间.

然后在 $[a,\ b]$ 上任取一点 x，过 x 作平行于 y 轴的直线，该直线穿过区域 D，与区域 D 的边界有两个交点 $(x,\varphi_1(x))$，$(x,\varphi_2(x))$，这里的 $\varphi_1(x)$，$\varphi_2(x)$ 就是将 x 看成常数而对 y 积分时的积分下限和积分上限.

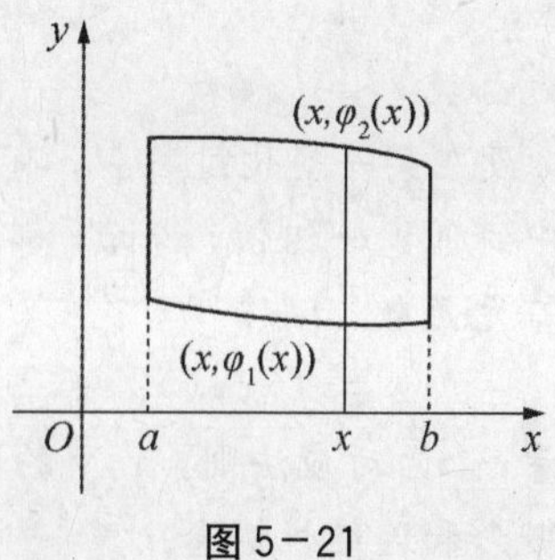

图 5－21

【例 5－31】　计算二重积分$\iint\limits_D xy\mathrm{d}x\mathrm{d}y$，其中 D 是由抛物线 $y^2=x$ 和直线 $y=x-2$ 所围成的区域.

解　首先求出两条曲线的交点，联立方程组$\begin{cases}y^2=x\\ y=x-2\end{cases}$，解之得交点(1，－1)，(4，2)；画出区域 D 的图形，如图 5－22 所示.

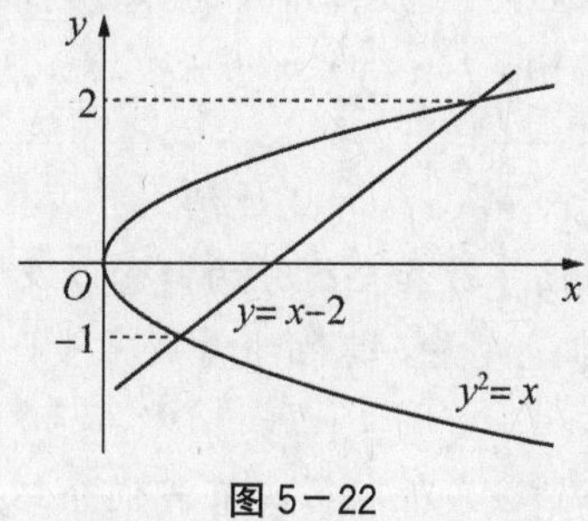

图 5－22

故将该二重积分化为先 x 后 y 型的二次积分，得

$$\iint\limits_D xy\mathrm{d}x\mathrm{d}y=\int_{-1}^{2}y\mathrm{d}y\int_{y^2}^{y+2}x\mathrm{d}x=\int_{-1}^{2}y\left(\frac{1}{2}x^2\right)\Big|_{y^2}^{y+2}\mathrm{d}y$$

$$=\frac{1}{2}\int_{-1}^{2}(-y^5+y^3+4y^2+4y)\mathrm{d}y=\frac{45}{8}.$$

思考：此题如果化为先 y 后 x 型的积分，会怎样?

本章小结

这一章是多元函数的相关内容，因为函数的极限、连续、可导、可微等概念之间的关系从一元函数到二元函数有着质的改变，而从二元函数到三元及三元以上的函数只需做简单推广即可，所以我们重点介绍了二元函数的相关概念.

因为二元函数涉及三个变量而且二元函数的图象一般都是空间中的曲面，所以本章第一节我们先学习了空间解析几何的相关概念以及一些常见的曲面及其方程. 通过学习本节内容我们首先需要体会“数形结合”的思想，然后能够记忆一些常见的曲面的方程，比如说圆的方程、柱面的方程等.

接下来的内容顺序类似一元函数.

首先给出二元函数的定义，设在某一变化过程中，有三个变量 x,y，z，其中 x,y 的变化范围记作 D. 如果对于 D 中的任意一组值 (x,y)，都存在唯一的 z 通过对应法则 f 与之对应，我们就称 z 是 x,y 的二元函数，记作

$$z = f(x,y).$$

其中 x,y 为自变量，z 为因变量，f 为对应法则，x,y 的取值范围 D 为函数的定义域.

然后给出二元函数的极限概念和连续性概念.

设函数 $z = f(x,y)$ 在点 $P_0(x_0, y_0)$ 的去心邻域内有定义，如果当点 $P(x,y)$ 无限趋近点 $P_0(x_0, y_0)(|PP_0| \to 0)$ 时，函数 $z = f(x,y)$ 无限接近于常数 A，则称当 $P(x,y) \to P(x_0, y_0)$ 时，函数 $z = f(x,y)$ 以 A 为极限，记作

$$\lim_{(x,y)\to(x_0,\ y_0)} f(x,y) = A,$$

或者记为

$$f(x,y) \to A[\text{当 } P(x,y) \to P(x_0, y_0) \text{ 时}].$$

设二元函数 $z = f(x,y)$ 在点 $P_0(x_0, y_0)$ 的邻域内有定义，若

$$\lim_{\substack{x\to x_0 \\ y\to y_0}} f(x,y) = f(x_0, y_0),$$

则称二元函数 $z = f(x,y)$ 在点 $P_0(x_0, y_0)$ 连续.

第三节介绍了二元函数的偏导数和全微分的概念以及它们的求法. 这一部分内容中需要我们牢记“对谁求偏导，谁是变量，其他均看成常量”. 再者就是理解函数可微和函数偏导数存在的关系.

因为大多数函数都是复合函数，所以第四节我们介绍了复合函数求导的链式法则. 本节是这一章内容的一个重点和难点，不仅需要我们熟记多元函数求导的基本原则——“对谁求偏导，谁是变量，其他均看成常量”，而且要熟悉不同类型的多元函数复合之后用于求导的链式法则.

第五节作为选学内容，简单介绍了二元函数极值的求法.

接下来重点介绍了二元函数的积分——二重积分. 对于二重积分，首先通过两个引例理解它的实际含义以及它的简单用途(求曲顶柱体的体积、求不均匀与薄片的质量等). 然后理解二重积分定义中的四步——分割、近似、求和、取极限. 这个思想可以帮助我们理解二重积分的计算. 最后就是本章的又一个重点和难点——二重积分的计算. 二重积分计算的原则是“化二重积分为二次积分”. 具体的，化为二次积分时是先积 x 还是先积 y，这与积分区域有密切的联系，因为正文中已有详细的描述和总结，此处不再赘述.

扩展阅读(1)——数学家的故事

笛卡尔

笛卡尔是法国著名的哲学家、物理学家、数学家、神学家，堪称17世纪欧洲哲学界和科学界最有影响的巨匠之一，被誉为“近代科学的始祖”.

笛卡尔全名勒内·笛卡尔(Rene. Descartes)，1596年3月31日出生在法国安德尔-卢瓦尔省的图赖纳拉海(现为笛卡尔). 他的家庭属于地位较低的贵族家庭，他的父亲Joachim是雷恩的布列塔尼议会的议员，同时也是地方法院的法官. 这样看来，笛卡尔应该生于一个富有且温馨幸福的家庭.

不幸的是，在小笛卡尔一岁多时，他的母亲患肺结核去世了，而他也受到了传染，因而从小体弱多病. 虽然母亲去世了，但笛卡尔的父亲非常爱他，所以小笛卡尔的童年生活还是很快乐的. 后来他的父亲再婚并且移居他乡，把笛卡尔留给了他外祖母照顾. 虽然自此父子俩很少见面，但父亲给笛卡尔的学习生活提供了源源不断的财力支持. 这也使得笛卡尔可以不受经济条件限制地做自己喜欢做的事情.

8岁的时候，笛卡尔进入了一家非常有名的耶稣教会学校学习，原因是他父亲希望他成为一名神学家. 因为身体孱弱，学校允许他不受校规约束，可以晚起，可以在床上早读. 正是因为童年时期的习惯，笛卡尔养成了终生卧床沉思或对着火炉安静地思考的习惯，形成他孤僻的性格. 因为安静和善于思考，父亲觉得小笛卡尔颇有哲学家的气质，因此亲昵地称笛卡尔为“小哲学家”.

笛卡尔在这所耶稣教会学校学习了8年，期间接受了传统的文化教育，学习了古典文学、历史、神学、哲学、法学、医学、数学及其他自然学科. 但他对所学的东西感到失望，在这个善于思考的小男孩儿看来，教科书中那些微妙的论证，其实都是些模棱两可甚至自相矛盾的理论. 唯一能给他些许安慰的只有数学.

1612年从耶稣教会学校毕业后，他遵从父亲的愿望进入普瓦捷大学学习法律与医学，因为他父亲希望他成为一名律师. 进入大学后的笛卡尔对各科知识都很感兴趣，尤其喜欢数学. 四年后，他获得了博士学位. 兴趣太广泛也导致了他毕业后对职业选择举棋不定. 于是，在父亲的财力支持下，笛卡尔决定游历欧洲各地，专心寻求“世界这本大书”中的智慧.

在了解社会、探索自然的过程中，笛卡尔又对军营生活产生了浓厚的兴趣. 于是，1618年笛卡尔加入了荷兰拿骚的毛利茨的军队. 但是，因为荷兰和西班牙签订了停战协定，无仗可打，于是他又想到了数学. 在这段空闲的时间内，笛卡尔疯狂地学习着数学. 据说，笛卡尔把数学和物理学结合起来的兴趣就是在荷兰当兵时产生的.

当时，代数是一门新兴学科，几何学的思维在数学家的头脑中占据着统治地位. 在笛卡尔之前，代数学和几何学是数学领域两个完全不同的学科，研究方法和思维方式也完全不同. 在笛卡尔看来，几何证明虽然严谨，但需要求助于奇妙的方法和巧妙的辅助线，因此用起来很不方便. 而代数学虽然有一系列的法则、方法和公式可寻，但这些法则和公式缺乏直观印象，而且限制人的想象力.

笛卡尔立志“寻求一种包含代数和几何两门学科的好处，而没有它们的缺点的方法”. 而这种方法也确实被他找到了，他把代数方程的解对应到已建立的直角坐标系上，从而实现数与形的有机结合，这就是解析几何. 笛卡尔也因此被称为“解析几何之父”.

传说空间直角坐标系建立的过程充满着偶然性. 有一次笛卡尔生病了，而且病得很重，卧床不起，但他还是在反复地思考着这样一个问题：几何图形直观，但不太好用于运算，而代数方程虽然易于用来计算，但它却比较抽象，不好理解. 能不能把几何图形和代数方程结合起来呢？也就是说，能不能用几何图形来表示代数方程呢？要想达到此目的，关键是如何把组成几何图形的“点”和满足方程的每一组“数”挂上钩. 他苦苦思索，琢磨通过什么样的方法和手段，才能把“点”和“数”联系起来. 突然，他看见屋顶东南角上有一只蜘蛛，拉着丝垂了下来，一会儿工夫，蜘蛛又顺着丝爬上去，在上边左右拉丝. 蜘蛛的“表演”使笛卡尔豁然开朗. 他想，可以把蜘蛛看成一个点，它在屋子里可以上、下、左、右运动，能不能把蜘蛛的每个位置用一组数确定下来呢？他又想，屋子里相邻的两面墙与地面相得出三条线，如果把地面上的墙角作为起点，把相交得出的三条线作为三根数轴，那么空间中的任何一个点的位置都可以通过这三根数轴找到三个有顺序的数来表示. 反过来，任意给一组三个有顺序的数也可以在空间中找到一个且仅有一个点 P 与之相对应. 这就是空间直角坐标系的雏形. 因为是由笛卡尔发现并定义的，所以也叫笛卡尔直角坐标系.

笛卡尔的这一天才创建，更为微积分的创立奠定了基础，从而开拓了变量数学的广阔领域.

最为可贵的是，笛卡尔用运动的观点，把曲线(曲面)看成是点的运动轨迹，这不仅建立了点与实数的对应关系，而且把“形(包括点、线、面)”和“数”这两个对立的对象统一起来，建立了曲线和方程的对应关系. 这种对应关系的建立，不仅标志着函数关系的萌芽，而且表明变数(变量)进入了数学，使数学在思想方法上发生了伟大的转折——由常量数学进入了变量数学，辩证法进入了数学. 有了变数(变量)，微分和积分也就成为必要的了. 笛卡尔的这些成就，为牛顿和莱布尼茨的新发现开辟了道路.

1621 年，笛卡尔退伍回国. 时值法国内乱，他变卖了父亲留下的家产，用了 4 年时间遍历欧洲，最后定居在荷兰安静地做他的研究，并潜心著述达 20 余年. 据说，笛卡尔不愿意定居在法国的原因是当时的法国教会势力庞大，人们不能自由讨论宗教问题.

定居荷兰期间，笛卡尔对哲学、数学、天文学、物理学、化学和生理学等都做了深入的研究，并把随军期间的各种想法一并整理出版，发表了多部重要文集. 同时他还通过数学家梅森神父和欧洲主要学者保持着密切的联系.

他的主要著作几乎都是在荷兰这 20 多年间完成的：

1628 年，《指导哲理之原则》；

1637 年，三篇论文《屈光学》《气象学》《几何学》，以及著作《方法论》；

1641 年，《形而上学的沉思》；

1644 年，《哲学原理》.

1649 年冬天，瑞典年轻的女王克里斯蒂娜邀请笛卡尔到她的宫廷讲学. 此后笛卡尔更成为女王的家庭教师，为此笛卡尔需要每天早上 5 点钟冒着严寒驱车从住地赶往宫廷为女王讲授哲学．这对于习惯了晚起的笛卡尔来说苦不堪言，而他的身体也遭受着严峻的考验．而那一年恰好遇上了北欧几十年一遇的严寒天气，素来体弱的笛卡尔很快就病倒了，得了肺炎．在 1650 年 2 月 11 日，这位伟大的科学家在北欧凛冽的寒风中摆脱了病痛的折磨，永远地闭上了他那双洞察世界的眼睛．

与牛顿、莱布尼茨等伟大科学家一样，笛卡尔一生未婚，没有享受到家庭生活所带来的快乐．他有一个私生女，但不幸夭折，此也为笛卡尔终生憾事．

据说，在笛卡尔死于瑞典后，克里斯蒂娜女王放弃了王位(瑞典法律要求统治者是新教教徒)，改信了笛卡尔的信仰——天主教．

扩展阅读(2)——数学方法

化归法

化归法是一种分析问题、解决问题的基本思想方法，它的根本特征可表述如下：在需要解决一个陌生的问题时，人们的眼光并不落在这个问题本身的结果上，而是去寻觅、追溯一些熟知的，和这个问题相关联的问题的结果，然后通过两类问题之间的关系，推出两类问题的结果之间的联系，从而由熟知的结果推出待求的结果．它的思想可用下图比较清晰地表示出来．

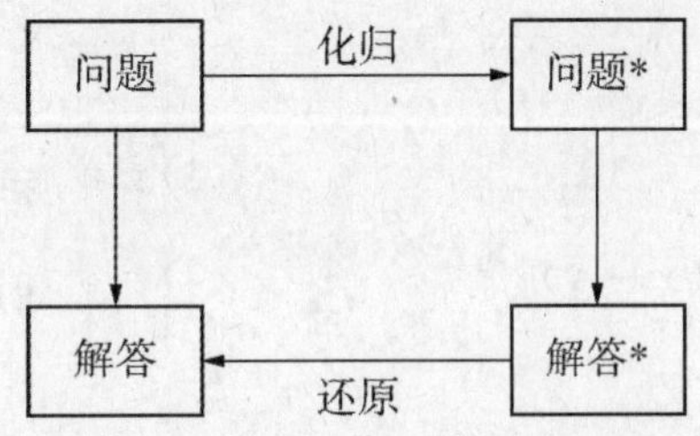

就是说，把所要解决的问题，经过某种变化，使之归结为另一个问题，记为问题 *，然后求出问题 * 的解答，再把问题 * 的解答作用于原问题，从而得到原有问题的解答．这种解决问题的方法，我们称之为化归法．

比如学完一元一次方程、因式分解等知识后，学习一元二次方程我们就是通过因式分解等方法，将它化归为一元一次方程来解的．后来我们学到一元高次方程时，又是化归为一元一次方程和一元二次方程来解的．对一元不等式也有类似的做法．

又如在平面几何中，我们学习了三角形的内角和、三角形面积的计算公式等有关定理后，对多边形的内角和，以及面积的计算就可以通过切割、拼合等方式化为若干个三角形的内角和面积的计算．

再如在解析几何中，我们学完了曲线的标准方程后，就可以通过平移、旋转及建立合适的坐标系等方式把任意的曲线都化为标准形式．

其他如几何问题可以化归为代数问题;立体几何问题可以化归为平面几何问题;任意的三角函数问题可以化归为锐角三角函数的问题；等等.

化归的原则是,以已知的、简单的、具体的、特殊的、基本的知识为基础，将未知的化为已知的，复杂的化为简单的，抽象的化为具体的，一般的化为特殊的，非基本的化为基本的，从而得出正确的解答.

习题5

1. 已知点 M 在第四卦限，它到 xOy 平面、yOz 平面、xOz 平面的距离分别为 2，3，4. 试写出下列点的坐标：

(1) 点 M；

(2) 点 M 关于平面 yOz 的对称点 M_1；

(3) 点 M 关于 x 轴的对称点 M_2；

(4) 点 M 关于坐标原点的对称点 M_3.

2. 求到点 $M_1(2, -2, 1)$ 和点 $M_2(3, 0, -2)$ 距离相等的平面的方程.

3. 作下列方程的图象.

(1) $\dfrac{x^2}{4}+\dfrac{y^2}{9}=z$；　　(2) $\dfrac{x^2}{4}-\dfrac{y^2}{9}=z$.

4. 求下列函数的定义域.

(1) $z=\ln xy$；　　(2) $z=\dfrac{1}{\sqrt{9-x^2-y^2}}$；

5. 求下列函数的偏导数：

(1) $z=xy^2+y+x-3$；　　(2) $z=x\arctan y^2$；

(3) $z=\sin xy+\tan(x-y)$；　　(4) $z=\ln\left(x+\dfrac{y}{x}\right)$.

6. 求下列函数的全微分.

(1) $z=y^x$；　　(2) $z=e^{x-y}$；　　(3) $z=\sin x\cos y$.

7. 求函数 $f(x,y)=x^2+xy+y^2+x-y+3$ 的极值.

8. 计算下列二重积分.

(1) $\iint\limits_D xy\,dx\,dy$，其中 D 是由抛物线 $y=x^2$ 和直线 $y=x$ 所围成的区域.

(2) $\iint\limits_D (x^2+y^2-x)\,dx\,dy$，其中 D 是由直线 $y=2$，$y=x$，$y=2x$ 所围成的闭区域.

第 6 章　微分方程

前面的章节主要研究了变量的各种函数关系、函数的性质、函数的导数与微分，以及函数的积分等内容，这些都是在函数已知的情况下进行研究的. 在实际问题中经常遇到函数表达式是未知的，但是根据具体问题可以得到包含自变量、未知函数和未知函数的导数的关系式，通常将这种关系式称为微分方程. 微分方程是将微积分应用于实际问题的重要工具与桥梁，具有重要的理论研究意义和实际应用价值. 通过对建立的微分方程进行研究，解出未知函数，就是微分方程的求解问题.

本章主要介绍微分方程的一些基本概念，以及几种常用的一阶微分方程和二阶微分方程的解法.

6.1　微分方程的基本概念

6.1.1　引例

首先，我们介绍几个微分方程的具体例子.

【例 6－1】　已知一条曲线过点(0, 2)，且该曲线上任意一点 $P(x,y)$ 处的斜率为 $\cos x$，求该曲线的方程.

解　设所求的曲线为 $y = f(x)$，则根据导数的几何意义和题目给定的条件可知，所求函数应该满足

$$\frac{\mathrm{d}y}{\mathrm{d}x} = \cos x, \tag{6-1}$$

写成微分的形式，即

$$\mathrm{d}y = \cos x \mathrm{d}x.$$

将上式两端进行积分，可得

$$\int \mathrm{d}y = \int \cos x \mathrm{d}x,$$

即

$$y = \sin x + C（C \text{ 为任意常数}）.$$

由于曲线过点(0, 2)，所以未知函数 $y = f(x)$ 还需要满足条件：当 $x = 0$ 时，$y = 2$. 代入上式，得

$$2 = \sin 0 + C,$$

求解可得到

$$C = 2.$$

因此所求的曲线方程为

$$y = \sin x + 2.$$

【例 6－2】 汽车在一条直线道路上从静止开始加速向前行驶，发动机的输出使汽车获得 0.5 $\mathrm{m/s^2}$ 的加速度，求汽车的行驶路程与时间的函数关系，以及从静止开始需要加速多久才能使汽车达到 90 km/h 的速度，汽车在这段时间内行驶了多少路程.

解 设汽车在加速过程中行驶路程与时间的函数关系为 $s = s(t)$，则根据函数导数的物理意义，可得

$$\frac{\mathrm{d}^2 s}{\mathrm{d}t^2} = 0.5. \tag{6-2}$$

将式(6－2)两端进行一次积分，得

$$\frac{\mathrm{d}s}{\mathrm{d}t} = 0.5t + C_1,$$

将上式两端再积分一次，得

$$s = 0.25t^2 + C_1 t + C_2 (\text{其中 } C_1,\ C_2 \text{ 为任意常数}).$$

由于汽车从静止开始加速，所以当 $t = 0$ 时，有

$$v = \frac{\mathrm{d}s}{\mathrm{d}t} = 0,\ s = 0,$$

求得 $C_1 = C_2 = 0$.

故汽车的行驶路程与时间的函数关系为

$$s = 0.25t^2,$$

汽车行驶速度与时间之间的关系为

$$v = \frac{\mathrm{d}s}{\mathrm{d}t} = 0.5t,$$

从而，汽车从静止加速到 90 km/h 所需要的时间为

$$t = \frac{90 \times 1\,000}{3\,600} \div 0.5 = 50(\mathrm{s}),$$

汽车在这段时间内行驶的路程为

$$s = 0.25 \times 50^2 = 625(\mathrm{m}).$$

【例 6－3】 由于受自然资源和自然环境条件等因素的影响，树木在生长到一定的高度之后就会停止长高. 假设树木能够达到的最大高度为 H，树木的生长速度与树木的现有高度 h 和最大高度与当前高度之差 $H - h$ 的乘积成正比. 假设比例系数为 $k > 0$，则可以建立树木的生长模型为

$$\frac{\mathrm{d}h}{\mathrm{d}t} = kh(H - h). \tag{6-3}$$

此方程也被称为 Logistics 方程，在自然科学、生物学和经济学等领域有着广泛的应用.

通过上面的例子可以看出，很多实际问题都可以转化为包含自变量、未知函数和未知函数的导数的方程及其求解问题，这就是微分方程所要研究的问题.

6.1.2 基本概念

定义1 由未知函数以及未知函数的导数(或微分)与自变量之间的关系所确定的方程被称为微分方程. 未知函数的自变量只有一个的微分方程称为常微分方程，简称为微分方程或方程；未知函数的自变量的个数有两个或两个以上的微分方程称为偏微分方程.

例如，方程(6-1)、(6-2)和(6-3)都是常微分方程，而方程

$$\frac{\partial u}{\partial t} = \frac{\partial^2 u}{\partial x^2} + \frac{\partial^2 u}{\partial y^2} + \frac{\partial^2 u}{\partial z^2},$$

$$\frac{\partial^2 u}{\partial x^2} + \frac{\partial^2 u}{\partial y^2} = 0,$$

则是偏微分方程，这里 u 为未知函数，x, y, z, t 为自变量.

定义2 称微分方程中出现的未知函数的最高阶导数的阶数为微分方程的阶.

例6-1和例6-3中的微分方程$\frac{dy}{dx} = \cos x$ 和$\frac{dh}{dt} = kh(H-h)$，含有未知函数的最高阶导数为一阶导数，为一阶常微分方程.

例6-2中的微分方程$\frac{d^2 s}{dt^2} = 0.5$，含有未知函数的最高阶导数为二阶导数，为二阶常微分方程. 微分方程$\frac{\partial u}{\partial t} = \frac{\partial^2 u}{\partial x^2} + \frac{\partial^2 u}{\partial y^2} + \frac{\partial^2 u}{\partial z^2}$ 和$\frac{\partial^2 u}{\partial x^2} + \frac{\partial^2 u}{\partial y^2} = 0$，含有未知函数的最高阶导数为二阶导数，为二阶偏微分方程.

再如，微分方程 $xy' + y = \cos x$ 为一阶微分方程，$y'' + 4y' - 5y = e^x$ 为二阶微分方程.

本章主要讨论常微分方程，以后我们将其简称为微分方程或者方程.

一般地，n 阶微分方程的一般形式如下：

$$F(x, y, y', y'', \cdots, y^{(n)}) = 0.$$

其中，x 为自变量，y 为未知函数，$y', y'', \cdots, y^{(n)}$ 为未知函数的导数，方程中 $x, y, y', y'', \cdots, y^{(n-1)}$ 可以出现也可以不出现，而最高阶导数 $y^{(n)}$ 必须出现.

例如，微分方程 $y^{(n)} = C$，仅含有 n 阶导数.

如果能从 n 阶微分方程的一般形式中解出 $y^{(n)}$，则 n 阶微分方程可化为

$$y^{(n)} = f(x, y, y', y'', \cdots, y^{(n-1)}).$$

本章我们主要讨论已经解出最高阶导数或者能够解出最高阶导数的微分方程. 如果微分方程 $F(x, y, y', y'', \cdots, y^{(n)}) = 0$ 的左端为未知函数 y 及其各阶导数 $y', y'', \cdots, y^{(n)}$ 的线性函数或者一次有理整式，则称该方程为 n 阶线性微分方程，其一般形式为

$$\frac{d^n y}{dx^n} + a_1(x)\frac{d^{n-1} y}{dx^{n-1}} + \cdots + a_{n-1}(x)\frac{dy}{dx} + a_n(x)y = f(x).$$

其中，$a_1(x)$，$a_2(x)$，…，$a_n(x)$，$f(x)$ 为 x 的已知函数. 称不是线性微分方程的方程为非线性微分方程.

例如，$\frac{\mathrm{d}y}{\mathrm{d}x}=\cos x$ 和 $xy'+y=\cos x$ 为一阶线性微分方程，$\frac{\mathrm{d}h}{\mathrm{d}t}=kh(H-h)$ 为一阶非线性微分方程，$\frac{\mathrm{d}^2 s}{\mathrm{d}t^2}=0.5$ 和 $y''+4y'-5y=\mathrm{e}^x$ 为二阶线性微分方程.

通过引例可以看出，针对实际问题，我们首先建立微分方程模型，然后通过积分等各种方法找到满足微分方程的函数，这个过程就是微分方程的求解.

定义 3　设函数 $y=\varphi(x)$ 在区间 I 上具有 n 阶连续导数，如果在区间 I 上函数 $y=\varphi(x)$ 满足

$$F(x,\varphi(x),\varphi'(x),\varphi''(x),\cdots,\varphi^{(n)}(x))\equiv 0,$$

则称函数 $y=\varphi(x)$ 为微分方程 $F(x,y,y',y'',\cdots,y^{(n)})=0$ 在区间 I 上的解. 如果微分方程的解中含有相互独立的任意常数，且任意常数的个数等于微分方程的阶数，则称这样的解为微分方程的通解.

例 6 - 1 中的微分方程 $\frac{\mathrm{d}y}{\mathrm{d}x}=\cos x$ 的解有 $y=\sin x+2$，$y=\sin x+1$，$y=\sin x$ 以及 $y=\sin x+C$ 等. 函数 $y=\sin x+C$ 中含有一个任意常数，因此函数 $y=\sin x+C$ 为方程 $\frac{\mathrm{d}y}{\mathrm{d}x}=\cos x$ 的通解. 例 6 - 2 中函数 $s=0.25t^2+C_1t+C_2$ 和 $s=0.25t^2$ 都是微分方程 $\frac{\mathrm{d}^2 s}{\mathrm{d}t^2}=0.5$ 的解，函数 $s=0.25t^2+C_1t+C_2$ 为该方程的通解. 通过例 6 - 1 和例 6 - 2 可以看出，微分方程的解是在给定某些定解条件的情况下，通过确定通解中的任意常数后得到的.

一般地，我们将求微分方程满足定解条件的解的问题称为微分方程的定解问题. 如果定解条件为初值条件，则称该定解问题为初值问题. 我们把满足初值条件的解称为微分方程的特解. 初值条件不同，对应的特解也不相同，因此需要根据不同问题的具体情况，给出不同的初值条件，来确定通解中的任意常数，从而得到相应的特解.

通常给定 n 阶微分方程的初值条件为

$$\text{当 } x=x_0 \text{ 时，} y=y_0,\ y'=y_0',\ \cdots,\ y^{(n-1)}=y_0^{(n-1)},$$

或者

$$y\big|_{x=x_0}=y_0,\ y'\big|_{x=x_0}=y_0',\ \cdots,\ y^{(n-1)}\big|_{x=x_0}=y_0^{(n-1)}.$$

本章我们主要讨论一阶和二阶微分方程，对于一阶微分方程，初值条件为

$$\text{当 } x=x_0 \text{ 时，} y=y_0,$$

或者

$$y\big|_{x=x_0}=y_0.$$

类似地，二阶微分方程的初值条件为

$$\text{当 } x=x_0 \text{ 时，} y=y_0,\ y'=y_0',$$

或者

$$y\big|_{x=x_0}=y_0,\ y'\big|_{x=x_0}=y_0'.$$

在例 6－1 中，函数 $y = \sin x + 2$ 为微分方程 $\frac{dy}{dx} = \cos x$ 在初值条件"当 $x = 0$ 时，$y = 2$ 下"的特解. 在例 6－2 中，函数 $s = 0.25t^2$ 为微分方程 $\frac{d^2 s}{dt^2} = 0.5$ 在初值条件"当 $t = 0$ 时，$\frac{ds}{dt} = 0$，$s = 0$ 下"的特解.

【例 6－4】 指出下列方程的阶数，并判断是否为线性方程.

(1) $y' + xy = 1$；　　(2) $y' = y^2$；

(3) $y'' + yy' = 2x$；　　(4) $y'' + 3x^2 y' + 2y = x$.

解 (1) $y' + xy = 1$ 的最高阶导数为一阶，并为 y 和 y' 的一次有理式，因此该方程为一阶线性微分方程.

(2) $y' = y^2$ 为一阶非线性微分方程.

(3) $y'' + yy' = 2x$ 为二阶非线性微分方程.

(4) $y'' + 3x^2 y' + 2y = x$ 为二阶线性微分方程.

【例 6－5】 验证函数 $y = e^{2x}$ 和 $y = e^{3x}$ 是微分方程 $y'' - 5y' + 6y = 0$ 的解.

解 对函数 $y = e^{2x}$ 求导，可得 $y' = 2e^{2x}$，$y'' = 4e^{2x}$，代入微分方程，得

$$y'' - 5y' + 6y = 4e^{2x} - 10e^{2x} + 6e^{2x} \equiv 0,$$

即函数 $y = e^{2x}$ 及其导数代入微分方程后为一个恒等式，因此函数 $y = e^{2x}$ 为方程 $y'' - 5y' + 6y = 0$ 的解.

同理可得，函数 $y = e^{3x}$ 也是该方程的解.

【例 6－6】 验证函数 $y = C_1\cos 3x + C_2\sin 3x$ 是微分方程 $y'' + 9y = 0$ 的通解，并求满足条件 $y|_{x=0} = -2$，$y'|_{x=0} = 3$ 的特解.

解 对函数 $y = C_1\cos 3x + C_2\sin 3x$ 求导，可得

$$y' = -3C_1\sin 3x + 3C_2\cos 3x,$$

$$y'' = -9C_1\cos 3x - 9C_2\sin 3x = -9(C_1\cos 3x + C_2\sin 3x).$$

代入微分方程，得

$$y'' + 9y = -9(C_1\cos 3x + C_2\sin 3x) + 9(C_1\cos 3x + C_2\sin 3x) \equiv 0.$$

故函数 $y = C_1\cos 3x + C_2\sin 3x$ 是微分方程 $y'' + 9y = 0$ 的解.

又因为该函数含有两个相互独立的任意常数 C_1，C_2，所以函数 $y = C_1\cos 3x + C_2\sin 3x$ 为微分方程的通解.

将条件"$y|_{x=0} = -2$"代入通解，得 $C_1 = -2$；将条件"$y'|_{x=0} = 3$"代入通解，得 $C_2 = 1$.

将 C_1，C_2 的值代入通解中，得到所求特解为

$$y = -2\cos 3x + \sin 3x.$$

6.2　微分方程的分离变量法

本节主要讨论一阶微分方程的初等解法，也就是将微分方程的求解问题转化为积分

问题.

在 6.1 的例 6-1 中我们建立了这样一个一阶微分方程

$$\frac{\mathrm{d}y}{\mathrm{d}x} = \cos x.$$

显然可以将两端同时积分，得到方程的解

$$y = \sin x + C.$$

其中 C 为任意常数，又由于方程为一阶的，故积分得到的就是微分方程的通解.

上述求解微分方程的方法只能针对一类特殊的微分方程，即方程一端为未知函数的导数，另一端为自变量的已知函数的类型，对于其他类型的微分方程则难以处理. 下面我们介绍一种求解可以化为积分问题的微分方程.

6.2.1 可分离变量的微分方程

一阶微分方程 $\frac{\mathrm{d}y}{\mathrm{d}x} = \frac{1}{2y(1+x^2)}$，方程的左端为未知函数的导数，但右端不仅为自变量的函数，还含有未知函数 y，因此方程不能通过两端直接积分进行求解，但通过仔细观察后发现，方程可以化为

$$2y\mathrm{d}y = \frac{1}{1+x^2}\mathrm{d}x.$$

这个方程可以通过两端直接积分进行求解，两端积分，得

$$\int 2y\mathrm{d}y = \int \frac{1}{1+x^2}\mathrm{d}x，即\ y^2 = \arctan x + C.$$

容易验证，$y^2 = \arctan x + C$ 即为原方程的通解.

一般地，如果一阶微分方程 $F(x, y, y') = 0$ 或 $y' = f(x, y)$ 能够写成

$$\varphi(y)\mathrm{d}y = f(x)\mathrm{d}x$$

的形式，即一端只含有 y 的函数及其微分 $\mathrm{d}y$，另一端只含有 x 的函数及其微分 $\mathrm{d}x$，则称这样的微分方程为可分离变量的微分方程.

注：(1) 如果一阶微分方程能够写成 $y' = \varphi_1(x)\varphi_2(y)$，则通过变换可以化为 $\frac{\mathrm{d}y}{\varphi_2(y)} = \varphi_1(x)\mathrm{d}x$，也是可分离变量方程.

(2) 方程 $\varphi(y)\mathrm{d}y = f(x)\mathrm{d}x$ 既可以看作是以 x 为自变量、y 为因变量的方程，即 $\frac{\mathrm{d}y}{\mathrm{d}x} = \frac{f(x)}{\varphi(y)}$；也可以看作是以 y 为自变量、x 为因变量的方程，即 $\frac{\mathrm{d}x}{\mathrm{d}y} = \frac{\varphi(y)}{f(x)}$.

【例 6-7】 求微分方程 $y' = xy^2$ 的通解.

解 将方程两端同时除以 y^2，再乘以 $\mathrm{d}x$，可将原方程化为

$$\frac{1}{y^2}\mathrm{d}y = x\mathrm{d}x.$$

两端积分，得

$$\int \frac{1}{y^2}\mathrm{d}y = \int x\mathrm{d}x,$$

即

$$-\frac{1}{y}=\frac{1}{2}x^2+C_1.$$

因此，原方程的通解为

$$y=-\frac{2}{x^2+C}.$$

又由于 $y=0$ 显然是原方程的解，且不在上述通解中，因此应将解 $y=0$ 补充进来.

通过上面的例子可以看出，对于这种可分离变量微分方程，一般先进行化简，即分离变量，然后再采用两端积分的方法进行求解. 我们将这种求解可分离变量微分方程通解的方法称为分离变量法.

对微分方程 $y'=\varphi_1(x)\varphi_2(y)$ 的具体求解步骤总结如下：

(1)分离变量：$\frac{1}{\varphi_2(y)}\mathrm{d}y=\varphi_1(x)\mathrm{d}x$.

(2)对上式两端进行积分，得

$$\int\frac{1}{\varphi_2(y)}\mathrm{d}y=\int\varphi_1(x)\mathrm{d}x.$$

从而得到原方程的通解为

$$\Phi_2(y)=\Phi_1(x)+C.$$

其中，$\Phi_1(x)$ 为 $\varphi_1(x)$ 的原函数，$\Phi_2(y)$ 为$\frac{1}{\varphi_2(y)}$的原函数，C 为任意常数.

(3) 由于在(1) 中将 $\varphi_2(y)$ 作为除数出现，因此，针对 $\varphi_2(y)=0$ 需要单独讨论. 一般地，由 $\varphi_2(y)=0$ 可解出 $y=c$(c 为常数)，显然满足微分方程，是原方程的一个特解. 需要分析它是否包含在所求的通解中，如果不在，则需要将其单独列出(如例 6－7 所示).

【例 6—8】 求微分方程 $\frac{\mathrm{d}y}{\mathrm{d}x}=xy$ 的通解.

解 对方程分离变量，得

$$\frac{1}{y}\mathrm{d}y=x\mathrm{d}x,$$

两端积分，得

$$\int\frac{1}{y}\mathrm{d}y=\int x\mathrm{d}x,$$

即

$$\ln|y|=\frac{1}{2}x^2+C_1,$$

可得

$$y=\pm\mathrm{e}^{C_1}\mathrm{e}^{\frac{x^2}{2}}.$$

令 $C=\pm\mathrm{e}^{C_1}$，得

$$y=C\mathrm{e}^{\frac{x^2}{2}}(C\neq0).$$

此外，$y=0$ 也是方程的解，且包含在通解中(当 $C=0$ 时).

故原方程的通解为

$$y=Ce^{\frac{x^2}{2}}\ (C\text{ 为任意常数}).$$

【例 6－9】 求微分方程 $\frac{\mathrm{d}y}{\mathrm{d}x}=-\frac{x}{y}$ 在初值条件 $y|_{x=3}=4$ 下的特解.

解 对方程分离变量，得

$$y\mathrm{d}y=-x\mathrm{d}x,$$

两端积分，得

$$\int y\mathrm{d}y=-\int x\mathrm{d}x,$$

即

$$\frac{y^2}{2}=-\frac{x^2}{2}+C_1.$$

故原方程的通解为

$$x^2+y^2=C.$$

将初值条件 $y|_{x=3}=4$ 代入，得

$$C=25.$$

故原方程在初值条件 $y|_{x=3}=4$ 下的特解为

$$x^2+y^2=25\text{ 或 }y=\pm\sqrt{25-x^2}.$$

注：此方程的通解的图象为以原点为圆心的一族圆，在初值条件 $y|_{x=3}=4$ 下的特解的图象为以原点为圆心、5 为半径的圆周.

【例 6－10】 求例 6－3 中的微分方程 $\frac{\mathrm{d}h}{\mathrm{d}t}=kh(H-h)$ 的通解，并求当 $h|_{t=t_0}=h_0$ 时的特解.

解 分离变量，得

$$\frac{\mathrm{d}h}{h(H-h)}=k\mathrm{d}t,$$

两端积分，得

$$\int\frac{\mathrm{d}h}{h(H-h)}=\int k\mathrm{d}t,$$

即

$$\frac{1}{H}\int\left(\frac{1}{h}+\frac{1}{H-h}\right)\mathrm{d}h=\int k\mathrm{d}t,$$

得

$$\frac{1}{H}(\ln|h|-\ln|H-h|)=kt+C_1,$$

化简得

$$\ln\left|\frac{h}{H-h}\right|=Hkt+HC_1,$$

从而

$$\frac{h}{H-h}=\pm e^{HC_1}e^{Hkt}.$$

令 $C=\pm e^{HC_1}$，得

$$h=\frac{CHe^{Hkt}}{1+Ce^{Hkt}}\ (C\neq 0).$$

因为 $h=0$ 为原方程的解，此时 $C=0$，所以原方程的通解为

$$h=\frac{CHe^{Hkt}}{1+Ce^{Hkt}}\ (C\text{ 为任意常数}).$$

另外，$h=H$ 也为原方程的解，且不包含在通解中.

将初值条件 $h|_{t=t_0}=h_0$ 代入通解中，得

$$C=\frac{h_0e^{-Hkt_0}}{H-h_0},$$

故原方程在初值条件 $h|_{t=t_0}=h_0$ 下的特解为

$$h=\frac{Hh_0e^{Hk(t-t_0)}}{(H-h_0)+h_0e^{Hk(t-t_0)}}.$$

6.2.2　齐次微分方程

前面我们介绍了可分离变量微分方程的求解方法，但很多微分方程不能直接利用分离变量法进行求解，需要先进行变换或者化简才能转化为可分离变量方程. 下面我们介绍一种可以通过变量代换化为可分离变量方程的一阶微分方程的求解方法.

将可化为

$$\frac{dy}{dx}=f\left(\frac{y}{x}\right) \tag{6-4}$$

的微分方程称为齐次微分方程，简称为齐次方程.

例如，微分方程 $\frac{dy}{dx}=\frac{xy}{y^2-x^2}$ 可化为

$$\frac{dy}{dx}=\frac{\frac{y}{x}}{\left(\frac{y}{x}\right)^2-1},$$

故该方程为齐次方程.

对于齐次微分方程(6-4)，可以采用变量代换的方法将其化为可分离变量方程，再利用 6.2.1 中的方法进行求解.

首先引入变量 $u=\frac{y}{x}$，则 $y=ux$，从而有

$$\frac{dy}{dx}=u+x\frac{du}{dx}.$$

将其代入方程(6-4)，得

$$u+x\frac{du}{dx}=f(u),$$

即

$$x\frac{\mathrm{d}u}{\mathrm{d}x}=f(u)-u.$$

这是一个可分离变量的方程. 分离变量，得

$$\frac{\mathrm{d}u}{f(u)-u}=\frac{\mathrm{d}x}{x},$$

两端积分，得

$$\int\frac{\mathrm{d}u}{f(u)-u}=\int\frac{\mathrm{d}x}{x}.$$

将上述积分求出后，得到一个关于 u 和 x 的函数，再将变量 $u=\frac{y}{x}$ 代回，便可得到齐次方程(6－4) 的通解.

【例 6—11】 求微分方程 $xy'-y=x$ 的通解.

解 方程可化为

$$y'=\frac{x+y}{x},$$

即

$$\frac{\mathrm{d}y}{\mathrm{d}x}=1+\frac{y}{x}.$$

令 $u=\frac{y}{x}$，则 $y=ux$，从而有 $\frac{\mathrm{d}y}{\mathrm{d}x}=u+x\frac{\mathrm{d}u}{\mathrm{d}x}$，代入原方程，得

$$u+x\frac{\mathrm{d}u}{\mathrm{d}x}=1+u,$$

即

$$x\frac{\mathrm{d}u}{\mathrm{d}x}=1.$$

分离变量，得

$$\mathrm{d}u=\frac{\mathrm{d}x}{x},$$

两端积分，得

$$\int\mathrm{d}u=\int\frac{\mathrm{d}x}{x},$$

即

$$u=\ln|x|+C.$$

将 $u=\frac{y}{x}$ 代入上式，即得原方程的通解为

$$\frac{y}{x}=\ln|x|+C.$$

【例 6—12】 求微分方程 $\frac{\mathrm{d}y}{\mathrm{d}x}=\frac{xy}{x^2-y^2}$ 的通解.

解 方程可化为

$$\frac{\mathrm{d}y}{\mathrm{d}x}=\frac{\frac{y}{x}}{1-\left(\frac{y}{x}\right)^2}.$$

令 $u=\frac{y}{x}$，则 $y=ux$，从而有$\frac{\mathrm{d}y}{\mathrm{d}x}=u+x\frac{\mathrm{d}u}{\mathrm{d}x}$，代入原方程，得

$$u+x\frac{\mathrm{d}u}{\mathrm{d}x}=\frac{u}{1-u^2},$$

化简得

$$x\frac{\mathrm{d}u}{\mathrm{d}x}=\frac{u^3}{1-u^2}.$$

分离变量，得

$$\left(\frac{1}{u^3}-\frac{1}{u}\right)\mathrm{d}u=\frac{\mathrm{d}x}{x},$$

两端积分，得

$$-\ln|u|-\frac{1}{2u^2}+C=\ln|x|,$$

即

$$\ln|ux|=-\frac{1}{2u^2}+C.$$

将 $u=\frac{y}{x}$ 代入上式，即得原方程的通解为

$$\ln|y|=-\frac{x^2}{2y^2}+C.$$

【例 6－13】 求微分方程 $x(y+x)\mathrm{d}y+y(y-x)\mathrm{d}x=0$ 的通解，并求方程满足初值条件 $x=1$，$y=1$ 时的特解.

解　方程可化为

$$\frac{\mathrm{d}y}{\mathrm{d}x}=\frac{y(x-y)}{x(y+x)},$$

即

$$\frac{\mathrm{d}y}{\mathrm{d}x}=\frac{\frac{y}{x}-\left(\frac{y}{x}\right)^2}{\frac{y}{x}+1}.$$

令 $u=\frac{y}{x}$，则 $y=ux$，从而有$\frac{\mathrm{d}y}{\mathrm{d}x}=u+x\frac{\mathrm{d}u}{\mathrm{d}x}$，代入原方程，得

$$u+x\frac{\mathrm{d}u}{\mathrm{d}x}=\frac{u-u^2}{u+1},$$

化简得

$$x\frac{\mathrm{d}u}{\mathrm{d}x}=\frac{-2u^2}{u+1}.$$

分离变量，得

$$-\frac{u+1}{u^2}\mathrm{d}u = \frac{2}{x}\mathrm{d}x.$$

两端积分，得

$$-\int\left(\frac{1}{u}+\frac{1}{u^2}\right)\mathrm{d}u = \int\frac{2}{x}\mathrm{d}x,$$

即

$$\frac{1}{u} - \ln|u| + C = 2\ln|x|,$$

化简得

$$\ln|ux^2| = \frac{1}{u} + C.$$

将 $u = \frac{y}{x}$ 代入上式，即得原方程的通解为

$$\ln|xy| = \frac{x}{y} + C.$$

将初值条件 $x = 1$，$y = 1$ 代入通解中，得

$$C = -1.$$

故原方程在初值条件 $x = 1$，$y = 1$ 下的特解为

$$\ln|xy| = \frac{x}{y} - 1.$$

6.3　一阶线性微分方程

在第 6.1 节中我们介绍过，如果 n 阶微分方程中的未知函数 y 及其各阶导数 y'，y''，…，$y^{(n)}$ 均为一次有理整式，则称该方程为 n 阶线性微分方程，其形式为

$$y^{(n)} + a_1(x)y^{(n-1)} + \cdots + a_{n-1}(x)y' + a_n(x)y = f(x),$$

其中，$a_1(x)$，$a_2(x)$，…，$a_n(x)$ 和 $f(x)$ 为 x 的已知函数.

特别地，当 $n = 1$ 时，上述方程即为一阶线性微分方程. 本节我们主要讨论这类方程及其求解方法.

对于一阶线性微分方程

$$y' + P(x)y = Q(x), \tag{6-5}$$

其中 $P(x)$，$Q(x)$ 为 x 的已知函数. 若 $Q(x) \neq 0$，则称方程(6－5)为一阶非齐次线性微分方程；若 $Q(x) \equiv 0$，则方程(6－5)化为

$$y' + P(x)y = 0. \tag{6-6}$$

将上述方程称为对应于方程(6－5)的一阶齐次线性微分方程. 显然，方程(6－6)为可分离变量的微分方程. 分离变量，得

$$\frac{\mathrm{d}y}{y} = -P(x)\mathrm{d}x,$$

两端积分，得

$$\ln|y| = -\int P(x)\mathrm{d}x + C_1,$$

即

$$y = \pm \mathrm{e}^{C_1}\mathrm{e}^{-\int P(x)\mathrm{d}x}.$$

令 $C = \pm \mathrm{e}^{C_1}$，得齐次方程(6 - 6) 的通解为

$$y = C\mathrm{e}^{-\int P(x)\mathrm{d}x}.$$

由于齐次方程(6 - 6) 为非齐次方程(6 - 5) 的特殊形式(当 $Q(x)\equiv 0$ 时)，因此考虑方程(6 - 5) 具有与方程(6 - 6) 相似的解，将方程(6 - 6) 的通解中的常数 C 变易为 x 的未知函数 $C(x)$，可得

$$y = C(x)\mathrm{e}^{-\int P(x)\mathrm{d}x}. \tag{6 - 7}$$

求导得

$$y' = C'(x)\mathrm{e}^{-\int P(x)\mathrm{d}x} - C(x)P(x)\mathrm{e}^{-\int P(x)\mathrm{d}x}.$$

将 y 和 y' 代入方程(6 - 5)，得

$$C'(x)\mathrm{e}^{-\int P(x)\mathrm{d}x} - C(x)P(x)\mathrm{e}^{-\int P(x)\mathrm{d}x} + P(x)C(x)\mathrm{e}^{-\int P(x)\mathrm{d}x} = Q(x),$$

即

$$C'(x)\mathrm{e}^{-\int P(x)\mathrm{d}x} = Q(x).$$

这是一个可分离变量方程. 分离变量，得

$$\mathrm{d}C(x) = Q(x)\mathrm{e}^{\int P(x)\mathrm{d}x}\mathrm{d}x,$$

两端积分，得

$$C(x) = \int Q(x)\mathrm{e}^{\int P(x)\mathrm{d}x}\mathrm{d}x + C.$$

将求得的 $C(x)$ 代入式(6 - 7) 中，即可得到非齐次线性微分方程(6 - 5) 的通解

$$y = \mathrm{e}^{-\int P(x)\mathrm{d}x}\left[\int Q(x)\mathrm{e}^{\int P(x)\mathrm{d}x}\mathrm{d}x + C\right],$$

整理后，通解还可写成

$$y = C\mathrm{e}^{-\int P(x)\mathrm{d}x} + \mathrm{e}^{-\int P(x)\mathrm{d}x}\int Q(x)\mathrm{e}^{\int P(x)\mathrm{d}x}\mathrm{d}x.$$

显然，上式右端为两项之和. 其中，第一项为齐次线性方程(6 - 6) 的通解. 容易验证，第二项为非齐次线性方程(6 - 5) 的一个特解(对应于非齐次方程通解中 $C = 0$ 时的特解). 也就是说，一阶非齐次线性微分方程的通解等于其对应的齐次方程的通解加上非齐次方程的一个特解.

我们将上述求解一阶非齐次线性微分方程(6 - 5) 的具体过程总结如下：

(1) 写出非齐次方程(6 - 5) 对应的齐次方程(6 - 6)，利用分离变量法，求出齐次方程(6 - 6) 的通解

$$y = C\mathrm{e}^{-\int P(x)\mathrm{d}x};$$

(2)将通解中的常数 C 变易为 x 的未知函数 $C(x)$，将 $y = C(x)\mathrm{e}^{-\int P(x)\mathrm{d}x}$ 代入非齐次方程(6 - 5)，即可求得非齐次方程的通解

$$y = e^{-\int P(x)dx}\left[\int Q(x)e^{\int P(x)dx}dx + C\right]. \qquad (6-8)$$

我们将上述求非齐次线性微分方程的通解的方法称为常数变易法.

【例 6—14】 求微分方程 $y' + y = x$ 的通解.

解 显然，这是一个一阶非齐次线性微分方程，其对应的齐次方程为

$$y' + y = 0 \text{ 或 } y' = -y.$$

分离变量，得

$$\frac{1}{y}dy = -dx,$$

两端积分，得

$$\ln|y| = -x + C_1 \text{ 或 } y = \pm e^{C_1}e^{-x}.$$

令 $C = \pm e^{C_1}$，可得齐次方程的通解为

$$y = Ce^{-x}.$$

利用常数变易法，将任意常数 C 变易为 x 的未知函数 $C(x)$，对 $y = C(x)e^{-x}$ 求导，得

$$y' = C'(x)e^{-x} - C(x)e^{-x}.$$

将 y 和 y' 代入原方程，得

$$C'(x)e^{-x} - C(x)e^{-x} + C(x)e^{-x} = x,$$

即

$$C'(x) = xe^{x},$$

两端积分，得

$$C(x) = (x-1)e^{x} + C.$$

将 $C(x)$ 代入齐次方程的通解中，即可得到原方程的通解为

$$y = Ce^{-x} + x - 1.$$

上述求通解的过程也可以直接利用通解公式(6－8)来求. 对于方程 $y' + y = x$，显然，$P(x) = 1$，$Q(x) = x$，代入式(6－8)，可得原方程的通解为

$$\begin{aligned} y &= e^{-\int P(x)dx}\left[\int Q(x)e^{\int P(x)dx}dx + C\right] \\ &= e^{-\int dx}\left(\int xe^{\int dx}dx + C\right) \\ &= e^{-x}\left(\int xe^{x}dx + C\right) \\ &= Ce^{-x} + x - 1. \end{aligned}$$

【例 6—15】 求微分方程 $y' + xy = x$ 的通解.

解 显然，$P(x) = Q(x) = x$，代入式(6－8)，可得原方程的通解为

$$\begin{aligned} y &= e^{-\int P(x)dx}\left[\int Q(x)e^{\int P(x)dx}dx + C\right] \\ &= e^{-\int xdx}\left(\int xe^{\int xdx}dx + C\right) \\ &= e^{-\frac{x^2}{2}}\left(\int xe^{\frac{x^2}{2}}dx + C\right) \end{aligned}$$

$$= Ce^{-\frac{x^2}{2}} + 1.$$

【例 6－16】 求微分方程 $y' + 3y = e^x$ 在初值条件 $y|_{x=0} = 1$ 下的特解.

解　显然，$P(x) = 3$，$Q(x) = e^x$，代入式(6 - 8)，可得原方程的通解为

$$\begin{aligned} y &= e^{-\int P(x)dx}\left[\int Q(x)e^{\int P(x)dx}dx + C\right] \\ &= e^{-\int 3dx}\left(\int e^x e^{\int 3dx}dx + C\right) \\ &= e^{-3x}\left(\int e^{4x}dx + C\right) \\ &= Ce^{-3x} + \frac{1}{4}e^x. \end{aligned}$$

将初值条件 $y|_{x=0} = 1$ 代入通解中，得

$$C = \frac{3}{4}.$$

故原方程在初值条件 $y|_{x=0} = 1$ 下的特解为

$$y = \frac{1}{4}(3e^{-3x} + e^x).$$

【例 6－17】 求微分方程 $(y^3 + x)y' = y$ 的通解.

分析　这个方程不是关于未知函数 y 的线性方程，利用学过的知识难以求解，但仔细观察后发现，若将 x 看作未知函数，y 看作自变量，则可将其变形为线性微分方程.

解　原方程可化为

$$\frac{dx}{dy} = \frac{y^3 + x}{y},$$

即

$$\frac{dx}{dy} - \frac{1}{y}x = y^2.$$

这是一个关于未知函数 x 的一阶非齐次线性微分方程，$P(y) = -\frac{1}{y}$，$Q(y) = y^2$，利用公式(6 - 8)，可得原方程的通解为

$$\begin{aligned} x &= e^{-\int P(y)dy}\left[\int Q(y)e^{\int P(y)dy}dy + C\right] \\ &= e^{\int \frac{1}{y}dy}\left(\int y^2 e^{-\int \frac{1}{y}dy}dy + C\right) \\ &= y\left(\int y dy + C\right) \\ &= Cy + \frac{1}{2}y^3. \end{aligned}$$

6.4　可降阶的高阶微分方程

本节我们介绍几种可以通过降阶求解高阶微分方程的方法.

6.4.1 $y^{(n)}=f(x)$ 型的微分方程

方程 $y^{(n)}=f(x)$ 的右端仅是自变量 x 的函数，将两边积分一次就得到一个 $n-1$ 阶的方程

$$y^{(n-1)}=\int f(x)\mathrm{d}x+C_1,$$

再积分一次，得

$$y^{(n-2)}=\int\left[\int f(x)\mathrm{d}x\right]\mathrm{d}x+C_1x+C_2.$$

逐次进行 n 次积分，便可得到所求方程的通解.

【例 6—18】 求方程 $y^{(3)}=\cos x$ 的通解.

解 因为 $y^{(3)}=\cos x$，所以所求方程的通解为

$$y''=\int\cos x\mathrm{d}x=\sin x+C_1,$$

$$y'=\int(\sin x+C_1)\mathrm{d}x=-\cos x+C_1x+C_2,$$

$$y=\int(-\cos x+C_1x+C_2)\mathrm{d}x=-\sin x+\frac{1}{2}C_1x^2+C_2x+C_3.$$

【例 6—19】 求方程 $y^{(3)}=x+1$ 的通解.

解 将所给方程两边积分一次，得

$$y''=\int(x+1)\mathrm{d}x=\frac{1}{2}x^2+x+C_1.$$

两边再积分，得

$$y'=\int\left(\frac{1}{2}x^2+x+C_1\right)\mathrm{d}x=\frac{1}{6}x^3+\frac{1}{2}x^2+C_1x+C_2.$$

第三次积分，得

$$\begin{aligned}y&=\int\left(\frac{1}{6}x^3+\frac{1}{2}x^2+C_1x+C_2\right)\mathrm{d}x\\&=\frac{1}{24}x^4+\frac{1}{6}x^3+\frac{1}{2}C_1x^2+C_2x+C_3.\end{aligned}$$

6.4.2 $y''=f(x,y')$ 型的微分方程

此类方程的特点是方程右端不显含未知数 y. 令 $y'=p(x)$，则 $y''=p'(x)$，代入方程得

$$p'(x)=f(x,p(x)).$$

这是一个关于自变量 x 和未知函数 $p(x)$ 的一阶微分方程，如果可以求出其通解

$$p(x)=\varphi(x,C_1),$$

则

$$y' = \varphi(x, C_1),$$

再积分一次就得到原方程的通解.

【例 6－20】　求方程 $2xy'y'' = 1 + (y')^2$ 的通解.

解　因为方程 $2xy'y'' = 1 + (y')^2$ 不显含未知数 y，所以令 $y' = p(x)$，则 $y'' = p'(x)$，代入所给方程，得

$$2xpp' = 1 + p^2.$$

分离变量，得

$$\frac{2p\mathrm{d}p}{1 + p^2} = \frac{\mathrm{d}x}{x},$$

两边积分，得

$$\int \frac{2p\mathrm{d}p}{1 + p^2} = \int \frac{\mathrm{d}x}{x},$$

即

$$\ln(1 + p^2) = \ln|x| + C,$$

$$1 + p^2 = \pm \mathrm{e}^C x.$$

令 $C_1 = \pm \mathrm{e}^C$，则化简后得

$$p = \pm \sqrt{C_1 x - 1},$$

即

$$y' = \pm \sqrt{C_1 x - 1}.$$

因此所求的通解为

$$y = \pm \int \sqrt{C_1 x - 1}\mathrm{d}x = \pm \int (C_1 x - 1)^{\frac{1}{2}} \mathrm{d}x = \pm \frac{2}{3C_1}(C_1 x - 1)^{\frac{3}{2}} + C_2.$$

6.5　二阶常系数齐次线性微分方程

本节首先讨论二阶常系数线性微分方程的解的结构，然后介绍二阶常系数齐次线性微分方程的解法.

6.5.1　二阶常系数线性微分方程的解的结构

定义 4　形如

$$y'' + py' + qy = 0 \tag{6-9}$$

的方程(其中 p，q 是常数)，被称为二阶常系数齐次线性微分方程.

定义 5(线性相关，线性无关)　设函数 $y_1(x)$，$y_2(x)$ 是定义在区间 I 上的函数，若存在两个不全为零的数 k_1，k_2，使得对于 I 上的任一 x，恒有

$$k_1 y_1 + k_2 y_2 = 0$$

成立，则称函数 $y_1(x)$，$y_2(x)$ 在 I 上线性相关，否则称为线性无关.

可见，y_1，y_2 线性相关的充分必要条件是 $\frac{y_1}{y_2}$ 在区间 I 上恒为常数. 如果 $\frac{y_1}{y_2}$ 不恒为常数，则线性无关.

例如，x 与 $3x$ 线性相关，e^x 与 e^{2x} 线性无关.

定理 1(齐次线性方程解的叠加原理) 若 y_1，y_2 是齐次线性方程(6 - 9) 的两个解，则 $y = C_1 y_1 + C_2 y_2$ 也是方程(6 - 9) 的解，且当 y_1，y_2 线性无关时，$y = C_1 y_1 + C_2 y_2$ 是方程(6 - 9) 的通解.

证 将 $y = C_1 y_1 + C_2 y_2$ 代入方程(6 - 9)，得

$$\begin{aligned}&(C_1 y_1'' + C_2 y_2'') + p(C_1 y_1' + C_2 y_2') + q(C_1 y_1 + C_2 y_2)\\&= C_1(y_1'' + py_1' + qy_1) + C_2(y_2'' + py_2' + qy_2)\\&= 0,\end{aligned}$$

故，$y = C_1 y_1 + C_2 y_2$ 也是方程(6 - 9) 的解.

由于 y_1，y_2 线性无关，因此，任意常数 C_1，C_2 是两个独立的任意常数，即解 $y = C_1 y_1 + C_2 y_2$ 中所含独立的任意常数的个数与方程(6 - 9) 的阶数相同，所以，它又是方程(6 - 9) 的通解.

定义 6 形如

$$y'' + py' + qy = f(x) \tag{6-10}$$

的方程，被称为二阶常系数非齐次线性微分方程. 称方程(6 - 9)为方程(6 - 10)所对应的齐次方程.

关于非齐次线性方程(6 - 10)，我们有如下定理.

定理 2(非齐次线性方程解的结构) 若 y^* 是非齐次线性微分方程(6 - 10) 的一个特解，Y 是(6 - 10) 所对应的齐次线性方程(6 - 9) 的通解，则 $y = y^* + Y$ 为非齐次线性微分方程(6 - 10) 的通解.

证 将 $y = y^* + Y$ 代入方程(6 - 10)，得

$$\begin{aligned}&(y^* + Y)'' + p(y^* + Y)' + q(y^* + Y)\\&= (y^{*\prime\prime} + py^{*\prime} + qy^*) + (Y'' + pY' + qY)\\&= f(x) + 0 = f(x),\end{aligned}$$

故，$y = y^* + Y$ 是方程(6 - 10) 的解.

因为 Y 中含有两个独立的任意常数，所以 $y = y^* + Y$ 中也含有两个独立的任意常数，故 $y = y^* + Y$ 为非齐次线性微分方程(6 - 10) 的通解.

6.5.2 二阶常系数齐次线性微分方程的解法

齐次线性方程解的叠加原理告诉我们，要求齐次线性方程(6 - 9) 的通解，只需要求出它的两个线性无关的特解 y_1，y_2，那么 $C_1 y_1 + C_2 y_2$(C_1 和 C_2 为任意常数) 就是其通解. 为此，先来分析齐次线性方程所具有的特点，齐次线性方程(6 - 9) 左端是未知函数与未知函数的一阶导数与二阶导数的某种组合，且它们分别乘“适当”的常数后，可以合并成零. 也就是说，适合于方程(6 - 9) 的函数 y 必须与其一阶导数、二阶导数只差一个

常数因子，而具有此特征的最简单的函数是 e^{rx}（其中 r 为常数），为此，我们令 $y = e^{rx}$ 为方程(6 − 9) 的解，代入方程(6 − 9) 得 $r^2e^{rx} + pre^{rx} + qe^{rx} = 0$，因为 $e^{rx} \neq 0$，所以有

$$r^2 + pr + q = 0. \tag{6-11}$$

由此可见，只要 r 满足方程(6 − 11)，函数 $y = e^{rx}$ 就是方程(6 − 9) 的解. 我们称方程(6 − 11) 为微分方程(6 − 9) 的特征方程，称方程(6 − 11) 的根为特征根. 下面根据特征方程(6 − 11) 的不同特征根讨论齐次线性方程(6 − 9) 的解.

特征根有如下三种情况：

(1) 特征方程有两个不等实根 r_1，r_2.

此时，$y_1 = e^{r_1 x}$，$y_2 = e^{r_2 x}$ 均为方程(6 − 9) 的特解，又 $\dfrac{y_1}{y_2} = e^{(r_1 - r_2)x}$ 不是常数，所以它们线性无关，于是方程(6 − 9) 的通解为

$$y = C_1e^{r_1x} + C_2e^{r_2x}\text{（}C_1 \text{ 和 } C_2 \text{ 为任意常数）}.$$

(2) 特征方程有两个相等实根 $r_1 = r_2 = r$.

当特征方程有两个相等实根 $r_1 = r_2 = r$ 时，方程(6 − 9) 只有一个解 $y_1 = e^{rx}$，此时容易验证 $y_2 = xe^{rx}$ 是方程(6 − 9) 的另一个解，并且 y_1 与 y_2 线性无关，于是方程(6 −9) 的通解为

$$y = C_1e^{rx} + C_2xe^{rx} = (C_1 + C_2x)e^{rx}.$$

(3) 特征方程有一对共轭的复根 $r_1 = \alpha + i\beta$，$r_2 = \alpha - i\beta$（α 和 β 为实数，$\beta \neq 0$).

此时方程(6 − 9) 有两个复数形式的特解 $y_1 = e^{(\alpha + i\beta)x}$ 和 $y_2 = e^{(\alpha - i\beta)x}$，为得到实数形式的解，利用欧拉公式

$$e^{i\theta} = \cos\theta + i\sin\theta,$$

将 y_1 与 y_2 改写成

$$y_1 = e^{\alpha x}(\cos\beta x + i\sin\beta x),$$
$$y_2 = e^{\alpha x}(\cos\beta x - i\sin\beta x).$$

由定理 1 知，$\dfrac{1}{2}(y_1 + y_2) = e^{\alpha x}\cos\beta x$，$\dfrac{1}{2}(y_1 - y_2) = e^{\alpha x}\sin\beta x$ 也是方程(6 − 9)的特解，且它们线性无关，于是方程(6 − 9)的通解为

$$y = e^{\alpha x}(C_1\cos\beta x + C_2\sin\beta x).$$

综合上面的讨论，求二阶常系数齐次线性微分方程(6 − 9) 的通解的步骤如下：

第一步：写出微分方程所对应的特征方程 $r^2 + pr + q = 0$；

第二步：求出特征方程的两个根；

第三步：根据特征根的不同情况，按下表写出微分方程(6 − 9) 的通解.

特征方程的根	通解形式
两个不等的实根 r_1，r_2	$y = C_1e^{r_1x} + C_2e^{r_2x}$
两个相等的实根 $r_1 = r_2 = r$	$y = (C_1 + C_2x)e^{rx}$
一对共轭的复根 $r_{1,2} = \alpha \pm i\beta$	$y = e^{\alpha x}(C_1\cos\beta x + C_2\sin\beta x)$

【例 6－21】 求方程 $y''+5y'+6y=0$ 的通解.

解 方程 $y''+5y'+6y=0$ 的特征方程为

$$r^2+5r+6=0,$$

解之得其特征根为 $r_1=-2$, , $r_2=-3$.

因此所给方程的通解为

$$y=C_1\mathrm{e}^{-2x}+C_2\mathrm{e}^{-3x}(C_1 \text{ 和 } C_2 \text{ 为任意常数}).$$

【例 6－22】 求方程 $y''+2y'+y=0$ 满足初始条件 $y(0)=4$, $y'(0)=-2$ 的特解.

解 方程 $y''+2y'+y=0$ 的特征方程为

$$r^2+2r+1=0,$$

解之得其特征根为 $r_1=r_2=r=-1$(二重特征根), 故所求方程的通解为

$$y=(C_1+C_2x)\mathrm{e}^{-x}(C_1 \text{ 和 } C_2 \text{ 为任意常数}).$$

将 $y(0)=4$ 代入通解, 得 $C_1=4$, 从而

$$y=(4+C_2x)\mathrm{e}^{-x},$$

将上式对 x 求导, 得

$$y'=(C_2-4-C_2x)\mathrm{e}^{-x},$$

再把 $y'(0)=-2$ 代入上式, 得 $C_2=2$.

综上, 所求方程的特解为

$$y=(4+2x)\mathrm{e}^{-x}.$$

【例 6－23】 求方程 $y''+6y'+13y=0$ 的通解.

解 方程 $y''+6y'+13y=0$ 的特征方程为

$$r^2+6r+13=0,$$

解之得其特征根为 $r_1=-3+2\mathrm{i}$, $r_2=-3-2\mathrm{i}$, 故所求方程的通解为

$$y=\mathrm{e}^{-3x}(C_1\cos 2x+C_2\sin 2x)(C_1 \text{ 和 } C_2 \text{ 为任意常数}).$$

【例 6－24】 求方程 $y''-3y'-10y=0$ 的通解.

解 方程 $y''-3y'-10y=0$ 的特征方程为

$$r^2-3r-10=0,$$

解之得其特征根为 $r_1=-2$, $r_2=5$, 故所求方程的通解为

$$y=C_1\mathrm{e}^{-2x}+C_2\mathrm{e}^{5x}(C_1 \text{ 和 } C_2 \text{ 为任意常数}).$$

6.6 二阶常系数非齐次线性微分方程

要求二阶常系数非齐次线性微分方程(6－10)的通解, 可先求出其对应的齐次线性微分方程(6－9)的通解, 再求出非齐次线性微分方程(6－10)的一个特解, 二者之和就是方程(6－10)的通解. 前面我们已经给出了求齐次线性微分方程(6－9)的通解方法, 那么如何求非齐次线性微分方程(6－10)的一个特解呢?下面将针对 $f(x)=P_m(x)\mathrm{e}^{\lambda x}$

这类特殊情况进行讨论.

设 $f(x)=P_m(x)e^{\lambda x}$，其中 λ 为常数，$P_m(x)$ 为 m 次多项式，即

$$P_m(x)=a_mx^m+a_{m-1}x^{m-1}+\cdots+a_0.$$

此时方程(6－10)为

$$y''+py'+qy=P_m(x)e^{\lambda x}. \qquad (6-12)$$

由于方程(6－12)右端 $P_m(x)e^{\lambda x}$ 是多项式与指数函数乘积的形式，考虑到 p，q 是常数，而多项式与指数函数的乘积求导以后仍是同一类型的函数，因此，我们可以推测方程(6－12)具有如下形式的特解

$$y^*=Q(x)e^{\lambda x},$$

其中 $Q(x)$ 是一个待定的多项式. 为了求 $Q(x)$，将

$$y^*=Q(x)e^{\lambda x},$$

$$y^{*\prime}=[\lambda Q(x)+Q'(x)]e^{\lambda x},$$

$$y^{*\prime\prime}=[\lambda^2Q(x)+2\lambda Q'(x)+Q''(x)]e^{\lambda x}$$

代入方程(6－12)，并消去因子 $e^{\lambda x}$，得

$$Q''(x)+(2\lambda+p)Q'(x)+(\lambda^2+p\lambda+q)Q(x)=P_m(x). \qquad (6-13)$$

于是，根据 λ 是否为特征方程 $r^2+pr+q=0$ 的特征根，有下列三种情况：

(1) λ 不是特征方程 $r^2+pr+q=0$ 的特征根.

因为 λ 不是特征根，则 $\lambda^2+p\lambda+q\neq0$. 由于 $P_m(x)$ 是一个 m 次多项式，要使方程(6－13)两端恒等，应设 $Q(x)$ 为另一个 m 次多项式 $Q_m(x)$：

$$Q_m(x)=b_0x^m+b_1x^{m-1}+\cdots+b_{m-1}x+b_m.$$

将 $Q_m(x)$ 代入方程(6－13)，比较等式两端 x 的同次幂的系数，即可得到以 b_0，b_1，…，b_{m-1}，b_m 为未知数的 $m+1$ 个方程的联立方程组，从而可确定出这些待定系数 b_0，b_1，…，b_{m-1}，b_m，并得到所求特解

$$y^*=Q_m(x)e^{\lambda x}.$$

(2) λ 是特征方程 $r^2+pr+q=0$ 的单根.

因为 λ 是特征方程的单根，所以

$$\lambda^2+p\lambda+q=0,\ 2\lambda+p\neq0.$$

要使方程(6－13)两端恒等，则 $Q'(x)$ 必须是 m 次多项式，故可设

$$Q(x)=xQ_m(x).$$

用与(1)中同样的方法来确定 $Q_m(x)$ 的待定系数 b_0，b_1，…，b_{m-1}，b_m，并得到所求特解

$$y^*=xQ_m(x)e^{\lambda x}.$$

(3) λ 是特征方程 $r^2+pr+q=0$ 的重根.

因为 λ 是特征方程的重根，所以

$$\lambda^2+p\lambda+q=0,\ 2\lambda+p=0.$$

要使方程(6－13)两端恒等，则 $Q''(x)$ 必须是 m 次多项式，故可设

$$Q(x) = x^2 Q_m(x).$$

用与(1)中同样的方法来确定 $Q_m(x)$ 的待定系数 $b_0, b_1, \cdots, b_{m-1}, b_m$，并得到所求特解

$$y^* = x^2 Q_m(x) e^{\lambda x}.$$

综上所述，当 $f(x) = P_m(x)e^{\lambda x}$ 时，二阶常系数非齐次线性微分方程(6－10)具有形如

$$y^* = x^k Q_m(x) e^{\lambda x}$$

的特解，其中 $Q_m(x)$ 是与 $P_m(x)$ 同次(m 次)的多项式，其中 k 的确定如下：

$$k = \begin{cases} 0, & \lambda \text{ 不是特征根} \\ 1, & \lambda \text{ 是特征单根} \\ 2, & \lambda \text{ 是特征重根} \end{cases}$$

【例 6－25】 求方程 $y'' + y' = x$ 的一个特解.

解 因为方程 $y'' + y' = x$ 的 $f(x) = xe^{0x}$，$\lambda = 0$ 恰好是特征方程 $r^2 + r = 0$ 的一个根，所以可设 $y^* = x(Ax + B)e^{0x} = Ax^2 + Bx$ 为所给方程的一个特解.

将 y^* 直接代入所给方程，得

$$2A + (2Ax + B) = x,$$

即

$$2Ax + 2A + B = x.$$

比较系数，得

$$\begin{cases} 2A = 1 \\ 2A + B = 0 \end{cases}$$

解得

$$A = \frac{1}{2}, B = -1.$$

故，$y^* = \frac{1}{2}x^2 - x$ 为所求的特解.

【例 6－26】 求方程 $y'' - 2y' - 3y = 3xe^{2x}$ 的一个特解.

解 因为方程 $y'' - 2y' - 3y = 3xe^{2x}$ 的 $f(x) = 3xe^{2x}$，$\lambda = 2$ 不是特征方程 $r^2 - 2r - 3 = 0$ 的根，所以可设 $y^* = (Ax + B)e^{2x}$ 为所给方程的一个特解.

将 y^* 直接代入所给方程，得

$$-3Ax + 2A - 3B = 3x.$$

比较系数得

$$\begin{cases} -3A = 3 \\ 2A - 3B = 0 \end{cases}$$

解得

$$A = -1, B = -\frac{2}{3}.$$

故 $y^{*}=\left(-x-\frac{2}{3}\right)e^{2x}$ 为所求的特解.

【例6-27】 求方程 $y''-6y'+9y=e^{3x}$ 的通解.

解 方程 $y''-6y'+9y=e^{3x}$ 所对应的齐次方程为

$$y''-6y'+9y=0,$$

其特征方程 $r^2-6r+9=0$ 的特征根为

$$r=r_1=r_2=3(\text{重根}).$$

故齐次方程 $y''-6y'+9y=0$ 的通解为

$$Y=(C_1+C_2x)e^{3x}.$$

而 $f(x)=e^{3x}$ 中的 $\lambda=3$ 恰好是二重特征根，故可设 $y^{*}=Ax^2e^{3x}$ 为所给方程的一个特解.

将 y^{*} 直接代入所给方程，得

$$2A=1,$$

即

$$A=\frac{1}{2}.$$

故 $y^{*}=\frac{1}{2}x^2e^{3x}$ 为方程 $y''-6y'+9y=e^{3x}$ 的一个特解，则

$$y=Y+y^{*}=(C_1+C_2x)e^{3x}+\frac{1}{2}x^2e^{3x}$$

为所给方程的通解.

【例6-28】 求方程 $y''+3y'+2y=e^{x}$ 的通解.

解 方程 $y''+3y'+2y=e^{x}$ 所对应的齐次方程为

$$y''+3y'+2y=0,$$

其特征方程 $r^2+3r+2=0$ 的特征根为

$$r_1=-1,\ r_2=-2,$$

故齐次方程 $y''+3y'+2y=0$ 的通解为

$$Y=C_1e^{-x}+C_2e^{-2x}.$$

因为 $f(x)=e^{x}$ 中的 $\lambda=1$ 不是特征方程的根，所以可设 $y^{*}=Ae^{x}$ 为所给方程的一个特解.

将 y^{*} 直接代入所给方程，得

$$Ae^{x}+3Ae^{x}+2Ae^{x}=e^{x},$$

即

$$A=\frac{1}{6}.$$

故 $y^{*}=\frac{1}{6}e^{x}$ 为方程 $y''+3y'+2y=e^{x}$ 的一个特解，则

$$y=Y+y^{*}=C_1e^{-x}+C_2e^{-2x}+\frac{1}{6}e^{x}$$

是方程的通解，其中 C_1 和 C_2 为任意常数.

本章小结

本章首先介绍了微分方程的概念，然后分别讨论了可分离变量微分方程、齐次微分方程、一阶线性微分方程、可降阶的高阶微分方程、常系数齐次线性微分方程和常系数非齐次线性微分方程的求解方法.

由未知函数、未知函数的导数与自变量所构成的方程被称为微分方程，微分方程中所出现的未知函数的最高阶导数的阶数被称为微分方程的阶.

本章还给出了微分方程的解和通解的概念，并分别讨论了一些特殊的一阶和高阶微分方程的解法.

1. 可分离变量微分方程和齐次微分方程

如果一阶微分方程能写成 $g(y)\mathrm{d}y = f(x)\mathrm{d}x$ 的形式，则将其称为可分离变量微分方程，可以采用分离变量后两边积分的方法进行求解.

如果一阶微分方程可以化成$\frac{\mathrm{d}y}{\mathrm{d}x} = f\left(\frac{y}{x}\right)$的形式，则可以通过引入变量代换 $u = \frac{y}{x}$ 将原方程化为可分离变量方程进行求解.

2. 一阶线性微分方程

称方程$\frac{\mathrm{d}y}{\mathrm{d}x} + p(x)y = 0$ 为一阶齐次线性微分方程，称方程$\frac{\mathrm{d}y}{\mathrm{d}x} + p(x)y = q(x)\,(q(x) \neq 0)$ 为一阶非齐次线性微分方程.

对于一阶非齐次微分方程，可以先采用分离变量的方法求得对应的齐次方程的通解，然后利用常数变易法求得一阶非齐次线性微分方程的通解. 一阶非齐次线性微分方程的通解等于对应的齐次方程的通解与非齐次方程的一个特解之和.

3. 高阶微分方程

首先介绍了几种可降阶的高阶微分方程的求解方法，主要通过引入变量代换的方法进行求解.

然后给出了二阶常系数齐次线性微分方程 $y'' + py' + qy = 0$ 的通解求法，其中 p，q 均为常数.

由微分方程 $y'' + py' + qy = 0$ 推导出对应的特征方程 $\lambda^2 + p\lambda + q = 0$，根据特征方程根的三种情况得到不同形式的通解($C_1$ 和 C_2 为任意常数)：

(1) 两个不等实根：$\lambda_1 \neq \lambda_2$，则通解为 $y = C_1 e^{\lambda_1 x} + C_2 e^{\lambda_2 x}$；

(2) 两个相等实根 ：$\lambda_1 = \lambda_2$，则通解为 $y = (C_1 + C_2 x)e^{\lambda x}$；

(3) 一对共轭复根：$\lambda_{1,2} = \alpha \pm i\beta$，则通解为 $y = e^{\alpha x}(C_1 \cos\beta x + C_2 \sin\beta x)$.

最后针对二阶常系数非齐次线性微分方程 $y'' + py' + qy = f(x)$ 中的右端项 $f(x)$ 的不同形式给出了相应的通解的求解方法.

扩展阅读(1)——数学家简介

欧 拉

莱昂哈德·欧拉(Leonhard Euler)，瑞士数学家及自然科学家. 1707年4月15日出生于瑞士的巴塞尔，1783年9月18日于俄国圣彼得堡去世.

欧拉生于一个牧师家庭，自幼受父亲的影响，13岁时入读巴塞尔大学，主修哲学和法律，但在每周的星期六下午便跟当时欧洲最优秀的数学家约翰·伯努利学习数学. 1722年，15岁的欧拉在巴塞尔大学获学士学位，翌年取得了他的哲学硕士学位，学位论文的内容是笛卡尔哲学和牛顿哲学的比较研究. 1726年，欧拉完成了他的博士学位论文，研究内容是声音的传播. 1727年，欧拉参加了法国科学院主办的有奖征文竞赛，当年的问题是找出船上的桅杆的最优放置方法，他得了二等奖，一等奖被"舰船建造学之父"皮埃尔·布格所获得，不过欧拉随后在他一生中12次赢得该奖项的一等奖.

欧拉应圣彼得堡科学院的邀请于1727年5月17日抵达圣彼得堡，开始在数学/物理学所工作. 期间，欧拉与丹尼尔·伯努利保持着密切的合作关系，欧拉在科学院地位迅速得到提升，并于1731年获得物理学教授的职位. 两年后，丹尼尔·伯努利返回了巴塞尔，欧拉接替丹尼尔成为数学所所长.

1734年1月7日，欧拉迎娶了科学院附属中学的美术教师柯黛琳娜·葛塞尔，两人共育有13个子女，其中仅有5个活到成年.

1735年，欧拉还在科学院地理所担任职务，协助编制俄国第一张全境地图.

哥尼斯堡曾是德国城市，后属苏联. 普雷格尔河穿城而过，并绕流河中一座小岛而分成两支，河上建了7座桥. 传说当地居民想设计一次散步路径：从某处出发，经过每座桥回到原地，中间不重复. 这就是经典的"哥尼斯堡七桥问题". 1736年，29岁的欧拉向圣彼得堡科学院递交了《哥尼斯堡的七座桥》的论文，将这个问题变成一个数学模型，用点和线画出网络状图，证明这种走法不存在. 同年，欧拉发表了论文《关于位置几何问题的解法》，对一笔画问题进行了阐述，在解答问题的同时，他开创了数学的一个新的分支——图论与几何拓扑，也由此展开了数学史上的新历程.

1740年，安娜女皇退位并于当年去世，考虑到俄国持续的动乱，欧拉接受了普鲁士国王腓特烈大帝的邀请，于1741年6月19日离开了圣彼得堡，到柏林科学院担任物理数学所所长. 他在柏林生活了25年，欧拉这个时期在微分方程、曲面微分几何以及其他数学领域的研究都是开创性的. 他于1748年出版了《无穷小分析引论》，1755年出版了《微积分概论》. 另外，在力学原理方面，欧拉认为质点动力学微分方程可以应用于液体(1750年). 他用两种方法来描述流体的运动，即分别根据空间固定点(1755年)和根据确定流体质点(1759年)描述流体速度场. 这两种方法通常被称为欧拉表示法和拉格朗日表示法. 欧拉奠定了理想流体(假设流体不可压缩，且其粘性可忽略)的运动理论基础，给出反映质量守恒的连续性方程(1752年)和反映动量变化规律的流体动力学方程

（1755 年）.

1755 年，欧拉成为瑞典皇家科学院的外籍成员.

在德国期间，欧拉与普鲁士国王相处并不愉快，虽然达朗贝尔十分坦率地告诉普鲁士国王，把任何其他数学家置于欧拉之上都是一种错误的行为，但是这仍然没有让腓特烈国王改变对欧拉的看法. 为了自己子女的前途，欧拉于 1766 年又回到了圣彼得堡. 同年，他出版了《关于曲面上曲线的研究》，建立了曲面理论. 这篇著作是欧拉对微分几何最重要的贡献，是微分几何发展史上的一个里程碑.

在 1735 年得了一次几乎致命的发热，3 年后欧拉的右眼近乎失明，1766 年他的左眼被查出有白内障，几个星期后 他的左眼也近乎完全失明. 不幸的事情接踵而来，1771 年彼得堡的大火灾殃及欧拉住宅，带病而失明的 64 岁的欧拉被围困在大火中，虽然他被别人从火海中救了出来，但他的书房和大量研究成果全部化为灰烬. 沉重的打击，没有使欧拉倒下，在书记员的帮助下，欧拉在多个领域的研究取得丰硕成果.

1783 年 9 月 18 日，晚餐后，欧拉一边喝着茶，一边和小孙女玩耍，突然之间，烟斗从他手中掉了下来. 他说了一声“我的烟斗”，并弯腰去捡，结果再也没有站起来.

欧拉是 18 世纪最优秀的数学家，也是历史上最伟大的数学家之一. 他的全部创造在整个物理学和许多工程领域里都有着广泛的应用. 欧拉是解析数论的奠基人，他提出欧拉恒等式，建立了数论和分析之间的联系，使得可以用微积分来研究数论. 后来，高斯的学生黎曼将欧拉恒等式推广到复数，提出了黎曼猜想——向 21 世纪数学家挑战的最重大难题之一.

扩展阅读（2）——数学归纳法

归纳法

人们在实践活动中形成了概念、分析、预言和判断之后，根据自己已经掌握的知识，通过推导与分析从而得到新的知识的思维过程，称为推理. 由特殊事例到一般性结论的推理方法，被称为归纳推理法，也被称为归纳法. 因此，归纳法本质上就是一种特殊的推理方法，就是指通过对某类特殊的或具体的事物进行分析、认识、研究之后，推导出一般性结论的思维方法.

归纳法可以分为三种形式：完全归纳法、不完全归纳法和典型归纳法.

完全归纳法，就是根据对某一事物中一切对象都具有的某种特殊属性的考察，从而推导出这类事物全体都具有这种属性的结论. 因为在应用完全归纳法时，必须考察所有对象的情况，所以得出的结论是可靠的. 尽管完全归纳法是一种严格的证明方法，但这种方法要求对所有的研究对象逐一考察，当所要考察的对象相当多，甚至是无穷多时，对研究对象进行逐一考察将无法实现，所以完全归纳法的使用有其局限性.

不完全归纳法，是在考察某一类特殊事物中的部分对象具有或者不具有某一属性，同时在考察的过程中没有遇到反例的基础上，得出这一类所有对象都具有或者都不具有该属性的结论. 简单地说，就是根据一个或几个（但不是全部）特别情况得到的推理. 与完全归纳法不同的是，不完全归纳法得出的一般性结论不一定都是正确的．不完全归纳法在科学研究中有着重要的应用，很多重要的数学猜想都来自于不完全归纳法．而由归纳得到猜想，再对猜想进行证明的过程正是人们发现一般性结论或命题的重要途径．

典型归纳法，仅仅考察某一类事物中的极少数对象，并将它们作为典型，由这些典型的对象是否具有某一种特殊的属性，从而得出这类对象都具有或者都不具有该属性的结论．显然，典型归纳法得出的一般性结论也不一定是正确的．

数学中的很多命题都是与自然数有关的，由于自然数的无限性，我们无法对所有的自然数一一进行验证，所以我们不能够使用完全归纳法来考察这些数学命题．又由于不完全归纳法证明是不可靠的，为了解决这种“有限”与“无限”之间的矛盾，人们构建出了数学证明的一种重要方法——数学归纳法，以此来证明与自然数相关的一些命题．

一般应用数学归纳法证明的是一些可以递推的有关自然数的论断，证明的一般步骤如下：

(1)证明当 $n=1$ 时，命题成立；

(2)假定当 $n=k(k\geqslant 1)$ 时，命题是成立的，证明当 $n=k+1$ 时，命题成立．

根据(1)(2)就可断定，对于一切自然数 n，命题都是正确的．其中，步骤(1)是命题论证的基础，称为归纳基础．虽然，数学归纳法的第一步骤通常证明起来很简单，但不能略去这一步骤，因为这一步是归纳法的基础，去掉这一步骤就会导出荒谬的结论．步骤(2)是归纳步骤，是判断命题的正确性能否由特殊推广到一般，反映了无限递推的过程，称为归纳假设．证明 $n=k+1$ 时是否运用归纳假设是判定数学归纳法的本质特征，如果证明 $n=k+1$ 时没有运用归纳假设，则该证明就不是数学归纳法．因此，运用数学归纳法进行证明命题时，以上两个步骤缺一不可．

习题6

1. 指出下列微分方程的阶数，并判断是否为线性方程．

(1) $(y')^2+3xy=\mathrm{e}^x$；　　(2) $y'+3xy-x\ln x=0$；

(3) $y''+\cos(xy)=0$；　　(4) $y''+xy'+y\sin x=\ln x$；

(5) $y^{(n)}+y^{(n-1)}=0$．

2. 验证下列函数是所给微分方程的解．

(1) $y=\dfrac{\sin x}{x}$，$xy'+y-\cos x=0$；

(2) $y=-\sin 2x+7\cos 2x$，$y''+4y=0$；

(3) $y=(1+3x)\mathrm{e}^{-2x}$，$y''+4y'+4y=0$；

(4) $y=x\mathrm{e}^{-\sin x}$，$y'+y\cos x=\mathrm{e}^{-\sin x}$．

3. 写出由下列条件所确定的曲线所满足的微分方程．

(1) 曲线上任一点的切线的斜率等于该点横坐标与纵坐标的乘积．

(2) 曲线上任一点的切线的斜率等于该点的横坐标．

4. 利用分离变量法求下列微分方程的通解．

(1) $\frac{dy}{dx}=\frac{xy}{1+y^2}$；

(2) $\frac{dy}{dx}=\frac{y}{1+x^2}$；

(3) $\frac{dy}{dx}=\frac{e^x}{3y^2}$；

(4) $\frac{dy}{dx}=\cos x\cos^2 y$.

5. 求下列微分方程在给定初值条件下的特解.

(1) $y'=e^{x+y}$, $y|_{x=0}=0$；

(2) $y'=\frac{\sin x}{2y}$, $y|_{x=0}=1$.

6. 求下列齐次方程的通解.

(1) $\frac{dy}{dx}=\frac{y}{x}+\cot\frac{y}{x}$；

(2) $\frac{dy}{dx}=\frac{x-y}{x+y}$；

(3) $\frac{dy}{dx}=1+\frac{y}{x}$；

(4) $\frac{dy}{dx}=\frac{y}{x}+\frac{x}{y}$.

7. 求下列齐次微分方程在给定初值条件下的特解.

(1) $(xy+x^2)y'-y^2=0$, $y|_{x=1}=-1$；

(2) $y'=\frac{y}{x+y}$, $y|_{x=1}=1$.

8. 求下列高阶微分方程的通解.

(1) $y''=\ln x$；(2) $y''=x+e^{-x}$；(3) $(1-x^2)y''-xy'=0$.

9. 下列所给函数组哪些是线性无关的，哪些是线性相关的？

(1) $x, x+1$；

(2) e^{2x}, $3e^{2x}$；

(3) $\sin x, \cos x$；

(4) $\ln x^2$, $\ln x^3$；

(5) e^x, xe^x；

(6) e^x, e^{2x}.

10. 求下列微分方程的通解.

(1) $y''+5y'+4y=0$；

(2) $y''-3y'=0$；

(3) $y''-10y'+25y=0$；

(4) $y''+4y'+13y=0$；

(5) $y''-9y=0$；

(6) $y''-4y'=0$.

11. 求下列方程满足初始条件的特解.

(1) $y''-4y'+3y=0$, $y(0)=6$, $y'(0)=10$；

(2) $4y''+4y'+y=0$, $y(0)=2$, $y'(0)=0$.

12. 求下列微分方程的通解.

(1) $y''-5y'+6y=7$；

(2) $2y''+y'-y=2e^x$；

(3) $y''+5y'+6y=3xe^{2x}$；

(4) $y''-4y=2x+1$.

第 7 章　线性代数导论

线性代数的内容属于近代数学的范畴，“线性”来源于平面解析几何中的一次方程，即直线方程，这里指变量之间的关系是可以用一次形式表达的. 线性问题广泛存在于自然科学与工程技术领域的各个方面，并且很多非线性问题可以在一定的条件下转化为线性问题来处理，因此，线性代数知识应用十分广泛.

线性代数是代数学的一个分支，历史悠久. 早在东汉初年的《九章算术》中已有论述，但直到 18 世纪，随着线性方程组和线性变换问题的研究深入，才先后产生了行列式和矩阵的概念，从而推动了线性代数的发展. 线性代数以矩阵、行列式、线性方程组和向量为知识主线，它们之间关系密切，可以相互解释和解决问题.

作为文科生，学习线性代数，主要是了解其基本概念与基本思想，因此本章以矩阵、线性方程组和向量为主线，穿插介绍一些行列式以及二次型的基本内容，从而让学生对线性代数有一个总体的认识与理解.

7.1　矩阵的概念

7.1.1　矩阵的概念

在实际问题中，经常遇到如下的线性方程组的求解问题：

$$\begin{cases} x_1 + 2x_2 + 3x_3 = 1 \\ 2x_1 + 2x_2 + x_3 = 2 \\ 3x_1 + 4x_2 + 3x_3 = 1 \end{cases}$$

这个方程组由 3 个方程和 3 个未知数组成，未知数的系数可以构成一个 3 行 3 列的数表：

$$\begin{matrix} 1 & 2 & 3 \\ 2 & 2 & 1 \\ 3 & 4 & 3 \end{matrix}$$

如果将系数与右边的常数项写到一起，则可构成一个 3 行 4 列的数表：

$$\begin{matrix} 1 & 2 & 3 & 1 \\ 2 & 2 & 1 & 2 \\ 3 & 4 & 3 & 1 \end{matrix}$$

这些数表就是矩阵，为了表示这个数表是一个整体，我们一般为其加上一个括号，即

$$\begin{pmatrix}1&2&3\\2&2&1\\3&4&3\end{pmatrix},\begin{pmatrix}1&2&3&1\\2&2&1&2\\3&4&3&1\end{pmatrix}.$$

定义1 称由 $m\times n$ 个数 a_{ij}（$i=1,2,\cdots,m;j=1,2,\cdots,n$）排成的 m 行 n 列的数表为 m 行 n 列矩阵，简称 $m\times n$ 矩阵，记作

$$A=\begin{pmatrix}a_{11}&a_{12}&\cdots&a_{1n}\\a_{21}&a_{22}&\cdots&a_{2n}\\\vdots&\vdots&&\vdots\\a_{m1}&a_{m2}&\cdots&a_{mn}\end{pmatrix}.$$

我们把这 $m\times n$ 个数称为矩阵 A 的元素，简称元，数 a_{ij} 表示位于矩阵的第 i 行第 j 列的元素，称为矩阵 A 的（i，j）元. 矩阵也简记作 $(a_{ij})_{m\times n}$ 或 $A_{m\times n}$ 等.

在实际问题中，经常遇到要将一组变量 y_1，y_2，…，y_m 用另外一组变量 x_1，x_2，…，x_n 以如下形式线性表示出来：

$$\begin{cases}y_1=a_{11}x_1+a_{12}x_2+\cdots+a_{1n}x_n\\y_2=a_{21}x_1+a_{22}x_2+\cdots+a_{2n}x_n\\\cdots\cdots\\y_m=a_{m1}x_1+a_{m2}x_2+\cdots+a_{mn}x_n\end{cases}$$

我们将上述形式称为从变量 x_1，x_2，…，x_n 到变量 y_1，y_2，…，y_m 的线性变换，称对应的系数矩阵

$$A=\begin{pmatrix}a_{11}&a_{12}&\cdots&a_{1n}\\a_{21}&a_{22}&\cdots&a_{2n}\\\vdots&\vdots&&\vdots\\a_{m1}&a_{m2}&\cdots&a_{mn}\end{pmatrix}$$

为变换矩阵. 给定一个线性变换，则它的系数矩阵也就随之确定；反之，如果给定一个矩阵作为线性变换的系数矩阵，则线性变换也随之确定. 综上所述，矩阵与线性变换之间存在着一一对应的关系.

7.1.2 几种特殊矩阵

下面我们介绍几种特殊的矩阵，这些矩阵在实际应用中使用广泛，具有重要的作用和意义.

如果矩阵 $A=(a_{ij})_{m\times n}$ 的行数和列数相等，都为 n，则称矩阵 A 为 n 阶方阵或 n 阶矩阵，简记为 A_n，称 n 为矩阵的阶数. 特别地，当 $n=1$ 时，称为一阶方阵，此时矩阵 A 只有一个数，即 $A=(a_{11})$.

如果矩阵 $A=(a_{ij})_{m\times n}$ 只有一行，则称之为行矩阵，也称之为行向量，行矩阵记作

$$A = (a_1, a_2, \cdots, a_n).$$

如果矩阵 $A = (a_{ij})_{m\times n}$ 只有一列，则称之为列矩阵，也称之为列向量，列矩阵记作

$$A = \begin{pmatrix} a_1 \\ a_2 \\ \vdots \\ a_n \end{pmatrix}.$$

如果两个矩阵 $A = (a_{ij})_{m\times n}$ 和 $B = (b_{ij})_{s\times t}$ 的行数和列数分别对应相等，即

$$m = s, n = t,$$

则称矩阵 A 和 B 为同型矩阵；如果矩阵 A 和 B 为同型矩阵，且对应元素均相等，即

$$a_{ij} = b_{ij} (i = 1, 2, \cdots m; j = 1, 2, \cdots, n),$$

则称矩阵 A 和 B 相等，记作 $A = B$.

如果矩阵 $A = (a_{ij})_{m\times n}$ 的元素全为零，则称矩阵 A 为零矩阵，记作 $0_{m\times n}$，在不产生混淆的情况下，简记为 0.

注：不是同型矩阵的零矩阵不相等.

如果方阵 A 的主对角线上（下）的元素全为零，则称方阵 A 为下（上）三角矩阵，其形式如下：

$$A = \begin{pmatrix} a_{11} & 0 & \cdots & 0 \\ a_{21} & a_{22} & \cdots & 0 \\ \vdots & \vdots & & \vdots \\ a_{n1} & a_{n2} & \cdots & a_{nn} \end{pmatrix}, A = \begin{pmatrix} a_{11} & a_{12} & \cdots & a_{1n} \\ 0 & a_{22} & \cdots & a_{2n} \\ \vdots & \vdots & & \vdots \\ 0 & 0 & \cdots & a_{nn} \end{pmatrix}.$$

如果 n 阶方阵除了主对角线的元素外，其余的元素全为零，则称该方阵为对角阵，简记为 $\Lambda = \mathrm{diag}(a_{11}, a_{22}, \cdots, a_{nn})$.

特别地，当 n 阶方阵的对角线元素均为 1，其余元素均为零时，称其为 n 阶单位矩阵，简称为单位阵，记作

$$E = \begin{pmatrix} 1 & 0 & \cdots & 0 \\ 0 & 1 & \cdots & 0 \\ \vdots & \vdots & & \vdots \\ 0 & 0 & \cdots & 1 \end{pmatrix}.$$

例如，称线性变换

$$\begin{cases} y_1 = x_1 \\ y_2 = x_2 \\ \cdots\cdots \\ y_n = x_n \end{cases}$$

为恒等变换，对应的一个 n 阶方阵即为 n 阶单位矩阵 E.

7.2 矩阵的运算

矩阵作为线性代数的主要研究内容之一，在很多领域有着重要的应用，因此矩阵的运算是矩阵应用的重要手段.

7.2.1 矩阵的加法

定义 2 设矩阵 A 和 B 都是 $m\times n$ 矩阵，则矩阵 A 和 B 的和定义如下：

$$A+B=\begin{pmatrix} a_{11}+b_{11} & a_{12}+b_{12} & \cdots & a_{1n}+b_{1n} \\ a_{21}+b_{21} & a_{22}+b_{22} & \cdots & a_{2n}+b_{2n} \\ \vdots & \vdots & & \vdots \\ a_{m1}+b_{m1} & a_{m2}+b_{m2} & \cdots & a_{mn}+b_{mn} \end{pmatrix}.$$

若记 $C=A+B$，则 $C=(c_{ij})_{m\times n}$，其中 $c_{ij}=a_{ij}+b_{ij}(i=1,2,\cdots,m;j=1,2,\cdots,n)$. 需要注意的是，只有当两个矩阵是同型矩阵时才能进行矩阵的加法运算.

与数的加法类似，矩阵的加法满足下列运算规律(其中 A，B，C 都是 $m\times n$ 的同型矩阵)：

(1) 交换律：$A+B=B+A$；

(2) 结合律：$(A+B)+C=A+(B+C)$.

设 $A=(a_{ij})$，则称 $-A=(-a_{ij})$ 为矩阵 A 的负矩阵. 可得 $A+(-A)=0$.

注：这里的 0 为 $m\times n$ 的零矩阵，不是数字零.

利用负矩阵的定义，可以定义矩阵的减法如下：

$$A-B=A+(-B).$$

【例 7—1】 设 $A=\begin{pmatrix}1&2&3\\2&2&1\end{pmatrix}$，$B=\begin{pmatrix}2&3&4\\1&1&2\end{pmatrix}$，计算 $-A$，$A+B$ 和 $A-B$.

解 $-A=-\begin{pmatrix}1&2&3\\2&2&1\end{pmatrix}=\begin{pmatrix}-1&-2&-3\\-2&-2&-1\end{pmatrix}.$

$$A+B=\begin{pmatrix}1&2&3\\2&2&1\end{pmatrix}+\begin{pmatrix}2&3&4\\1&1&2\end{pmatrix}=\begin{pmatrix}1+2&2+3&3+4\\2+1&2+1&1+2\end{pmatrix}=\begin{pmatrix}3&5&7\\3&3&3\end{pmatrix}.$$

$$A-B=\begin{pmatrix}1&2&3\\2&2&1\end{pmatrix}-\begin{pmatrix}2&3&4\\1&1&2\end{pmatrix}=\begin{pmatrix}1-2&2-3&3-4\\2-1&2-1&1-2\end{pmatrix}=\begin{pmatrix}-1&-1&-1\\1&1&-1\end{pmatrix}.$$

7.2.2 数与矩阵相乘

定义 3 设矩阵 A 为 $m\times n$ 矩阵，λ 为一个数，则定义数 λ 与矩阵 A 的乘积为

$$\lambda A = A\lambda = \begin{pmatrix} \lambda a_{11} & \lambda a_{12} & \cdots & \lambda a_{1n} \\ \lambda a_{21} & \lambda a_{22} & \cdots & \lambda a_{2n} \\ \vdots & \vdots & & \vdots \\ \lambda a_{m1} & \lambda a_{m2} & \cdots & \lambda a_{mn} \end{pmatrix}.$$

数与矩阵相乘满足下列运算规律(其中 A，B 是 $m \times n$ 的同型矩阵，λ，μ 为数)：

(1) 结合律：$(\lambda\mu)A = \lambda(\mu A)$；

(2) 分配律：$(\lambda + \mu)A = \lambda A + \mu A$，$\lambda(A + B) = \lambda A + \lambda B$.

注：矩阵加法与数乘矩阵相结合，统称为矩阵的线性运算.

称数 λ 与 n 阶单位矩阵 E 的乘积为纯量阵，具有如下形式：

$$\lambda E = \lambda \begin{pmatrix} 1 & & & \\ & 1 & & \\ & & \ddots & \\ & & & 1 \end{pmatrix} = \begin{pmatrix} \lambda & & & \\ & \lambda & & \\ & & \ddots & \\ & & & \lambda \end{pmatrix}.$$

【例 7—2】　设 $A = \begin{pmatrix} 1 & 2 & 3 \\ 2 & 2 & 1 \end{pmatrix}$，$B = \begin{pmatrix} 2 & 3 & 4 \\ 1 & 1 & 2 \end{pmatrix}$，计算 $3A - 2B$.

解　$$3A - 2B = \begin{pmatrix} 3\times 1 & 3\times 2 & 3\times 3 \\ 3\times 2 & 3\times 2 & 3\times 1 \end{pmatrix} - \begin{pmatrix} 2\times 2 & 2\times 3 & 2\times 4 \\ 2\times 1 & 2\times 1 & 2\times 2 \end{pmatrix}$$
$$= \begin{pmatrix} 3-4 & 6-6 & 9-8 \\ 6-2 & 6-2 & 3-4 \end{pmatrix} = \begin{pmatrix} -1 & 0 & 1 \\ 4 & 4 & -1 \end{pmatrix}.$$

7.2.3　矩阵的乘法

定义 4　设 $A = (a_{ij})_{m\times s}$ 为一个 $m \times s$ 矩阵，$B = (b_{ij})_{s\times n}$ 为一个 $s \times n$ 矩阵，则定义矩阵 A 与矩阵 B 的乘积为一个 $m \times n$ 矩阵 $C = (c_{ij})_{m\times n}$，其中

$$c_{ij} = a_{i1}b_{1j} + a_{i2}b_{2j} + \cdots + a_{is}b_{sj} = \sum_{k=1}^{s} a_{ik}b_{kj} \ (i = 1, 2, \cdots, m; j = 1, 2, \cdots, n).$$

一般将此乘积记作

$$C = AB.$$

从矩阵的乘法定义可以看出，只有当矩阵 A 的列数等于矩阵 B 的行数时才能进行乘法运算，乘积矩阵 C 的行数等于矩阵 A 的行数，列数等于矩阵 B 的列数.

特别地，根据矩阵的乘法定义，一个 $1 \times s$ 的行矩阵 $(a_{i1}, a_{i2}, \cdots, a_{is})$ 与一个 $s \times 1$ 的列矩阵 $\begin{pmatrix} b_{1j} \\ b_{2j} \\ \vdots \\ b_{sj} \end{pmatrix}$ 的乘积为一个一阶方阵，也是一个数字，即

$$(a_{i1}, a_{i2}, \cdots, a_{is}) \begin{pmatrix} b_{1j} \\ b_{2j} \\ \vdots \\ b_{sj} \end{pmatrix} = (a_{i1}b_{1j} + a_{i2}b_{2j} + \cdots + a_{is}b_{sj})$$

这个结果表明，矩阵 A 与矩阵 B 的乘积矩阵 C 中的元素 c_{ij} 为矩阵 A 的第 i 行元素与矩阵 B 的第 j 列对应元素乘积之和.

例如，线性变换

$$\begin{cases} y_1 = a_{11}x_1 + a_{12}x_2 + \cdots + a_{1n}x_n \\ y_2 = a_{21}x_1 + a_{22}x_2 + \cdots + a_{2n}x_n \\ \cdots\cdots \\ y_m = a_{m1}x_1 + a_{m2}x_2 + \cdots + a_{mn}x_n \end{cases}$$

可写成如下的矩阵乘法形式：

$$Y = AX,$$

其中

$$Y = \begin{pmatrix} y_1 \\ y_2 \\ \vdots \\ y_m \end{pmatrix}, A = \begin{pmatrix} a_{11} & a_{12} & \cdots & a_{1n} \\ a_{21} & a_{22} & \cdots & a_{2n} \\ \vdots & \vdots & & \vdots \\ a_{m1} & a_{m2} & \cdots & a_{mn} \end{pmatrix}, X = \begin{pmatrix} x_1 \\ x_2 \\ \vdots \\ x_n \end{pmatrix}.$$

【例 7—3】 设矩阵 $A = \begin{pmatrix} 1 & 2 & 3 \\ 2 & 2 & 1 \end{pmatrix}$, $B = \begin{pmatrix} 2 & 3 & 4 \\ 1 & 1 & 2 \\ 1 & 2 & 1 \end{pmatrix}$，计算 AB.

解
$$AB = \begin{pmatrix} 1 & 2 & 3 \\ 2 & 2 & 1 \end{pmatrix} \begin{pmatrix} 2 & 3 & 4 \\ 1 & 1 & 2 \\ 1 & 2 & 1 \end{pmatrix}$$
$$= \begin{pmatrix} 1\times2+2\times1+3\times1 & 1\times3+2\times1+3\times2 & 1\times4+2\times2+3\times1 \\ 2\times2+2\times1+1\times1 & 2\times3+2\times1+1\times2 & 2\times4+2\times2+1\times1 \end{pmatrix}$$
$$= \begin{pmatrix} 7 & 11 & 11 \\ 7 & 10 & 13 \end{pmatrix}.$$

【例 7—4】 设矩阵 $A = \begin{pmatrix} -2 & -2 \\ 2 & 2 \end{pmatrix}$, $B = \begin{pmatrix} -1 & 1 \\ 1 & -1 \end{pmatrix}$，计算 AB 和 BA.

解
$$AB = \begin{pmatrix} -2 & -2 \\ 2 & 2 \end{pmatrix} \begin{pmatrix} -1 & 1 \\ 1 & -1 \end{pmatrix} = \begin{pmatrix} 0 & 0 \\ 0 & 0 \end{pmatrix}.$$
$$BA = \begin{pmatrix} -1 & 1 \\ 1 & -1 \end{pmatrix} \begin{pmatrix} -2 & -2 \\ 2 & 2 \end{pmatrix} = \begin{pmatrix} 4 & 4 \\ -4 & -4 \end{pmatrix}.$$

从例 7 - 4 可以看出，矩阵的乘法不满足交换律，即在一般情况下，$AB \neq BA$. 另外还可以看出，两个不为零的矩阵的乘积有可能为零矩阵. 因此，我们不能根据两个矩阵的乘积为零矩阵，推出其中一个矩阵为零矩阵，即 $AB = 0$ 不能推出 $A = 0$ 或 $B = 0$.

矩阵的乘法满足下列运算规律：

(1) 结合律：$(AB)C = A(BC)$；

(2) 分配律：$A(B + C) = AB + AC$，$(A + B)C = AC + BC$；

(3) $\lambda(AB) = (\lambda A)B = A(\lambda B)$.

由单位矩阵的性质，容易得到

$$E_m A_{m\times n} = A_{m\times n} E_n = A_{m\times n},$$

也就是说，在矩阵乘法中，单位阵的作用类似于数字 1.

由矩阵的乘法定义可知，n 阶方阵与 n 阶方阵的乘积仍为 n 阶方阵，从而可以定义 n 阶方阵的幂次运算如下

$$A^1 = A,\ A^2 = AA,\ \cdots,\ A^{m+1} = A^m A(m \text{ 为正整数}).$$

需要注意的是，只有方阵才有幂次运算，如果 $A^m = 0(m \geqslant 2)$，不能确定 $A = 0$. 由矩阵乘法的结合律，可以推出

$$A^m A^n = \underbrace{AA\cdots A}_{m\text{个}}\underbrace{AA\cdots A}_{n\text{个}} = \underbrace{AA\cdots A}_{(m+n)\text{个}} = A^{m+n},$$

其中 m，n 为正整数. 同理，可以证明方阵的幂满足 $(A^m)^n = A^{mn}$，其中 m，n 为正整数(作为练习题，自己证明).

需要注意的是，由于矩阵的乘法不满足交换律，因此，对于数字成立的恒等式，对于矩阵来说不一定成立，如

$$(AB)^m \neq A^m B^m,$$
$$(A + B)^2 \neq A^2 + 2AB + B^2,$$
$$(A + B)(A - B) \neq A^2 - B^2.$$

要想上述恒等式成立，矩阵 A 与 B 需要满足交换律，即 $AB = BA$，此时，我们称矩阵 A 与 B 是可交换的.

7.2.4 矩阵的转置

定义 5 设 $A = (a_{ij})_{m\times n}$ 为一个 $m \times n$ 矩阵，则将矩阵 A 的各行换成同序数的列得到的新矩阵称为矩阵 A 的转置矩阵，记作 A^{T} 或 A'.

例如，矩阵

$$A = \begin{pmatrix} a_{11} & a_{12} & \cdots & a_{1n} \\ a_{21} & a_{22} & \cdots & a_{2n} \\ \vdots & \vdots & & \vdots \\ a_{m1} & a_{m2} & \cdots & a_{mn} \end{pmatrix}$$

的转置矩阵为

$$A^{\mathrm{T}} = \begin{pmatrix} a_{11} & a_{21} & \cdots & a_{m1} \\ a_{12} & a_{22} & \cdots & a_{m2} \\ \vdots & \vdots & & \vdots \\ a_{1n} & a_{2n} & \cdots & a_{mn} \end{pmatrix}.$$

如果 n 阶方阵 A 满足 $A^{\mathrm{T}} = A$，则称 A 为对称矩阵；如果 n 阶方阵 A 满足 $A^{\mathrm{T}} = -A$，则称 A 为反对称矩阵.

例如，矩阵 $A = \begin{pmatrix} 2 & -2 & 4 & 5 \\ -2 & 3 & 0 & 6 \\ 4 & 0 & 1 & -1 \\ 5 & 6 & -1 & 2 \end{pmatrix}$，满足 $A^{\mathrm{T}} = A$，为对称矩阵；矩阵 $A =$

$\begin{pmatrix} 0 & -2 & 4 & 5 \\ 2 & 0 & 3 & -6 \\ -4 & -3 & 0 & -1 \\ -5 & 6 & 1 & 0 \end{pmatrix}$，满足 $A^{\mathrm{T}} = -A$，为反对称矩阵.

矩阵的转置运算满足下列运算规律：

(1) $(A^{\mathrm{T}})^{\mathrm{T}} = A$；

(2) $(A + B)^{\mathrm{T}} = A^{\mathrm{T}} + B^{\mathrm{T}}$；

(3) $(\lambda A)^{\mathrm{T}} = \lambda A^{\mathrm{T}}$；

(4) $(AB)^{\mathrm{T}} = B^{\mathrm{T}} A^{\mathrm{T}}$.

这里不再证明这些运算规律，有兴趣的同学可以将其作为练习自己证明. 下面通过一个例子来验证运算规律(4)的正确性.

【例 7—5】 设矩阵 $A = \begin{bmatrix} 1 & 2 & 3 \\ 2 & 2 & 1 \end{bmatrix}$，$B = \begin{pmatrix} 1 & 2 & 2 \\ 2 & 1 & 1 \\ 2 & 3 & 1 \end{pmatrix}$，计算 $(AB)^{\mathrm{T}}$ 和 $B^{\mathrm{T}} A^{\mathrm{T}}$.

解　由

$$AB = \begin{bmatrix} 1 & 2 & 3 \\ 2 & 2 & 1 \end{bmatrix} \begin{pmatrix} 1 & 2 & 2 \\ 2 & 1 & 1 \\ 2 & 3 & 1 \end{pmatrix} = \begin{bmatrix} 11 & 13 & 7 \\ 8 & 9 & 7 \end{bmatrix},$$

可得

$$(AB)^{\mathrm{T}} = \begin{pmatrix} 11 & 8 \\ 13 & 9 \\ 7 & 7 \end{pmatrix}.$$

由

$$A^{\mathrm{T}} = \begin{pmatrix} 1 & 2 \\ 2 & 2 \\ 3 & 1 \end{pmatrix},\ B^{\mathrm{T}} = \begin{pmatrix} 1 & 2 & 2 \\ 2 & 1 & 3 \\ 2 & 1 & 1 \end{pmatrix},$$

可得

$$B^{\mathrm{T}} A^{\mathrm{T}} = \begin{pmatrix} 1 & 2 & 2 \\ 2 & 1 & 3 \\ 2 & 1 & 1 \end{pmatrix} \begin{pmatrix} 1 & 2 \\ 2 & 2 \\ 3 & 1 \end{pmatrix} = \begin{pmatrix} 11 & 8 \\ 13 & 9 \\ 7 & 7 \end{pmatrix}.$$

7.3　矩阵的逆与矩阵的秩

数字的乘法对应的逆运算为除法，而矩阵的运算中没有定义矩阵的除法，那么是否有与除法相类似的运算呢？为此我们给出矩阵的逆运算.

7.3.1　逆矩阵的概念

定义6　对于 n 阶方阵 A，如果存在一个 n 阶方阵 B，使得

$$AB = BA = E,$$

则称 n 阶方阵 A 可逆，并把 n 阶方阵 B 称为方阵 A 的逆矩阵，记作 A^{-1}，即 $B = A^{-1}$.

根据逆矩阵的定义，若 $B = A^{-1}$，则 $AB = BA = E$，故方阵 A 也是方阵 B 的逆矩阵，即 $A = B^{-1}$，因为 $BA = AB = E$. 如果方阵 A 可逆，则其逆矩阵是唯一的. 如若不然，假设方阵 A 有两个不同的逆矩阵 B 和 C，则

$$B = BE = B(AC) = (BA)C = EC = C,$$

可得 $B = C$，产生矛盾，从而方阵 A 的逆矩阵唯一.

设 n 阶方阵 A 和 B 均可逆，则矩阵的逆满足下列运算规律：

(1) A 的逆矩阵也可逆，且 $(A^{-1})^{-1} = A$；

(2) 若 $\lambda \neq 0$，则 λA 可逆，且 $(\lambda A)^{-1} = \frac{1}{\lambda}A^{-1}$；

(3) AB 可逆，且 $(AB)^{-1} = B^{-1}A^{-1}$；

(4) A^{T} 可逆，且 $(A^{\mathrm{T}})^{-1} = (A^{-1})^{\mathrm{T}}$.

当 n 阶方阵 A 可逆时，可以将矩阵的幂次运算扩展到整数范围，定义如下

$$A^0 = E,\ A^{-k} = (A^{-1})^k,$$

其中 k 为正整数. 从而对于可逆矩阵 A，有

$$A^mA^n = A^{m+n},\ (A^m)^n = A^{mn},$$

其中 m，n 为整数.

7.3.2　初等变换与初等矩阵

定义7　称对矩阵 A 进行下面三种变换为矩阵的初等行变换：

(1) 对换矩阵 A 的两行(对换第 i 行和第 j 行，记作 $r_i \leftrightarrow r_j$)；

(2) 用一个非零数乘以某一行的所有元素(第 i 行各元素乘 k，记作 kr_i)；

(3) 把某一行所有元素乘以一个常数加到另一行的对应元素上(将第 j 行的 k 倍加到第 i 行，记作 $r_i + kr_j$).

同理，将定义7中的“行”换成“列”，就可以定义矩阵的初等列变换，只需把行的记号“r”换成列的记号“c”即可. 一般地，将矩阵的初等行变换和初等列变换统称为矩阵的初等变换.

对矩阵进行初等变换后得到一个新的矩阵，这个矩阵与原矩阵不再相等，但仍有着很多相似的性质，为了说明两个矩阵之间的关系，我们引入矩阵之间等价的概念.

定义8　如果矩阵 A 经过有限次初等行变换变为矩阵 B，则称矩阵 A 与 B 行等价；如果矩阵 A 经过有限次初等列变换变为矩阵 B，则称矩阵 A 与 B 列等价；如果矩阵 A 经过有限次初等变换变为矩阵 B，则称矩阵 A 与 B 等价，记作 $A \sim B$.

矩阵的等价满足下列性质：

(1) 反身性：$A \sim A$；

(2) 对称性：若 $A \sim B$，则 $B \sim A$；

(3) 传递性：若 $A \sim B$，$B \sim C$，则 $A \sim C$.

定义 9　称单位矩阵 E 经过一次初等变换得到的矩阵为初等矩阵.

由于只有三种初等(行或列) 变换，因此初等矩阵是与初等变换相对应的. 三种初等矩阵形式如下.

(1) 把单位矩阵的第 i，j 行对调(或第 i，j 列对调)，得到初等矩阵

$$P_{ij} = \begin{pmatrix} 1 & & & & & & & & \\ & \ddots & & & & & & & \\ & & 1 & & & & & & \\ & & & 0 & & \cdots & & 1 & & & \\ & & & & 1 & & & & & & \\ & & & \vdots & & \ddots & & \vdots & & & \\ & & & & & & 1 & & & & \\ & & & 1 & & \cdots & & 0 & & & \\ & & & & & & & & 1 & & \\ & & & & & & & & & \ddots & \\ & & & & & & & & & & 1 \end{pmatrix}.$$

(2) 以数 $k \neq 0$ 乘单位矩阵的第 i 行(或第 i 列)，得到初等矩阵

$$P_i(k) = \begin{pmatrix} 1 & & & & & & \\ & \ddots & & & & & \\ & & 1 & & & & \\ & & & k & & & \\ & & & & 1 & & \\ & & & & & \ddots & \\ & & & & & & 1 \end{pmatrix}.$$

(3) 以数 k 乘以单位矩阵的第 j 行加到第 i 行，得到初等矩阵

$$P_{ij}(k) = \begin{pmatrix} 1 & & & & & & \\ & \ddots & & & & & \\ & & 1 & & k & & \\ & & & \ddots & & & \\ & & & & 1 & & \\ & & & & & \ddots & \\ & & & & & & 1 \end{pmatrix}.$$

容易证明，矩阵进行一次初等行变换相当于左乘一个相应的初等矩阵. 同理，矩阵进行一次初等列变换相当于右乘一个相应的初等矩阵.

例如，设矩阵

$$A=\begin{pmatrix}1&2&1\\2&4&3\\1&3&2\end{pmatrix}.$$

对其进行一次初等行变换 $r_1\leftrightarrow r_2$，得到矩阵

$$B=\begin{pmatrix}2&4&3\\1&2&1\\1&3&2\end{pmatrix},$$

而矩阵 A 左乘相应的初等矩阵 $P_{1,2}$ 后，得到的乘积为

$$C=\begin{pmatrix}0&1&0\\1&0&0\\0&0&1\end{pmatrix}\begin{pmatrix}1&2&1\\2&4&3\\1&3&2\end{pmatrix}=\begin{pmatrix}2&4&3\\1&2&1\\1&3&2\end{pmatrix}.$$

7.3.3　矩阵的秩

对矩阵 A 进行初等行变换

$$A=\begin{pmatrix}1&1&2&2&1\\0&2&1&5&-1\\2&0&3&-1&3\\1&1&2&4&-1\end{pmatrix}\xrightarrow[r_3-2r_1]{r_4-r_1}\begin{pmatrix}1&1&2&2&1\\0&2&1&5&-1\\0&-2&-1&-5&1\\0&0&0&2&-2\end{pmatrix}$$

$$\xrightarrow[r_3\leftrightarrow r_4]{r_3+r_2}\begin{pmatrix}1&1&2&2&1\\0&2&1&5&-1\\0&0&0&2&-2\\0&0&0&0&0\end{pmatrix}=B.$$

称得到的矩阵 B 为行阶梯矩阵，即每一行从第一个元素起到第一个非零元素下面的元素全为零，各行的第一个非零元素呈阶梯状排列，且每个阶梯只有一行. 行阶梯矩阵是一种很重要的矩阵类型.

定义10　矩阵 A 经过初等变换后得到的行阶梯矩阵中非零行的行数称为矩阵 A 的秩，记作 $R(A)$.

由于任意矩阵都可以经过有限次的初等行变换化为行阶梯矩阵，对于矩阵来说无论进行怎样的初等变换，都不能改变最终得到的阶梯矩阵的非零行的行数，而初等变换得到的矩阵与原来的矩阵是等价矩阵，因此有下面的结论.

定理1　如果矩阵 A 与 B 等价，即 $A\sim B$，则 $R(A)=R(B)$.

【例7—6】　设 $A=\begin{pmatrix}1&-1&2&1&0\\2&-2&4&-2&0\\3&0&6&-1&1\\2&1&4&2&1\end{pmatrix}$，求 $R(A)$.

解　对矩阵 A 作如下的初等行变换：

$$A=\begin{pmatrix}1&-1&2&1&0\\2&-2&4&-2&0\\3&0&6&-1&1\\2&1&4&2&1\end{pmatrix}\xrightarrow{r_2-2r_1}\begin{pmatrix}1&-1&2&1&0\\0&0&0&-4&0\\3&0&6&-1&1\\2&1&4&2&1\end{pmatrix}$$

$$\xrightarrow{r_3-3r_1}\begin{pmatrix}1&-1&2&1&0\\0&0&0&-4&0\\0&3&0&-4&1\\2&1&4&2&1\end{pmatrix}\xrightarrow{r_4-2r_1}\begin{pmatrix}1&-1&2&1&0\\0&0&0&-4&0\\0&3&0&-4&1\\0&3&0&0&1\end{pmatrix}$$

$$\xrightarrow{r_4\leftrightarrow r_2}\begin{pmatrix}1&-1&2&1&0\\0&3&0&0&1\\0&3&0&-4&1\\0&0&0&-4&0\end{pmatrix}\xrightarrow[r_4-r_3]{r_3-r_2}\begin{pmatrix}1&-1&2&1&0\\0&3&0&0&1\\0&0&0&-4&0\\0&0&0&0&0\end{pmatrix}.$$

得到的行阶梯形矩阵中的非零行数为 3，故 $R(A)=3$.

7.3.4 利用初等变换计算逆矩阵

定理 2 如果矩阵 A 可逆，则矩阵 A 与单位矩阵 E 等价，即 $A\sim E$.

由定理 2 及矩阵等价的定义可知，将矩阵 A 通过有限次初等行变换化为单位矩阵，相当于矩阵 A 左乘有限个初等矩阵，即

$$P_mP_{m-1}\cdots P_2P_1A=E,$$

其中，P_1，P_2，…，P_m 为与有限次初等行变换相对应的初等矩阵.

如果矩阵 A 可逆，则上式两端分别右乘 A 的逆矩阵，可得

$$P_mP_{m-1}\cdots P_2P_1AA^{-1}=EA^{-1}.$$

再由可逆矩阵的定义可知，

$$A^{-1}=EA^{-1}=P_mP_{m-1}\cdots P_2P_1E.$$

从而可得，如果矩阵 A 可逆，则可以通过一系列的初等变换将其化为单位矩阵，而单位矩阵则可以通过相应的这一系列初等变换化为矩阵 A 的逆矩阵 A^{-1}.

这样就可以利用矩阵的初等变换来计算矩阵的逆，具体计算过程如下：

(1) 将矩阵 A 与同型的单位矩阵放在一起组成一个 $n\times 2n$ 的新矩阵 $(A\mid E)$；

(2) 对新矩阵 $(A\mid E)$ 实施一系列的初等行变换，当把新矩阵中对应于矩阵 A 的左半部分变换为单位矩阵时，新矩阵中对应于单位矩阵 E 的右半部分就变为 A^{-1}，即

$$(A\mid E)\xrightarrow{\text{有限次的初等行变换}}(E\mid A^{-1}).$$

【例 7—7】 设矩阵 $A=\begin{pmatrix}1&1&1\\2&1&2\\1&1&2\end{pmatrix}$，计算 A^{-1}.

解 首先将矩阵 A 和单位矩阵放在一起组成一个 $n\times 2n$ 的矩阵 $(A\mid E)$，然后对其进行初等行变换

$$(A\,|\,E)=\begin{pmatrix}1&1&1&1&0&0\\2&1&2&0&1&0\\1&1&2&0&0&1\end{pmatrix}\xrightarrow{r_2-2r_1}\begin{pmatrix}1&1&1&1&0&0\\0&-1&0&-2&1&0\\1&1&2&0&0&1\end{pmatrix}$$

$$\xrightarrow{r_3-r_1}\begin{pmatrix}1&1&1&1&0&0\\0&-1&0&-2&1&0\\0&0&1&-1&0&1\end{pmatrix}\xrightarrow{r_2\times(-1)}\begin{pmatrix}1&1&1&1&0&0\\0&1&0&2&-1&0\\0&0&1&-1&0&1\end{pmatrix}$$

$$\xrightarrow[r_1-r_2]{r_1-r_3}\begin{pmatrix}1&0&0&0&1&-1\\0&1&0&2&-1&0\\0&0&1&-1&0&1\end{pmatrix},$$

即

$$A^{-1}=\begin{pmatrix}0&1&-1\\2&-1&0\\-1&0&1\end{pmatrix}.$$

7.4　行列式

行列式是线性代数讨论的主要内容之一，利用行列式可以求解线性方程组、求矩阵的逆等，因此讨论行列式的基本概念与性质对于线性代数来说是很有必要的.

7.4.1　行列式的概念

为了便于理解，我们从二阶行列式开始，然后引出 n 阶行列式的概念.

我们非常熟悉二元一次线性方程组的消元法求解过程，考虑如下方程组

$$\begin{cases}a_{11}x_1+a_{12}x_2=b_1\\a_{21}x_1+a_{22}x_2=b_2\end{cases}$$

利用我们学过的消元法进行化简，可得

$$\begin{cases}(a_{11}a_{22}-a_{12}a_{21})x_1=b_1a_{22}-a_{12}b_2\\(a_{11}a_{22}-a_{12}a_{21})x_2=a_{11}b_2-b_1a_{21}\end{cases}$$

当 $a_{11}a_{22}-a_{12}a_{21}\neq 0$ 时，可以得到方程组的唯一解

$$\begin{cases}x_1=\dfrac{b_1a_{22}-a_{12}b_2}{a_{11}a_{22}-a_{12}a_{21}}\\[2ex]x_2=\dfrac{a_{11}b_2-b_1a_{21}}{a_{11}a_{22}-a_{12}a_{21}}\end{cases}$$

观察发现，方程组的解中包含相同的分母 $a_{11}a_{22}-a_{12}a_{21}$，这一项恰好是方程组的系数的组合，把方程组的系数按照方程组中的位置写成如下的数表形式：

$$\begin{matrix}a_{11}&a_{12}\\a_{21}&a_{22}\end{matrix}$$

可以发现，$a_{11}a_{22}-a_{12}a_{21}$ 恰好为数表的对角线上的元素的乘积之差. 为了表示数表是一个整体，在数表两侧加上两条竖线使其成为一体，从而引入二阶行列式的概念.

定义 11 称

$$D=\begin{vmatrix} a_{11} & a_{12} \\ a_{21} & a_{22} \end{vmatrix}=a_{11}a_{22}-a_{12}a_{21}$$

为二阶行列式，其中 $a_{ij}(i, j=1, 2)$ 表示行列式的第 i 行第 j 列的元素.

二阶行列式实际上是一个表达式，是数表的对角线上的元素的乘积之差，为了便于说明，我们规定 a_{11} 和 a_{22} 所在的对角线为主对角线，a_{12} 和 a_{21} 所在的对角线为副对角线，从而，二阶行列式为主对角线上元素的乘积减去副对角线上元素的乘积，并称之为二阶行列式的对角线法则.

例如，二阶行列式 $\begin{vmatrix} 1 & 2 \\ -2 & 3 \end{vmatrix}=1\times 3-2\times(-2)=7$.

类似地，对于如下的三元一次线性方程组

$$\begin{cases} a_{11}x_1+a_{12}x_2+a_{13}x_3=b_1 \\ a_{21}x_1+a_{22}x_2+a_{23}x_3=b_2 \\ a_{31}x_1+a_{32}x_2+a_{33}x_3=b_3 \end{cases}$$

可以引出三阶行列式的概念.

定义 12 称

$$D=\begin{vmatrix} a_{11} & a_{12} & a_{13} \\ a_{21} & a_{22} & a_{23} \\ a_{31} & a_{32} & a_{33} \end{vmatrix}$$

$$=a_{11}a_{22}a_{33}+a_{12}a_{23}a_{31}+a_{13}a_{21}a_{32}-a_{13}a_{22}a_{31}-a_{12}a_{21}a_{33}-a_{11}a_{23}a_{32}$$

为三阶行列式，其中 $a_{ij}(i, j=1, 2, 3)$ 表示行列式的第 i 行第 j 列的元素.

与二阶行列式相似，三阶行列式也满足对角线法则，即三阶行列式可以表示为主对角线以及主对角线平行线上元素的乘积之和减去副对角线以及副对角线平行线上元素的乘积.

【例 7—8】 计算三阶行列式

$$D=\begin{vmatrix} 1 & 2 & 3 \\ 1 & 1 & 2 \\ 2 & 3 & 1 \end{vmatrix}.$$

解 根据对角线法则，得

$$\begin{aligned} D &= 1\times 1\times 1+2\times 2\times 2+3\times 1\times 3-3\times 1\times 2-2\times 1\times 1-1\times 2\times 3 \\ &= 1+8+9-6-2-6=4. \end{aligned}$$

7.4.2 *n* 阶行列式

对角线法则能够很好地解决二阶和三阶行列式的计算问题，但是不具备推广性，对于四阶及以上的行列式不能够使用对角线法则. 为此，我们给出 n 阶行列式的概念.

观察三阶行列式的定义

$$\begin{vmatrix} a_{11} & a_{12} & a_{13} \\ a_{21} & a_{22} & a_{23} \\ a_{31} & a_{32} & a_{33} \end{vmatrix}$$

$$= a_{11}a_{22}a_{33} + a_{12}a_{23}a_{31} + a_{13}a_{21}a_{32} - a_{13}a_{22}a_{31} - a_{12}a_{21}a_{33} - a_{11}a_{23}a_{32}.$$

容易发现，三阶行列式右端的每一项都是三个元素的乘积，且三个元素分别位于行列式的不同的行和不同的列，从而，右端各项可以写成$(-1)^{\tau}a_{1p_1}a_{2p_2}a_{3p_3}$．为了确定各项的正负号，我们引入逆序数的概念.

设自然数 1, 2, …, n 从小到大的排列为标准排列，那么，对于这 n 个自然数的任意一个排列 p_1，p_2，…，p_n，将其与标准排列比较，当某两个元素的先后次序与标准排列不同时，就记为 1 个逆序，将排列 p_1，p_2，…，p_n 的所有逆序的总和称为这个排列的逆序数，记为 $\tau(p_1, p_2, \cdots, p_n)$．称逆序数为奇数的排列为奇排列，称逆序数为偶数的排列为偶排列.

【例 7—9】 求排列 54231 的逆序数.

解　在排列 54231 中：

5 排在首位，逆序数为 0；

4 的前面比 4 大的数有一个(5)，故逆序数为 1；

2 的前面比 2 大的数有二个(5、4)，故逆序数为 2；

3 的前面比 3 大的数有二个(5、4)，故逆序数为 2；

1 的前面比 1 大的数有四个(5、4、2、3)，故逆序数为 4.

于是这个排列的逆序数为

$$\tau = 0 + 1 + 2 + 2 + 4 = 9.$$

定义 13　称

$$D_n = \begin{vmatrix} a_{11} & a_{12} & \cdots & a_{1n} \\ a_{21} & a_{22} & \cdots & a_{2n} \\ \vdots & \vdots & & \vdots \\ a_{n1} & a_{n2} & \cdots & a_{nn} \end{vmatrix} = \sum (-1)^{\tau(p_1, p_2, \cdots, p_n)} a_{1p_1} a_{2p_2} \cdots a_{np_n}$$

为 n 阶行列式，其中 p_1，p_2，…，p_n 为自然数 1, 2, …, n 的任意一个排列，$\tau(p_1, p_2, \cdots, p_n)$ 为这个排列的逆序数，由于自然数 1, 2, …, n 共有 $n!$ 个排列，因此，n 阶行列式为 $n!$ 项的代数和.

一般将 n 阶行列式记为 $D_n = \det(a_{ij})$，其中，a_{ij} 为行列式的第 i 行第 j 列的元素，在不产生歧义的情况下，将 n 阶行列式简记为 D.

【例 7—10】 计算 n 阶行列式

$$D = \begin{vmatrix} a_{11} & & & \\ & a_{22} & & \\ & & \ddots & \\ & & & a_{nn} \end{vmatrix}.$$

解　由 n 阶行列式的定义可知，这个行列式共有 $n!$ 项，但是只有 $a_{11}a_{22}\cdots a_{nn}$ 这一

项非零，而且该项的下标均是标准排列，逆序数为零，因此，n 阶行列式

$$D=(-1)^0 a_{11}a_{22}\cdots a_{nn}=a_{11}a_{22}\cdots a_{nn}.$$

【例 7—11】 计算 n 阶行列式

$$D=\begin{vmatrix} & & & a_{1n} \\ & & a_{2,n-1} & \\ & \iddots & & \\ a_{n1} & & & \end{vmatrix}.$$

解 由 n 阶行列式的定义可知，这个行列式共有 $n!$ 项，但是只有 $a_{1n}a_{2,\,n-1}\cdots a_{n1}$ 这一项非零，而且该项的第一个下标为标准排列，第二个下标为排列 n，$n-1$，…，1，其逆序数为

$$\tau(n,\ n-1,\ \cdots,\ 1)=\frac{n(n-1)}{2}.$$

故 n 阶行列式

$$D=(-1)^{\frac{n(n-1)}{2}}a_{1n}a_{2,\,n-1}\cdots a_{n1}.$$

【例 7—12】 计算 n 阶行列式

$$D=\begin{vmatrix} a_{11} & & & \\ a_{21} & a_{22} & & \\ \vdots & \vdots & \ddots & \\ a_{n1} & a_{n2} & \cdots & a_{nn} \end{vmatrix}.$$

解 由 n 阶行列式的定义可知，这个行列式共有 $n!$ 项，但是当第一行选择非零元素 a_{11} 时，第二行只能选择非零元素 a_{22}，以此类推，第 n 行只能选择非零元素 a_{nn}，从而该行列式只有 $a_{11}a_{22}\cdots a_{nn}$ 这一项非零，而且该项的下标均为标准排列，逆序数为零，因此，n 阶行列式

$$D=(-1)^0 a_{11}a_{22}\cdots a_{nn}=a_{11}a_{22}\cdots a_{nn}.$$

在上面的例子中，例 7－10 中的行列式只有主对角线上的元素非零，而其他元素全为零，称为对角行列式．例 7－12 中的行列式，主对角线上方的元素全为零，称为下三角行列式．同理，如果主对角线下方的元素全为零，则称为上三角行列式．

例如，行列式

$$D=\begin{vmatrix} 2 & 0 & 3 & -1 \\ 0 & 1 & 2 & 4 \\ 0 & 0 & 0 & 4 \\ 0 & 0 & 0 & -3 \end{vmatrix}$$

即为一个上三角行列式．显然，上(下)三角行列式等于主对角线上的元素的乘积．

7.5 行列式的性质及其计算

上一节我们介绍了行列式的定义，可以利用定义计算一些简单的行列式，但是对于

一些稍微复杂一点的行列式，如果采用定义进行计算，将十分复杂，因此寻求简化的行列式计算方法就变得很有必要. 这一节我们首先给出行列式的一些重要性质，然后给出利用行列式的性质计算行列式的方法.

7.5.1　行列式的性质

性质 1　行列式的行、列互换，行列式不变，即

$$\begin{vmatrix} a_{11} & a_{12} & \cdots & a_{1n} \\ a_{21} & a_{22} & \cdots & a_{2n} \\ \vdots & \vdots & & \vdots \\ a_{n1} & a_{n2} & \cdots & a_{nn} \end{vmatrix} = \begin{vmatrix} a_{11} & a_{21} & \cdots & a_{n1} \\ a_{12} & a_{22} & \cdots & a_{n2} \\ \vdots & \vdots & & \vdots \\ a_{1n} & a_{2n} & \cdots & a_{nn} \end{vmatrix}.$$

记

$$D = \begin{vmatrix} a_{11} & a_{12} & \cdots & a_{1n} \\ a_{21} & a_{22} & \cdots & a_{2n} \\ \vdots & \vdots & & \vdots \\ a_{n1} & a_{n2} & \cdots & a_{nn} \end{vmatrix},\ D^{\mathrm{T}} = \begin{vmatrix} a_{11} & a_{21} & \cdots & a_{n1} \\ a_{12} & a_{22} & \cdots & a_{n2} \\ \vdots & \vdots & & \vdots \\ a_{1n} & a_{2n} & \cdots & a_{nn} \end{vmatrix},$$

则称行列式 D^{T} 为行列式 D 的转置行列式，从而有 $D = D^{\mathrm{T}}$.

性质 1 说明行列式的行与列具有相同的地位，从而行列式所有关于行的性质对于列也适用.

性质 2　行列式的某一行(列)的公因子可以提取到行列式的符号之外.

只需利用行列式的定义，将公因子提取出来即可.

例如，

$$\begin{vmatrix} 1 & 2 \\ 2 & 6 \end{vmatrix} = 2\begin{vmatrix} 1 & 2 \\ 1 & 3 \end{vmatrix} = 2.$$

推论 1　行列式的某一行(列)中的所有元素都乘以常数 k，等于用此常数乘行列式.

性质 3　行列式的两行(列)互换，行列式变号.

利用行列式的定义，两行(列)互换相当于排列互换一次，逆序数的奇偶性改变，从而行列式的符号改变.

推论 2　如果行列式的两行(列)对应相等，则此行列式等于零.

证　只需将相等的两行(列)互换，利用性质 3 可得 $D = -D$，从而 $D = 0$.

性质 4　行列式的两行(列)对应成比例，则行列式等于零.

性质 5　如果行列式某一行(列)的所有元素都是两数之和，如第 i 行的元素，则此行列式等于下列两个行列式之和：

$$D=\begin{vmatrix} a_{11} & a_{12} & \cdots & a_{1n} \\ \vdots & \vdots & & \vdots \\ a_{i1}+a_{i1}' & a_{i2}+a_{i2}' & \cdots & a_{in}+a_{in}' \\ \vdots & \vdots & & \vdots \\ a_{n1} & a_{n2} & \cdots & a_{nn} \end{vmatrix}$$

$$=\begin{vmatrix} a_{11} & a_{12} & \cdots & a_{1n} \\ \vdots & \vdots & & \vdots \\ a_{i1} & a_{i2} & \cdots & a_{in} \\ \vdots & \vdots & & \vdots \\ a_{n1} & a_{n2} & \cdots & a_{nn} \end{vmatrix}+\begin{vmatrix} a_{11} & a_{12} & \cdots & a_{1n} \\ \vdots & \vdots & & \vdots \\ a_{i1}' & a_{i2}' & \cdots & a_{in}' \\ \vdots & \vdots & & \vdots \\ a_{n1} & a_{n2} & \cdots & a_{nn} \end{vmatrix}.$$

例如，

$$\begin{vmatrix} 1 & 2 \\ 2 & 3 \end{vmatrix}=\begin{vmatrix} 1 & 2 \\ 1 & 2 \end{vmatrix}+\begin{vmatrix} 1 & 2 \\ 1 & 1 \end{vmatrix}=-1.$$

性质6　将行列式某一行(列)的各元素乘以同一常数后加到另一行(列)的对应元素上，此行列式的值不变.

例如，将上面的行列式的第一行的4倍加到第2行上，可得

$$\begin{vmatrix} 1 & 2 \\ 2 & 3 \end{vmatrix}=\begin{vmatrix} 1 & 2 \\ 2+4 & 3+8 \end{vmatrix}=\begin{vmatrix} 1 & 2 \\ 6 & 11 \end{vmatrix}=-1.$$

性质7　如果矩阵 A 和 B 为同阶方阵，则 $|AB|=|A||B|$.

性质8　如果矩阵 A 为 n 阶方阵，则 $|\lambda A|=\lambda^n|A|$.

如果将 n 阶行列式的 (i,j) 元所在的第 i 行和第 j 列去掉，则得到一个 $n-1$ 阶行列式，称此 $n-1$ 阶行列式为 n 阶行列式的 a_{ij} 元的余子式，记作 M_{ij}，称 $A_{ij}=(-1)^{i+j}M_{ij}$ 为 n 阶行列式的 a_{ij} 元的代数余子式.

定义 n 阶方阵 A 所对应的行列式为 $|A|$，记作 det A，则它的各个元素对应的代数余子式 A_{ij} 构成的如下的矩阵

$$A^*=\begin{pmatrix} A_{11} & A_{21} & \cdots & A_{n1} \\ A_{12} & A_{22} & \cdots & A_{n2} \\ \vdots & \vdots & & \vdots \\ A_{1n} & A_{2n} & \cdots & A_{nn} \end{pmatrix}$$

被称为矩阵 A 的伴随矩阵，简称伴随阵，记作 A^*.

性质9　行列式等于它的某一行(列)的各元素与其对应的代数余子式的乘积之和，即

$$D=a_{i1}A_{i1}+a_{i2}A_{i2}+\cdots+a_{in}A_{in}\,(i=1,2,\cdots,n)$$

或

$$D=a_{1j}A_{1j}+a_{2j}A_{2j}+\cdots+a_{nj}A_{nj}\,(j=1,2,\cdots,n).$$

性质9也被称为行列式的按行按列展开，利用此性质可以将行列式降一阶，从而简化运算，尤其是当行列式的某行(列)所包含的非零元较少时，利用此性质进行计算可以大大减少运算量.

推论 3　行列式的某一行(列)的元素与另一行(列)的对应元素的代数余子式的乘积之和等于零，即

$$a_{i1}A_{j1} + a_{i2}A_{j2} + \cdots + a_{in}A_{jn} = 0(i \neq j)$$

或

$$a_{1i}A_{1j} + a_{2i}A_{2j} + \cdots + a_{ni}A_{nj} = 0(i \neq j).$$

【例 7—13】　证明 $AA^* = A^*A = |A|E$，其中 A^* 为 n 阶方阵 A 的伴随矩阵.

证　设矩阵 $A = (a_{ij})_{n\times n}$，记 $AA^* = (b_{ij})_{n\times n}$，则

$$b_{ij} = a_{i1}A_{j1} + a_{i2}A_{j2} + \cdots + a_{in}A_{jn}.$$

由性质 9 的推论可知，当 $i \neq j$ 时，$b_{ij} = 0$；当 $i = j$ 时，$b_{ij} = |A|$，从而有

$$AA^* = \begin{pmatrix} |A| & & & \\ & |A| & & \\ & & \ddots & \\ & & & |A| \end{pmatrix} = |A|E.$$

同理可得，$A^*A = |A|E$.

由例 7－13 可以得到计算逆矩阵的另外一种方法，即当 $|A| \neq 0$ 时，有 $A\dfrac{A^*}{|A|} = E$，从而可得 n 阶方阵 A 的逆矩阵为

$$A^{-1} = \frac{1}{|A|}A^*.$$

【例 7—14】　求矩阵 $A = \begin{pmatrix} 1 & 1 & 1 \\ 1 & 2 & 3 \\ 1 & 3 & 4 \end{pmatrix}$ 的逆矩阵.

解　可以求得 $|A| = -1 \neq 0$，可知其逆矩阵存在. 下面计算矩阵 A 的伴随矩阵.

$$A_{11} = -1,\ A_{12} = -1,\ A_{13} = 1,$$
$$A_{21} = -1,\ A_{22} = 3,\ A_{23} = -2,$$
$$A_{31} = 1,\ A_{32} = -2,\ A_{33} = 1,$$

从而

$$A^* = \begin{pmatrix} -1 & -1 & 1 \\ -1 & 3 & -2 \\ 1 & -2 & 1 \end{pmatrix},$$

得

$$A^{-1} = \frac{1}{|A|}A^* = \begin{pmatrix} 1 & 1 & -1 \\ 1 & -3 & 2 \\ -1 & 2 & -1 \end{pmatrix}.$$

7.5.2　行列式的计算

由行列式的定义可知，上(下)三角行列式的计算比较简单，这就促使我们考虑能否

将一般的行列式化为上（下）三角行列式再进行计算，而利用行列式的性质正好能够解决这个问题.

为了简化计算，我们首先引入与矩阵相类似的记号，用 $r_i(c_i)$ 来代表行列式的第 i 行（第 i 列），$r_i \leftrightarrow r_j(c_i \leftrightarrow c_j)$ 表示行列式的第 i 行（列）与第 j 行（列）互换，$kr_i(kc_i)$ 表示用常数 k 与行列式的第 i 行（列）各元素相乘，$r_i + kr_j(c_i + kc_j)$ 表示将行列式的第 j 行（列）的各元素 k 倍加到第 i 行（列）的相应元素上. 通过上述三种运算就可以将行列式化为上（下）三角行列式，从而简化行列式的计算.

【例 7－15】 计算行列式

$$D = \begin{vmatrix} 1 & 2 & -3 & 4 \\ 2 & 3 & -4 & 7 \\ -1 & -2 & 5 & -8 \\ 1 & 3 & -5 & 10 \end{vmatrix}.$$

解

$$D \xlongequal{r_2+(-2)r_1} \begin{vmatrix} 1 & 2 & -3 & 4 \\ 0 & -1 & 2 & -1 \\ -1 & -2 & 5 & -8 \\ 1 & 3 & -5 & 10 \end{vmatrix} \xlongequal[r_4+(-1)r_1]{r_3+r_1} \begin{vmatrix} 1 & 2 & -3 & 4 \\ 0 & -1 & 2 & -1 \\ 0 & 0 & 2 & -4 \\ 0 & 1 & -2 & 6 \end{vmatrix}$$

$$\xlongequal{r_4+r_2} \begin{vmatrix} 1 & 2 & -3 & 4 \\ 0 & -1 & 2 & -1 \\ 0 & 0 & 2 & -4 \\ 0 & 0 & 0 & 5 \end{vmatrix} = -10.$$

【例 7－16】 计算行列式

$$D = \begin{vmatrix} 2 & 1 & 1 & 1 \\ 1 & 2 & 1 & 1 \\ 1 & 1 & 2 & 1 \\ 1 & 1 & 1 & 2 \end{vmatrix}.$$

解 观察这个行列式发现其各列元素之和都为 5，因此可以将第 2、3、4 行的各个元素同时加到第一行的相应元素上，然后提取公因子 5，再用各行减去第一行即可变为上三角行列式，即

$$D = \begin{vmatrix} 2 & 1 & 1 & 1 \\ 1 & 2 & 1 & 1 \\ 1 & 1 & 2 & 1 \\ 1 & 1 & 1 & 2 \end{vmatrix} \xlongequal{\substack{r_1+r_2 \\ r_1+r_3 \\ r_1+r_4}} \begin{vmatrix} 5 & 5 & 5 & 5 \\ 1 & 2 & 1 & 1 \\ 1 & 1 & 2 & 1 \\ 1 & 1 & 1 & 2 \end{vmatrix} \xlongequal{r_1 \div 5} 5\begin{vmatrix} 1 & 1 & 1 & 1 \\ 1 & 2 & 1 & 1 \\ 1 & 1 & 2 & 1 \\ 1 & 1 & 1 & 2 \end{vmatrix}$$

$$\xlongequal{\substack{r_2-r_1 \\ r_3-r_1 \\ r_4-r_1}} 5\begin{vmatrix} 1 & 1 & 1 & 1 \\ 0 & 1 & 0 & 0 \\ 0 & 0 & 1 & 0 \\ 0 & 0 & 0 & 1 \end{vmatrix} = 5.$$

【例 7—17】 计算行列式

$$D_n = \begin{vmatrix} x & y & 0 & \cdots & 0 & 0 \\ 0 & x & y & \cdots & 0 & 0 \\ 0 & 0 & x & \cdots & 0 & 0 \\ \vdots & \vdots & \vdots & & \vdots & \vdots \\ 0 & 0 & 0 & \cdots & x & y \\ y & 0 & 0 & \cdots & 0 & x \end{vmatrix}.$$

解 观察这个行列式发现其元素大部分为零，每行或列只有两个非零元素，因此考虑采用性质 9 来进行计算，将行列式按第 1 列展开，得

$$D_n = \begin{vmatrix} x & y & 0 & \cdots & 0 & 0 \\ 0 & x & y & \cdots & 0 & 0 \\ 0 & 0 & x & \cdots & 0 & 0 \\ \vdots & \vdots & \vdots & & \vdots & \vdots \\ 0 & 0 & 0 & \cdots & x & y \\ y & 0 & 0 & \cdots & 0 & x \end{vmatrix} = (-1)^{1+1}x\begin{vmatrix} x & y & 0 & \cdots & 0 \\ 0 & x & y & \cdots & 0 \\ \vdots & \vdots & \vdots & & \vdots \\ 0 & 0 & 0 & \cdots & x \end{vmatrix}$$

$$+ (-1)^{n+1}y\begin{vmatrix} y & 0 & \cdots & 0 & 0 \\ x & y & \cdots & 0 & 0 \\ 0 & x & \cdots & 0 & 0 \\ \vdots & \vdots & & \vdots & \vdots \\ 0 & 0 & \cdots & x & y \end{vmatrix} = x^n + (-1)^{n+1}y^n.$$

7.6　线性方程组

线性方程组是线性代数的主要内容之一，很多实际问题最终都可以归结为线性方程组的求解，而线性方程组的求解又要用到矩阵、行列式等内容，因此很有必要来讨论线性方程组的解法.

本节首先利用克拉默法则来讨论 n 个未知数 n 个方程的线性方程组，然后讨论一般线性方程组的经典解法 —— 消元法，最后利用矩阵的初等变换来求解一般线性方程组.

7.6.1　克拉默法则

定理 3(克拉默法则) 含有 n 个未知数、n 个方程的线性方程组如下：

$$\begin{cases} a_{11}x_1 + a_{12}x_2 + \cdots a_{1n}x_n = b_1 \\ a_{21}x_1 + a_{22}x_2 + \cdots a_{2n}x_n = b_2 \\ \cdots\cdots \\ a_{n1}x_1 + a_{n2}x_2 + \cdots a_{nn}x_n = b_n \end{cases}$$

如果方程组的系数行列式不等于零，即

$$D=\begin{vmatrix} a_{11} & a_{12} & \cdots & a_{1n} \\ a_{21} & a_{22} & \cdots & a_{2n} \\ \vdots & \vdots & & \vdots \\ a_{n1} & a_{n2} & \cdots & a_{nn} \end{vmatrix}\neq 0,$$

则该方程组有唯一解

$$x_i=\frac{D_i}{D}(i=1,2,\cdots,n),$$

其中 D_i 是把系数行列式D 中的第i 列的元素用方程组右端的常数项代替后所得到的n 阶行列式，即

$$D_i=\begin{vmatrix} a_{11} & \cdots & a_{1,i-1} & b_1 & a_{1,i+1} & \cdots & a_{1n} \\ a_{21} & \cdots & a_{2,i-1} & b_2 & a_{2,i+1} & \cdots & a_{2n} \\ \vdots & \vdots & \vdots & \vdots & \vdots & & \vdots \\ a_{n1} & \cdots & a_{n,i-1} & b_n & a_{n,i+1} & \cdots & a_{nn} \end{vmatrix}.$$

我们把右端的常数项全为零的线性方程组称为齐次线性方程组，把常数项不全为零的线性方程组称为非齐次线性方程组．对于齐次线性方程组，$x_1=x_2=\cdots=x_n=0$一定是它的解．由克拉默法则知，当齐次线性方程组的系数行列式不为零时，齐次线性方程组有唯一解，又 $D_i=0(i=1,2,\cdots,n)$，故唯一解为零解．

定理 4 如果齐次线性方程组有非零解，则它的系数行列式必为零．

【例 7—18】 解方程组

$$\begin{cases} x_1-x_2+2x_4=-5 \\ 3x_1+2x_2-x_3-2x_4=6 \\ 4x_1+3x_2-x_3-x_4=0 \\ 2x_1-x_3=0 \end{cases}$$

解 分别计算行列式

$$D=\begin{vmatrix} 1 & -1 & 0 & 2 \\ 3 & 2 & -1 & -2 \\ 4 & 3 & -1 & -1 \\ 2 & 0 & -1 & 0 \end{vmatrix}=5\neq 0,$$

$$D_1=\begin{vmatrix} -5 & -1 & 0 & 2 \\ 6 & 2 & -1 & -2 \\ 0 & 3 & -1 & -1 \\ 0 & 0 & -1 & 0 \end{vmatrix}=10,\quad D_2=\begin{vmatrix} 1 & -5 & 0 & 2 \\ 3 & 6 & -1 & -2 \\ 4 & 0 & -1 & -1 \\ 2 & 0 & -1 & 0 \end{vmatrix}=-15,$$

$$D_3=\begin{vmatrix} 1 & -1 & -5 & 2 \\ 3 & 2 & 6 & -2 \\ 4 & 3 & 0 & -1 \\ 2 & 0 & 0 & 0 \end{vmatrix}=20,\quad D_4=\begin{vmatrix} 1 & -1 & 0 & -5 \\ 3 & 2 & -1 & 6 \\ 4 & 3 & -1 & 0 \\ 2 & 0 & -1 & 0 \end{vmatrix}=-25.$$

可得方程组的解为

$$x_1 = \frac{D_1}{D} = 2,\ x_2 = \frac{D_2}{D} = -3,\ x_3 = \frac{D_3}{D} = 4,\ x_4 = \frac{D_5}{D} = -5.$$

【例7—19】 当λ取何值时，齐次线性方程组$\begin{cases} \lambda x + y + z = 0 \\ x + \lambda y + z = 0 \\ x + y + \lambda z = 0 \end{cases}$有非零解？

解　系数行列式

$$D = \begin{vmatrix} \lambda & 1 & 1 \\ 1 & \lambda & 1 \\ 1 & 1 & \lambda \end{vmatrix} = \lambda^3 + 1 + 1 - \lambda - \lambda - \lambda = \lambda^3 - 3\lambda + 2 = (\lambda + 2)(\lambda - 1)^2.$$

要使齐次线性方程组有非零解，则系数行列式$D = 0$，即当$\lambda = 1$或$\lambda = -2$时，齐次线性方程组有非零解.

7.6.2　消元法

克拉默法则只适用于含有n个未知数、n个方程的线性方程组，当线性方程组所包含的未知数和方程的个数不相等时，克拉默法则就无能为力了. 并且利用克拉默法则求解n元线性方程组的时候需要求解$n+1$个n阶行列式，计算量非常大，因此克拉默法则经常用来对方程组的解进行理论分析，而不用来做具体的求解计算. 这里我们使用以前学过的消元法来求解这类线性方程组.

【例7—20】 解方程组

$$\begin{cases} x_1 + x_2 + x_3 + x_4 + x_5 = 1 \\ 3x_1 + 2x_2 + x_3 + x_4 - 3x_5 = 0 \\ x_2 + 2x_3 + 2x_4 + 6x_5 = 3 \\ 5x_1 + 4x_2 + 3x_3 + 3x_4 - x_5 = 2 \end{cases}$$

解　将第1个方程分别乘以(-3)和(-5)加到第2个和第4个方程上去，得

$$\begin{cases} x_1 + x_2 + x_3 + x_4 + x_5 = 1 \\ -x_2 - 2x_3 - 2x_4 - 6x_5 = -3 \\ x_2 + 2x_3 + 2x_4 + 6x_5 = 3 \\ -x_2 - 2x_3 - 2x_4 - 6x_5 = -3 \end{cases}$$

将第2个方程加到第3个方程上去，将第2个方程乘以(-1)加到第4个方程上去，得

$$\begin{cases} x_1 + x_2 + x_3 + x_4 + x_5 = 1 \\ -x_2 - 2x_3 - 2x_4 - 6x_5 = -3 \\ 0 = 0 \\ 0 = 0 \end{cases}$$

将第2个方程乘以(-1)，得到原方程组的同解方程组

$$\begin{cases} x_1 + x_2 + x_3 + x_4 + x_5 = 1 \\ x_2 + 2x_3 + 2x_4 + 6x_5 = 3 \end{cases}$$

原方程组的第 3 个和第 4 个方程化为 $0 = 0$，即 $0x_1 + 0x_2 + 0x_3 + 0x_4 + 0x_5 = 0$，这说明这两个方程可以由第 1 个和第 2 个方程代替，我们把这样的方程称为多余方程，可以删去，不予考虑.

从而上面的方程组变为

$$\begin{cases} x_1 + x_2 = 1 - x_3 - x_4 - x_5 \\ x_2 = 3 - 2x_3 - 2x_4 - 6x_5 \end{cases}$$

将第 2 个方程乘以(-1)加到第一个方程上去，得

$$\begin{cases} x_1 = -2 + x_3 + x_4 + 5x_5 \\ x_2 = 3 - 2x_3 - 2x_4 - 6x_5 \end{cases}$$

其中 x_3，x_4，x_5 可以取任意值，被称为自由未知数，它们每取定一组值，就可以唯一确定 x_1，x_2 的值，从而得到原方程组的一个解，即原方程组有无穷多组解，这些解可以由自由未知数 x_3，x_4，x_5 表示出来.

取 $x_3 = c_1$，$x_4 = c_2$，$x_5 = c_3$，则可得方程组的解为

$$\begin{cases} x_1 = -2 + c_1 + c_2 + 5c_3 \\ x_2 = 3 - 2c_1 - 2c_2 - 6c_3 \\ x_3 = c_1 \\ x_4 = c_2 \\ x_5 = c_3 \end{cases} \quad (c_1,\ c_2,\ c_3 \text{ 为任意常数}).$$

7.6.3 矩阵的初等变换解线性方程组

上述消元法解线性方程组原理简单，思路清晰，很容易理解，但是每一次都要把未知数重新抄写一遍，比较繁琐，而矩阵的初等变换解方程组，不仅具有消元法的优点，而且过程简洁.

设非齐次线性方程组为

$$\begin{cases} a_{11}x_1 + a_{12}x_2 + \cdots + a_{1n}x_n = b_1 \\ a_{21}x_1 + a_{22}x_2 + \cdots + a_{2n}x_n = b_2 \\ \cdots\cdots \\ a_{m1}x_1 + a_{m2}x_2 + \cdots + a_{mn}x_n = b_m \end{cases}$$

利用矩阵的乘法可以将上述方程组写成如下的矩阵形式

$$Ax = b,$$

其中

$$A = \begin{pmatrix} a_{11} & a_{12} & \cdots & a_{1n} \\ a_{21} & a_{22} & \cdots & a_{2n} \\ \vdots & \vdots & & \vdots \\ a_{m1} & a_{m2} & \cdots & a_{mn} \end{pmatrix},\ x = \begin{pmatrix} x_1 \\ x_2 \\ \vdots \\ x_n \end{pmatrix},\ b = \begin{pmatrix} b_1 \\ b_2 \\ \vdots \\ b_m \end{pmatrix}.$$

将线性方程组的系数矩阵与右边的常数项合在一起构成一个新的矩阵

$$\overline{A}=(A\mid b)=\begin{pmatrix}a_{11}&a_{12}&\cdots&a_{1n}&b_1\\a_{21}&a_{22}&\cdots&a_{2n}&b_2\\\cdots&\cdots&\cdots&\cdots&\cdots\\a_{m1}&a_{m2}&\cdots&a_{mn}&b_m\end{pmatrix}$$

称该矩阵为线性方程组的增广矩阵.

【例 7—21】 利用矩阵的初等变换解线性方程组

$$\begin{cases}x_1+x_2+x_3+x_4+x_5=1\\3x_1+2x_2+x_3+x_4-3x_5=0\\x_2+2x_3+2x_4+6x_5=3\\5x_1+4x_2+3x_3+3x_4-x_5=2\end{cases}$$

解 写出方程组的增广矩阵并进行如下的初等变换：

$$\overline{A}=\begin{pmatrix}1&1&1&1&1&1\\3&2&1&1&-3&0\\0&1&2&2&6&3\\5&4&3&3&-1&2\end{pmatrix}\xrightarrow[r_4-5r_1]{r_2-3r_1}\begin{pmatrix}1&1&1&1&1&1\\0&-1&-2&-2&-6&-3\\0&1&2&2&6&3\\0&-1&-2&-2&-6&-3\end{pmatrix}$$

$$\xrightarrow[r_4-r_2]{r_3+r_2}\begin{pmatrix}1&1&1&1&1&1\\0&-1&-2&-2&-6&-3\\0&0&0&0&0&0\\0&0&0&0&0&0\end{pmatrix}\xrightarrow{r_2\times(-1)}\begin{pmatrix}1&1&1&1&1&1\\0&1&2&2&6&3\\0&0&0&0&0&0\\0&0&0&0&0&0\end{pmatrix}$$

$$\xrightarrow{r_1-r_2}\begin{pmatrix}1&0&-1&-1&-5&-2\\0&1&2&2&6&3\\0&0&0&0&0&0\\0&0&0&0&0&0\end{pmatrix}.$$

因此可以得到原方程组的同解方程组

$$\begin{cases}x_1-x_3-x_4-5x_5=-2\\x_2+2x_3+2x_4+6x_5=3\end{cases}$$

把自由未知数 x_3，x_4，x_5 移到方程右边，得

$$\begin{cases}x_1=-2+x_3+x_4+5x_5\\x_2=3-2x_3-2x_4-6x_5\end{cases}$$

与消元法得到的结果相同，原方程组有无穷多解，这些解可以由自由未知数 x_3，x_4，x_5 表示出来. 取 $x_3=c_1$，$x_4=c_2$，$x_5=c_3$，则可得方程组的解为

$$\begin{cases}x_1=-2+c_1+c_2+5c_3\\x_2=3-2c_1-2c_2-6c_3\\x_3=c_1\\x_4=c_2\\x_5=c_3\end{cases}\qquad(c_1,\ c_2,\ c_3\text{ 为任意常数}).$$

*7.7 向量及其运算

在高中的学习中我们也经常会接触到向量的概念，在解析几何中把“既有大小又有方向的量”称为向量；在坐标系中，向量就是一组有次序的实数，而那时接触到的向量最多是三维向量．这里我们把向量的概念进行推广，给出 n 维向量的概念．向量是线性代数的重要内容之一，是研究方程组等内容的重要工具，有着重要的研究意义．

7.7.1 向量的概念

定义 14 称 n 个有次序的数 $a_1, a_2, \cdots, a_n$ 组成的数组

$$(a_1, a_2, \cdots, a_n)$$

或

$$\begin{pmatrix} a_1 \\ a_2 \\ \vdots \\ a_n \end{pmatrix}$$

为 n 维向量，简称向量，其中称 a_i 为向量的第 i 个分量．一般采用加粗的黑体字母 $\boldsymbol{\alpha}$，$\boldsymbol{\beta}$ 等表示向量．

由向量定义可知，向量既可以写成一行，也可以写成一列．为了区别，将写成一行的向量称为行向量，将写成一列的向量称为列向量．回顾 7.1 节讲的矩阵的概念，向量实际上就是一种特殊的矩阵，n 维行向量 $\boldsymbol{\alpha} = (a_1, a_2, \cdots, a_n)$ 可以看作是一个 $1 \times n$ 的矩阵，同理，n 维列向量 $\boldsymbol{\alpha} = \begin{pmatrix} a_1 \\ a_2 \\ \vdots \\ a_n \end{pmatrix}$ 可以看作是一个 $n \times 1$ 的矩阵，因此矩阵的运算法则也适用于向量．

称由若干个相同维数的列向量（或行向量）所构成的一个集合为向量组．例如，n 阶单位矩阵构成一个含有 n 个 n 维行向量（或 n 个 n 维列向量）的向量组；一个 $m \times n$ 矩阵的全体列向量构成一个含有 n 个 m 维列向量的向量组．同理，它的全体行向量构成一个含有 m 个 n 维行向量的向量组．

7.7.2 向量的运算

由于向量可以看成是一种特殊的矩阵，因此，矩阵的运算适用于向量．类似于矩阵相等、矩阵加法、数乘矩阵、矩阵转置以及矩阵乘法等运算，可以定义向量的相应运算如下．

定义15 若向量 $\boldsymbol{\alpha}=(a_1, a_2, \cdots, a_n)$，$\boldsymbol{\beta}=(b_1, b_2, \cdots, b_m)$ 满足如下条件：

(1) $n=m$；

(2) $a_i=b_i(i=1, 2, \cdots, n)$.

则称两个向量相等，记作 $\boldsymbol{\alpha}=\boldsymbol{\beta}$.

定义16 设 $\boldsymbol{\alpha}=(a_1, a_2, \cdots, a_n)$，$\boldsymbol{\beta}=(b_1, b_2, \cdots, b_n)$ 为两个 n 维向量，则称向量

$$\boldsymbol{\gamma}=(a_1+b_1, a_2+b_2, \cdots, a_n+b_n)$$

为向量 $\boldsymbol{\alpha}$ 与 $\boldsymbol{\beta}$ 的和，记作 $\boldsymbol{\gamma}=\boldsymbol{\alpha}+\boldsymbol{\beta}$.

例如，设 $\boldsymbol{\alpha}=(1, 2, 2, 4)$，$\boldsymbol{\beta}=(2, 2, 3, 1)$，则

$$\begin{aligned}\boldsymbol{\gamma}=\boldsymbol{\alpha}+\boldsymbol{\beta}&=(1, 2, 2, 4)+(2, 2, 3, 1)\\&=(1+2, 2+2, 2+3, 4+1)=(3, 4, 5, 5).\end{aligned}$$

定义17 设 $\boldsymbol{\alpha}=(a_1, a_2, \cdots, a_n)$ 为 n 维向量，k 为一实数，则称向量 $(ka_1, ka_2, \cdots, ka_n)$ 为实数与 n 维向量的数乘，记作 $k\boldsymbol{\alpha}$.

当 $k=-1$ 时，称

$$(-1)\boldsymbol{\alpha}=(-a_1, -a_2, \cdots, -a_n)$$

为 n 维向量 $\boldsymbol{\alpha}$ 的负向量，记作 $-\boldsymbol{\alpha}=(-a_1, -a_2, \cdots, -a_n)$.

定义18 设 $\boldsymbol{\alpha}=(a_1, a_2, \cdots, a_n)$，$\boldsymbol{\beta}=(b_1, b_2, \cdots, b_n)$ 为两个 n 维向量，则称向量

$$\begin{aligned}\boldsymbol{\gamma}=\boldsymbol{\alpha}-\boldsymbol{\beta}=\boldsymbol{\alpha}+(-1)\boldsymbol{\beta}&=(a_1+(-1)b_1, a_2+(-1)b_2, \cdots, a_n+(-1)b_n)\\&=(a_1-b_1, a_2-b_2, \cdots, a_n-b_n)\end{aligned}$$

为向量 $\boldsymbol{\alpha}$ 与 $\boldsymbol{\beta}$ 的差，记作 $\boldsymbol{\gamma}=\boldsymbol{\alpha}-\boldsymbol{\beta}$.

定义19 设向量 $\boldsymbol{\alpha}=(a_1, a_2, \cdots, a_n)$，则称向量 $\begin{pmatrix}a_1\\a_2\\\vdots\\a_n\end{pmatrix}$ 为向量 $\boldsymbol{\alpha}$ 的转置，记作 $\boldsymbol{\alpha}^{\mathrm{T}}$ 或 $\boldsymbol{\alpha}'$.

以上的向量运算均满足矩阵运算相应的运算律，有兴趣的同学可以自己总结.

矩阵的乘法运算比较复杂，要求第一个矩阵的列数必须和第二个矩阵的行数相等才能运算，对于向量来说，我们只给出一种特殊形式的向量乘法——向量的内积.

定义20 设 $\boldsymbol{\alpha}=(a_1, a_2, \cdots, a_n)$，$\boldsymbol{\beta}=(b_1, b_2, \cdots, b_n)$ 为两个 n 维向量，则称

$$[\boldsymbol{\alpha}, \boldsymbol{\beta}]=a_1b_1+a_2b_2+\cdots+a_nb_n$$

为向量 $\boldsymbol{\alpha}$ 与 $\boldsymbol{\beta}$ 的内积，记作 $[\boldsymbol{\alpha}, \boldsymbol{\beta}]$.

向量的内积实际上是两个向量之间的一种运算，运算结果为一个数字，由于向量是一种特殊的矩阵，因此可以用矩阵的乘法来表示向量的内积，如果向量 $\boldsymbol{\alpha}$ 与 $\boldsymbol{\beta}$ 均为列向量，则向量内积可记为 $[\boldsymbol{\alpha}, \boldsymbol{\beta}]=\boldsymbol{\alpha}^{\mathrm{T}}\boldsymbol{\beta}$.

利用向量的内积定义很容易证明向量的内积具有下列性质：

(1) $[\boldsymbol{\alpha}, \boldsymbol{\beta}]=[\boldsymbol{\beta}, \boldsymbol{\alpha}]$；

(2) $[k\boldsymbol{\alpha}, \boldsymbol{\beta}]=[\boldsymbol{\alpha}, k\boldsymbol{\beta}]=k[\boldsymbol{\alpha}, \boldsymbol{\beta}]$；

(3) $[\boldsymbol{\alpha}+\boldsymbol{\beta}, \boldsymbol{\gamma}]=[\boldsymbol{\alpha}, \boldsymbol{\gamma}]+[\boldsymbol{\beta}, \boldsymbol{\gamma}]$;

有兴趣的同学可以自己证明.

【例 7—22】 设 $\boldsymbol{\alpha}=(1, 2, 4, -2)$, $\boldsymbol{\beta}=(-2, 0, 3, 1)$, 计算内积 $[\boldsymbol{\alpha}, \boldsymbol{\beta}]$、$[\boldsymbol{\alpha}, 2\boldsymbol{\beta}]$ 以及 $[\boldsymbol{\alpha}+\boldsymbol{\beta}, \boldsymbol{\beta}]$.

解 $[\boldsymbol{\alpha}, \boldsymbol{\beta}]=1\times(-2)+2\times 0+4\times 3+(-2)\times 1=8$.

$$[\boldsymbol{\alpha}, 2\boldsymbol{\beta}]=2[\boldsymbol{\alpha}, \boldsymbol{\beta}]=2[1\times(-2)+2\times 0+4\times 3+(-2)\times 1]=16.$$

$$\begin{aligned}[\boldsymbol{\alpha}+\boldsymbol{\beta}, \boldsymbol{\beta}]&=[\boldsymbol{\alpha}, \boldsymbol{\beta}]+[\boldsymbol{\beta}, \boldsymbol{\beta}]\\&=1\times(-2)+2\times 0+4\times 3+(-2)\times 1+(-2)^2+0^2+3^2+1^2=22.\end{aligned}$$

定义 21 设 $\boldsymbol{\alpha}=(a_1, a_2, \cdots, a_n)$ 为 n 维向量, 则称

$$\sqrt{[\boldsymbol{\alpha}, \boldsymbol{\alpha}]}=\sqrt{a_1^2+a_2^2+\cdots+a_n^2}$$

为 n 维向量 $\boldsymbol{\alpha}$ 的长度(或范数), 记作 $\|\boldsymbol{\alpha}\|$; 特别地, 当 $\boldsymbol{\alpha}$ 的长度为 1, 即 $\|\boldsymbol{\alpha}\|=1$ 时, 称 $\boldsymbol{\alpha}$ 为单位向量.

由向量长度的定义易知向量长度具有以下性质:

(1) 非负性: $\|\boldsymbol{\alpha}\|\geqslant 0$, 当且仅当 $\boldsymbol{\alpha}=\mathbf{0}$ 时, $\|\boldsymbol{\alpha}\|=0$;

(2) 齐次性: $\|k\boldsymbol{\alpha}\|=|k|\,\|\boldsymbol{\alpha}\|$;

(3) 三角不等式: $\|\boldsymbol{\alpha}+\boldsymbol{\beta}\|\leqslant\|\boldsymbol{\alpha}\|+\|\boldsymbol{\beta}\|$;

(4) 柯西 - 施瓦茨不等式: $|[\boldsymbol{\alpha}, \boldsymbol{\beta}]|\leqslant\|\boldsymbol{\alpha}\|\cdot\|\boldsymbol{\beta}\|$.

由向量长度定义可知, 长度为 1 的向量为单位向量, 因此可以很容易地将一般向量单位化, 例如 $(1, 0, 0, 0)$, $(0, 1, 0, 0)$, $\frac{1}{\sqrt{10}}(1, 1, 2, 2)$ 等都是单位向量.

由柯西 - 施瓦茨不等式可知, 当 $\|\boldsymbol{\alpha}\|\neq 0$, $\|\boldsymbol{\beta}\|\neq 0$ 时, 有

$$\left|\frac{[\boldsymbol{\alpha}, \boldsymbol{\beta}]}{\|\boldsymbol{\alpha}\|\cdot\|\boldsymbol{\beta}\|}\right|\leqslant 1.$$

为此我们定义两个非零向量 $\boldsymbol{\alpha}$ 与 $\boldsymbol{\beta}$ 的夹角为

$$\theta=\arccos\frac{[\boldsymbol{\alpha}, \boldsymbol{\beta}]}{\|\boldsymbol{\alpha}\|\cdot\|\boldsymbol{\beta}\|}.$$

当 $[\boldsymbol{\alpha}, \boldsymbol{\beta}]=0$ 时, 称向量 $\boldsymbol{\alpha}$ 与 $\boldsymbol{\beta}$ 正交; 从而, 零向量 $\boldsymbol{\alpha}=\mathbf{0}$ 与任何向量都正交. 这里的正交对应于解析几何中的垂直.

【例 7—23】 设向量 $\boldsymbol{\alpha}=(1, 1, 2, 2)$, $\boldsymbol{\beta}=(1, -1, -2, 2)$, $\boldsymbol{\gamma}=(1, 1, 2, -2)$, 判断 $\boldsymbol{\alpha}$ 与 $\boldsymbol{\beta}$, $\boldsymbol{\alpha}$ 与 $\boldsymbol{\gamma}$, $\boldsymbol{\beta}$ 与 $\boldsymbol{\gamma}$ 是否正交. 若不正交, 请计算其夹角.

解 由向量内积定义可得

$$[\boldsymbol{\alpha}, \boldsymbol{\beta}]=1\times 1+1\times(-1)+2\times(-2)+2\times 2=0,$$

$$[\boldsymbol{\alpha}, \boldsymbol{\gamma}]=1\times 1+1\times 1+2\times 2+2\times(-2)=2,$$

$$[\boldsymbol{\beta}, \boldsymbol{\gamma}]=1\times 1+(-1)\times 1+(-2)\times 2+2\times(-2)=-8.$$

由向量长度定义可得

$$\|\boldsymbol{\alpha}\|=\sqrt{1^2+1^2+2^2+2^2}=\sqrt{10},$$

$$\|\boldsymbol{\beta}\|=\sqrt{1^2+(-1)^2+(-2)^2+2^2}=\sqrt{10},$$

$$\|\boldsymbol{\gamma}\|=\sqrt{1^2+1^2+2^2+(-2)^2}=\sqrt{10}.$$

从而可得向量 $\boldsymbol{\alpha}$ 与 $\boldsymbol{\beta}$ 正交，$\boldsymbol{\alpha}$ 与 $\boldsymbol{\gamma}$，$\boldsymbol{\beta}$ 与 $\boldsymbol{\gamma}$ 不正交，其中 $\boldsymbol{\alpha}$ 与 $\boldsymbol{\gamma}$ 的夹角为

$$\theta_1 = \arccos \frac{[\boldsymbol{\alpha}, \boldsymbol{\gamma}]}{\|\boldsymbol{\alpha}\| \cdot \|\boldsymbol{\gamma}\|} = \arccos\left(\frac{2}{\sqrt{10} \times \sqrt{10}}\right) = \arccos \frac{1}{5},$$

$\boldsymbol{\beta}$ 与 $\boldsymbol{\gamma}$ 的夹角为

$$\theta_2 = \arccos \frac{[\boldsymbol{\beta}, \boldsymbol{\gamma}]}{\|\boldsymbol{\beta}\| \cdot \|\boldsymbol{\gamma}\|} = \arccos\left(\frac{-8}{\sqrt{10} \times \sqrt{10}}\right) = \arccos\left(-\frac{4}{5}\right) = \pi - \arccos \frac{4}{5}.$$

*7.8　二次型及其标准形

前面我们介绍的都是线性问题，而现实问题中我们常常会遇到非线性问题，例如二次曲线 $ax^2 + bxy + cy^2 = 1$，我们不熟悉其特点，为了研究曲线的性质，利用旋转坐标变换

$$\begin{cases} x = x'\cos\theta - y'\sin\theta \\ y = x'\sin\theta - y'\cos\theta \end{cases}$$

将二次曲线化为

$$mx'^2 + ny'^2 = 1,$$

然后根据 m，n 来研究曲线的性质.

二次曲线 $ax^2 + bxy + cy^2 = 1$ 的左边实际上是一个二次齐次多项式，这种多项式都可以通过坐标变换的方式将其化为只含有平方项的形式，称之为标准形. 为了研究这种问题，我们将其一般化，下面给出 n 个变量的二次齐次多项式的化简问题.

7.8.1　二次型的概念

定义 22　称含有 n 个变量 $x_1, x_2, \cdots, x_n$ 的二次齐次多项式

$$\begin{aligned} f(x_1, x_2, \cdots, x_n) = {} & a_{11}x_1^2 + a_{22}x_2^2 + \cdots + a_{nn}x_n^2 \\ & + 2a_{12}x_1x_2 + 2a_{13}x_1x_3 + \cdots + 2a_{n-1,n}x_{n-1}x_n \end{aligned}$$

为 n 元二次型，简称二次型.

如果取 $a_{ji} = a_{ij}$，则有 $2a_{ij}x_ix_j = a_{ij}x_ix_j + a_{ji}x_jx_i$，从而

$$\begin{aligned} f(x_1, x_2, \cdots, x_n) = {} & a_{11}x_1^2 + a_{12}x_1x_2 + \cdots + a_{1n}x_1x_n \\ & + a_{21}x_2x_1 + a_{22}x_2^2 + \cdots + a_{2n}x_2x_n + \cdots \\ & + a_{n1}x_nx_1 + a_{n2}x_nx_2 + \cdots + a_{nn}x_n^2 \\ = {} & \sum_{i,j=1}^{n} a_{ij}x_ix_j. \end{aligned}$$

利用矩阵的乘法运算，二次型 f 可以表示为如下的矩阵形式：

$$f = x_1(a_{11}x_1 + \cdots + a_{1n}x_n) + \cdots + x_n(a_{n1}x_1 + \cdots + a_{nn}x_n)$$

$$= (x_1, \cdots, x_n)\begin{pmatrix} a_{11}x_1 + & \cdots & + a_{1n}x_n \\ a_{21}x_1 + & \cdots & + a_{2n}x_n \\ \cdots & \cdots & \cdots \\ a_{n1}x_1 + & \cdots & + a_{nn}x_n \end{pmatrix}$$

$$= (x_1, \cdots, x_n)\begin{pmatrix} a_{11} & a_{12} & \cdots & a_{1n} \\ a_{21} & a_{22} & \cdots & a_{2n} \\ \vdots & \vdots & \ddots & \vdots \\ a_{n1} & a_{n2} & \cdots & a_{nn} \end{pmatrix}\begin{pmatrix} x_1 \\ x_2 \\ \vdots \\ x_n \end{pmatrix}.$$

若记

$$A = \begin{pmatrix} a_{11} & a_{12} & \cdots & a_{1n} \\ a_{21} & a_{22} & \cdots & a_{2n} \\ \vdots & \vdots & \ddots & \vdots \\ a_{n1} & a_{n2} & \cdots & a_{nn} \end{pmatrix}, \quad x = \begin{pmatrix} x_1 \\ x_2 \\ \vdots \\ x_n \end{pmatrix},$$

则二次型可记作

$$f = x^{\mathrm{T}}Ax,$$

其中 A 为对称阵.

由二次型的矩阵表示可知，二次型 f 与对称阵 A 之间确立了一一对应关系，即任给一个二次型，可以唯一地确定一个对称矩阵；反之，任给一个对称矩阵，也可以唯一地确定一个二次型. 因此可以通过二次型对应的矩阵(对称矩阵)来研究二次型. 称二次型 f 唯一确定的对称阵 A 为二次型 f 的矩阵，称对称阵 A 的秩为二次型 f 的秩.

【例 7—24】 将二次型 $f = 4x^2 - 2y^2 + z^2 - 2xy + 6xz + 4yz$ 用矩阵形式表示，并求二次型的秩.

解 二次型 $f = 4x^2 - 2y^2 + z^2 - 2xy + 6xz + 4yz$ 的矩阵形式为

$$f = (x, y, z)\begin{pmatrix} 4 & -1 & 3 \\ -1 & -2 & 2 \\ 3 & 2 & 1 \end{pmatrix}\begin{pmatrix} x \\ y \\ z \end{pmatrix},$$

其中，二次型的矩阵为

$$A = \begin{pmatrix} 4 & -1 & 3 \\ -1 & -2 & 2 \\ 3 & 2 & 1 \end{pmatrix}.$$

由于 $R(A) = 3$，故二次型 f 的秩为 3.

7.8.2 二次型的标准形

定义 23 称只含有平方项的二次型

$$f(x_1, x_2, \cdots, x_n) = k_1x_1^2 + k_2x_2^2 + \cdots + k_nx_n^2$$

为二次型 f 的标准形(或法式).

例如，二次型 $f = x^2 + 2y^2 - 3z^2 + w^2$ 即为只含有平方项的标准形.

正如本节一开始所讨论的那样，对于一个给定的二次型 f，我们所要讨论的主要问题是，如何寻找可逆的线性变换

$$\begin{cases} x_1 = c_{11}y_1 + c_{12}y_2 + \cdots + c_{1n}y_n \\ x_2 = c_{21}y_1 + c_{22}y_2 + \cdots + c_{2n}y_n \\ \cdots\cdots \\ x_n = c_{n1}y_1 + c_{n2}y_2 + \cdots + c_{nn}y_n \end{cases}$$

即

$$x = Cy,$$

其中

$$x = \begin{pmatrix} x_1 \\ x_2 \\ \vdots \\ x_n \end{pmatrix},\ C = \begin{pmatrix} c_{11} & c_{12} & \cdots & c_{1n} \\ c_{21} & c_{22} & \cdots & c_{2n} \\ \vdots & \vdots & \ddots & \vdots \\ c_{n1} & c_{n2} & \cdots & c_{nn} \end{pmatrix} (|C| \neq 0),\ y = \begin{pmatrix} y_1 \\ y_2 \\ \vdots \\ y_n \end{pmatrix}$$

将所给的二次型化为标准形

$$f(y_1, y_2, \cdots, y_n) = k_1 y_1^2 + k_2 y_2^2 + \cdots + k_n y_n^2.$$

7.8.3　配方法化二次型为标准形

化二次型为标准形有很多种方法，如配方法、正交变换法以及初等变换法等，其中配方法最为简单易懂，且与中学代数中的配方法相类似，因此我们这里只介绍最简单的配方法.

(1) 如果二次型 $f(x_1, x_2, \cdots, x_n)$ 中至少有一个变量平方项的系数不为零，且还有该变量的交叉项. 不妨设 $a_{11} \neq 0$，则先对所有含 x_1 的项进行配方；如此下去，直到把所有含有平方项的变量以及含有该变量的交叉项都完成配方为止. 下面我们通过具体的例子来介绍这种方法.

【例 7−25】 用配方法化二次型 $f = x_1^2 - 3x_2^2 - 2x_1x_2 + 2x_1x_3 - 6x_2x_3$ 为标准形，并求所用变换对应的矩阵.

解　因为二次型 f 中含有 x_1 的平方项，因此，先把含有 x_1 的项归并起来，再配方，可得

$$\begin{aligned} f &= x_1^2 - 2x_1x_2 + 2x_1x_3 - 3x_2^2 - 6x_2x_3 \\ &= (x_1 - x_2 + x_3)^2 - x_2^2 - x_3^2 + 2x_2x_3 - 3x_2^2 - 6x_2x_3 \\ &= (x_1 - x_2 + x_3)^2 - 4x_2^2 - 4x_2x_3 - x_3^2. \end{aligned}$$

上式右端除了第一项外都已不再含 x_1，再把含有 x_2 的项归并起来，继续配方可得

$$f = (x_1 - x_2 + x_3)^2 - (2x_2 + x_3)^2.$$

令

$$\begin{cases} y_1 = x_1 - x_2 + x_3 \\ y_2 = 2x_2 + x_3 \\ y_3 = x_3 \end{cases}$$

从而有

$$\begin{cases} x_1 = y_1 + \dfrac{1}{2}y_2 - \dfrac{3}{2}y_3 \\ x_2 = \dfrac{1}{2}y_2 - \dfrac{1}{2}y_3 \\ x_3 = y_3 \end{cases}$$

这样就把 f 化为标准形 $f = y_1^2 - y_2^2$，所用的变换矩阵为

$$C = \frac{1}{2}\begin{pmatrix} 2 & 1 & -3 \\ 0 & 1 & -1 \\ 0 & 0 & 2 \end{pmatrix}\left(|C| = \frac{1}{2} \neq 0\right).$$

(2) 二次型 $f(x_1, x_2, \cdots, x_n)$ 中的变量只有交叉项而无平方项，即 $a_{ii} = 0$ $(i = 1, 2, \cdots, n)$. 不妨设 $a_{12} \neq 0$，则首先作如下变换：

$$\begin{cases} x_1 = y_1 + y_2 \\ x_2 = y_1 - y_2 \\ x_k = y_k (k \neq 1, 2) \end{cases}$$

将上述变换代入原式中，即可得到平方项，然后再利用(1)中的方法将其化为标准形. 下面我们通过具体的例子来介绍这种方法.

【例 7—26】 用配方法化二次型 $f = 2x_1x_2 - x_1x_3 - x_2x_3$ 为标准形，并求所用变换的矩阵.

解 二次型 f 中不含平方项，含有乘积项 x_1x_2，故令

$$\begin{cases} x_1 = y_1 + y_2 \\ x_2 = y_1 - y_2 \\ x_3 = y_3 \end{cases}$$

将其代入原式，得

$$f = 2y_1^2 - 2y_2^2 - 2y_1y_3,$$

再配方，得

$$f = 2\left(y_1 - \frac{1}{2}y_3\right)^2 - 2y_2^2 - \frac{1}{2}y_3^2.$$

令

$$\begin{cases} z_1 = y_1 - \dfrac{1}{2}y_3 \\ z_2 = y_2 \\ z_3 = y_3 \end{cases}$$

从而有

$$\begin{cases} y_1 = z_1 + \dfrac{1}{2}z_3 \\ y_2 = z_2 \\ y_3 = z_3 \end{cases}$$

这样就把 f 化为标准形 $f = 2z_1^2 - 2z_2^2 - \dfrac{1}{2}z_3^2$，所用的变换矩阵为

$$C=\begin{pmatrix}1&1&0\\1&-1&0\\0&0&1\end{pmatrix}\cdot\frac{1}{2}\begin{pmatrix}2&0&1\\0&2&0\\0&0&2\end{pmatrix}=\frac{1}{2}\begin{pmatrix}2&2&1\\2&-2&1\\0&0&2\end{pmatrix}(|C|=-8\neq 0).$$

本章小结

本章主要介绍了线性代数课程涉及的一些基本概念、基本思想和基本理论，并给出了一些简单应用. 全章以矩阵为主线，介绍了矩阵的一些基本运算，引出了逆矩阵、矩阵的秩等相关概念，将行列式看成方阵的一种运算，进而讨论了行列式的性质和计算，并讨论了矩阵的一些应用，如线性方程组的求解、向量的运算和二次型等.

1. 矩阵

称由 $m \times n$ 个数排列成 m 行 n 列的数表为 $m \times n$ 矩阵.

介绍了几种特殊的矩阵，如零矩阵、方阵、对角阵、上三角矩阵、下三角矩阵和单位阵等，并介绍了矩阵的加法、减法、数乘、矩阵乘法和转置等运算.

为了构造矩阵乘法的逆运算，给出了逆矩阵的概念.

对于 n 阶方阵 A，如果存在一个 n 阶方阵 B，使得

$$AB = BA = E,$$

则称 n 阶方阵 A 可逆，并把 n 阶方阵 B 称为方阵 A 的逆矩阵，记作 A^{-1}，即 $B = A^{-1}$，且 A 与 B 互为逆矩阵.

给出了计算逆矩阵的方法：伴随矩阵法和初等变换法. 利用矩阵的初等变换，给出了矩阵等价的概念，并引入了矩阵的秩的概念、性质和计算方法.

2. 行列式

由对角线法则引入二阶行列式和三阶行列式的概念及其计算方法，通过逆序数给出了 n 阶行列式的概念，并介绍了行列式的性质，如行列式的两行(列）互换，行列式变号；行列式的某一行(列）的公因子可以提取到行列式的符号之外；将行列式某一行(列）的各元素乘以同一常数后加到另一行(列）的对应元素上，则此行列式的值不变，等等.

3. 线性方程组、向量和二次型

介绍了矩阵在线性方程组、向量和二次型等方面的应用.

首先利用克拉默法则讨论了由 n 个未知数 n 个方程构成的线性方程组解的存在性问题，然后分别介绍了求解一般线性方程组的消元法和矩阵的初等变换法.

介绍了向量的概念及其运算，引入了向量的内积的概念及其性质，讨论了向量的长度和夹角.

二次型作为矩阵的另一个应用，将二次型与对称矩阵一一对应，将二次型的研究转换为对称矩阵性质的研究，讨论了二次型的标准形，最后通过例子给出化二次型为标准形的方法——配方法.

扩展阅读(1)——数学家简介

雅可比

雅可比(Carl Gustav Jacob Jacobi)，著名数学家，1804 年 12 月 10 日生于普鲁士的波茨坦，1851 年 2 月 18 日在柏林逝世.

雅可比自幼聪明，幼年随其舅舅学习拉丁文和数学. 1816 年 11 月进入波茨坦大学预科学习，1821 年春毕业. 当时他的希腊语、拉丁语和历史成绩都很优异，尤其在数学方面，他掌握的知识远远超过学校所教授的内容. 他还自学了欧拉的《无穷小分析引论》，并且试图求解五次代数方程.

1821 年 4 月雅可比考入柏林大学，开始了 2 年的学习生活，他对哲学、古典文学和数学都颇有兴趣. 该校的校长评价说，从一开始雅可比就显示出他是一个"全才". 像高斯一样，要不是数学强烈吸引着他，他很可能在语言上取得很高成就. 雅可比最后还是决定全力投身数学. 1825 年 8 月，他获得柏林大学理学博士学位. 之后，留校任教. 1825 年到 1826 年冬季，他主讲关于三维空间曲线和曲面的解析理论课程. 年仅 21 岁的雅可比善于将自己的观点贯穿在教学之中，启发学生独立思考，是当时最吸引人的数学教师.

1826 年 5 月，雅可比到柯尼斯堡大学任教，1827 年 12 月被任命为副教授，1827 年被选为柏林科学院院士，1832 年 7 月被任命为教授. 他还是伦敦皇家学会会员，彼得堡、维也纳、巴黎、马德里等科学院院士. 在柯尼斯堡大学的 18 年间，雅可比不知疲倦地工作着，在科学研究和教学上都做出惊人的成绩. 雅可比在椭圆函数理论、数学分析、数论、几何学、力学方面的主要论文都发表在克雷勒的《纯粹和应用数学》杂志上，平均每期有三篇雅可比的文章. 这使得他很快获得国际声誉，同数学家贝塞尔、物理学家 F. 诺伊曼三人成为德国数学复兴的核心.

雅可比几乎与阿贝尔(Abel, Niels Henrik, 1802—1829)同时各自独立地发现了椭圆函数，是椭圆函数理论的奠基人之一. 1827 年雅可比从陀螺的旋转问题入手，开始对椭圆函数进行研究. 1827 年 6 月在《天文报告》上发表了《关于椭圆函数变换理论的某些结果》. 1829 年发表的《椭圆函数基本新理论》，成为椭圆函数的一本关键性著作. 书中利用椭圆积分的反函数研究椭圆函数，这是一个关键性的进展. 他还把椭圆函数理论建立在被称为 θ 函数这一辅助函数的基础上. 他引进了四个 θ 函数，然后利用这些函数构造出椭圆函数的最简单的因素. 他还得到 θ 函数的各种无穷级数和无穷乘积的表示法. 1832 年雅可比发现反演可以借助于多于一个变量的函数来完成. 于是 p 个变量的阿贝尔函数论产生了，并成为 19 世纪数学的一个重要课题. 1835 年雅可比证明了单变量的一个单值函数，如果对于自变量的每一个有穷值具有有理函数的特性(即为一个亚纯函数)，它的周期就不可能多于两个，且周期的比必须是一个非实数. 这个发现开辟了一个新的研究方向，即找出所有的双周期函数的问题. 椭圆函数理论在 19 世纪数学领域中占有十分重要的地位．它为发现和改进复变函数理论中的一般定理创造了有利条件．如果没有椭圆函数理论中的一些特例为复变函数理论提供那么多的线索，那么复变函数理论的发展就会慢得多．

雅可比对行列式理论也做了奠基性的工作，他在函数行列式方面有一篇著名的论文《论行列式的形成与性质》，文中求出了函数行列式的导数公式．在偏微分方程的研究中，他引进了“雅可比行列式”，并将其应用在多重积分的变量变换和函数组的相关性研究中，利用函数行列式作工具证明了函数之间相关或无关的条件是雅克比行列式等于零或不等于零，他又给出了雅可比行列式的乘积定理．

雅可比在动力学方面（尤其是把微分方程应用于动力学）的成就也是出色的．他深入研究了哈密尔顿（Hamilton. William Rowan，1805—1865）典型方程，经过引入广义坐标变换后得到一阶偏微分方程，称为哈密尔顿－雅可比微分方程．这方面的研究成果在专著《动力学讲义》中得到了全面反映．书中还探讨过一个椭球体上的测地线，从而导出了两个阿贝尔积分之间的关系．这促进了常微分方程组和一阶偏微分方程组的研究的发展．

雅可比对数学史的研究也感兴趣．1840年他制订了出版欧拉著作的计划（因为欧拉的孙子发现欧拉有许多文章未发表）．1846年1月做过关于R．笛卡尔（Descartes. Rence，1596—1650）的通俗演讲，对古希腊数学也做过研究和评论．

另外，雅可比在发散级数理论、变分法中的二阶变分问题、复变函数论、线性代数和天文学等方面均有创见．现在数学中的许多定理、公式和函数恒等式、方程、积分、曲线、矩阵、根式、行列式及多种数学符号的名称都被冠以雅克比的名字．

1842年雅克比由于健康不佳而退隐，定居柏林．1851年初雅可比在患流行性感冒还未痊愈时，又得了天花，不久去世，终年不满47岁．他的密友P．G．L．狄利克雷在柏林科学院发表纪念讲话，总结了他在数学上的杰出贡献，称他为J．L．拉格朗日以来科学院成员中最卓越的数学家．1881—1891年普鲁士科学院陆续出版了由C．W．博尔夏特（Borchardt）等人编辑的七卷《雅可比全集》和增补集，这是雅可比留给世界数学界的珍贵遗产．

习题7

1．计算下列矩阵的乘积．

(1) $\begin{pmatrix} 1 \\ 2 \\ 3 \end{pmatrix}(2, 2, 1)$；

(2) $(2, 3, 1, -1)\begin{pmatrix} -1 \\ 4 \\ -3 \\ 1 \end{pmatrix}$；

(3) $\begin{pmatrix} 1 & 2 & 3 \\ 2 & 3 & 5 \end{pmatrix}\begin{pmatrix} 2 & 1 & 2 \\ 2 & -2 & 0 \\ 0 & 1 & 1 \end{pmatrix}$；

(4) $\begin{pmatrix} 1 & 1 \\ -2 & 3 \\ 1 & 2 \end{pmatrix}\begin{pmatrix} 1 & 2 & 0 & 5 \\ -2 & 1 & 3 & -3 \end{pmatrix}$；

(5) $\begin{pmatrix} 1 & 0 \\ 2 & 1 \end{pmatrix}^3$.

2. 设 $A = \begin{pmatrix} 1 & 2 \\ 2 & 1 \end{pmatrix}$，$B = \begin{pmatrix} -1 & 2 \\ 2 & -1 \end{pmatrix}$，计算 AB 和 BA.

3. 设 $A = \begin{pmatrix} 2 & 1 & 2 \\ 3 & 2 & -1 \\ -1 & 2 & 1 \end{pmatrix}$，$B = \begin{pmatrix} 3 & -1 & 1 \\ 2 & 0 & 2 \\ 2 & -2 & 1 \end{pmatrix}$，计算 $3A-2B$，$A^{\mathrm{T}}B$ 及 AB^{T}.

4. 求下列矩阵的逆矩阵.

(1) $\begin{pmatrix} 1 & 2 \\ 2 & 1 \end{pmatrix}$；　　(2) $\begin{pmatrix} \lambda_1 & & & \\ & \lambda_2 & & \\ & & \ddots & \\ & & & \lambda_n \end{pmatrix}$；

(3) $\begin{pmatrix} 0 & 0 & 2 \\ 0 & 5 & 0 \\ 8 & 0 & 0 \end{pmatrix}$；　　(4) $\begin{pmatrix} 1 & -1 & 1 \\ 1 & 1 & -1 \\ -1 & 1 & 1 \end{pmatrix}$；

(5) $\begin{pmatrix} 1 & 1 & 0 & 0 \\ 0 & 2 & 0 & 0 \\ 0 & 0 & 4 & 2 \\ 0 & 0 & 3 & 1 \end{pmatrix}$.

5. 求下列矩阵的秩.

(1) $\begin{pmatrix} 1 & 2 & -1 & 4 \\ 2 & 4 & 3 & 5 \\ -1 & -2 & 6 & -7 \end{pmatrix}$；　　(2) $\begin{pmatrix} 3 & 2 & 1 & -1 \\ 0 & 2 & 3 & 0 \\ -3 & 4 & 8 & 1 \end{pmatrix}$；

(3) $\begin{pmatrix} 1 & 0 & -1 & -1 & 2 \\ -1 & 1 & 2 & 3 & 6 \\ 0 & 1 & 1 & 2 & 4 \\ 0 & -1 & -1 & 1 & 1 \end{pmatrix}$；　　(4) $\begin{pmatrix} 14 & 12 & 6 & 8 & 2 \\ 6 & 104 & 12 & 9 & 17 \\ 7 & 6 & 3 & 4 & 1 \\ 35 & 30 & 15 & 20 & 5 \end{pmatrix}$；

(5) $\begin{pmatrix} 1 & 1 & 2 & 2 & 1 \\ 0 & 2 & 1 & 5 & -1 \\ 2 & 0 & 3 & -1 & 3 \\ 2 & 2 & 0 & 8 & -2 \end{pmatrix}$.

6. 利用对角线法则计算下列行列式.

(1) $\begin{vmatrix} a & b \\ c & d \end{vmatrix}$；　　(2) $\begin{vmatrix} 2 & -2 \\ 3 & 1 \end{vmatrix}$；

(3) $\begin{vmatrix} 1 & 1 & 1 \\ x & y & z \\ x^2 & y^2 & z^2 \end{vmatrix}$；　　(4) $\begin{vmatrix} 1 & 2 & 1 \\ 2 & 1 & 2 \\ 1 & 1 & 1 \end{vmatrix}$.

7. 计算下列四阶行列式.

(1) $\begin{vmatrix} 1 & 3 & -1 & 2 \\ 1 & -5 & 3 & -4 \\ 0 & 2 & 1 & -1 \\ -5 & 1 & 3 & -3 \end{vmatrix}$；　(2) $\begin{vmatrix} -4 & 2 & 0 & 0 \\ 2 & 0 & 0 & 0 \\ 0 & 0 & -7 & 3 \\ 0 & 0 & 5 & -1 \end{vmatrix}$；

(3) $\begin{vmatrix} 1 & 3 & 3 & 3 \\ 3 & 1 & 3 & 3 \\ 3 & 3 & 1 & 3 \\ 3 & 3 & 3 & 1 \end{vmatrix}$；　(4) $\begin{vmatrix} 1 & 1 & 1 & 0 \\ 1 & 1 & 0 & 1 \\ 1 & 0 & 1 & 1 \\ 0 & 1 & 1 & 1 \end{vmatrix}$.

8. 计算下面 n 阶行列式.

$$\begin{vmatrix} y & x & \cdots & x \\ x & y & \cdots & x \\ \vdots & \vdots & \ddots & \vdots \\ x & x & \cdots & y \end{vmatrix}.$$

9. 求解下列齐次线性方程组.

(1) $\begin{cases} x_1 + 2x_2 + x_3 + x_4 = 0 \\ 2x_1 + x_2 - 2x_3 - 2x_4 = 0 \\ x_1 - x_2 - 4x_3 - 3x_4 = 0 \end{cases}$；　(2) $\begin{cases} x_1 - 2x_2 + 2x_3 = 0 \\ 2x_1 - x_2 - x_3 = 0 \\ x_1 - x_2 + x_3 = 0 \end{cases}$；

10. 求解下列非齐次线性方程组.

(1) $\begin{cases} 2x_1 - x_2 + 3x_3 = 1 \\ 4x_1 - 2x_2 + 5x_3 = 4 \\ 2x_1 + 2x_3 = 6 \end{cases}$；　(2) $\begin{cases} x_1 - x_2 - x_3 + x_4 = 0 \\ x_1 - x_2 + x_3 - 3x_4 = 1 \\ x_1 - x_2 - 2x_3 + 3x_4 = -\dfrac{1}{2} \end{cases}$.

*11. 设 $\boldsymbol{\alpha} = (1, 1, 2, -3)$，$\boldsymbol{\beta} = (2, -4, 3, -1)$，计算内积 $[\boldsymbol{\alpha}, \boldsymbol{\beta}]$、$[2\boldsymbol{\alpha}, \boldsymbol{\beta}]$ 以及 $[3\boldsymbol{\alpha} + 2\boldsymbol{\beta}, \boldsymbol{\beta}]$.

*12. 计算下列向量的长度.

(1) $(-1, -4, 5)$；　(2) $(1, 2, 3, 4)$；

(3) $\begin{pmatrix} 1 \\ 1 \\ 1 \end{pmatrix}$；　(4) $\begin{pmatrix} 2 \\ -1 \\ 7 \end{pmatrix}$.

*13. 计算下列向量的夹角.

(1) $\boldsymbol{\alpha} = (1, 1, 1, 1)$，$\boldsymbol{\beta} = (1, 0, 1, 0)$；

(2) $\boldsymbol{\alpha} = (1, 0, 0, 0)$，$\boldsymbol{\beta} = (0, 0, 0, 1)$.

*14. 写出下列二次型的矩阵形式.

(1) $f(x, y, z) = -x^2 + 3y^2 - 4z^2 + 4xy - 10xz - 8yz$；

(2) $f(x_1, x_2, x_3) = 2x_2^2 - 3x_3^2 - 6x_1x_3 + 2x_2x_3$.

*15. 化下列二次型为标准形，并写出所用的变换矩阵.

(1) $f(x_1, x_2, x_3) = x_1^2 + 2x_2^2 + 3x_3^2 - 4x_1x_2 + 2x_1x_3 - 4x_2x_3$；

(2) $f(x_1, x_2, x_3) = x_1x_2 - x_1x_3 - x_2x_3$.

第 8 章　概率论与数理统计初步

概率论与数理统计是现代数学的一个重要分支，这门学科已经被非常广泛地应用于经济、管理、物理、化学、教育、语言、生物、信息等领域，概率论与数理统计已经成为我们必备的数学工具和数学方法.

1654 年法国数学家帕斯卡与费马通信讨论了机会博弈和赌博中的问题，后来惠更斯也加入研究. 在这些研究中建立了概率论的一些概念，如事件、概率、数学期望等. 我们一般认为概率论在这一年诞生. 随后，在另外一些领域，例如保险、测量等研究工作中提出了一些概率问题，随后人们在概率论的极限定理等方面进行研究，给出概率公理化的定义，使其进一步完善.

数理统计是一个相对年轻的数学分支，是以概率论为基础，研究随机现象的一门学科，应用概率论的结果更深入地分析研究统计资料，通过对某些现象的观察来发现该现象的内在规律性，并做出一定精确程度的判断和预测，将这些研究的某些结果加以归纳整理，逐步形成一定的数学概型，这些组成了数理统计的内容.

本章将介绍一些简单的概率统计方法，使同学对其有基本的了解.

8.1　随机事件

8.1.1　随机事件

在自然界和社会生活中我们会观察到很多现象，例如，在一个大气压下，纯水加热到 100 摄氏度必然会沸腾等. 称这种在一定条件下必然会发生的事件为必然事件. 反之，称在一定条件下必然不会发生的事件为不可能事件.

在自然界和社会生活中还存在大量的这样的事件，例如：将一枚均匀硬币抛起，观察正反面出现的情况；一只口袋中装有红白两种颜色的球，除颜色外其他无差别，从袋中任取一只观察其颜色；在一批灯管中任取一只，测试其寿命；某时间段某十字路口十分钟内通过的所有车辆数目；等等. 它们所有可能的结果事先已经知道，但进行试验之前不能确定哪一种结果会出现，在概率论中我们将其称为随机试验.

在一次试验中可能发生也可能不发生，而在大量重复试验中具有某种规律性的结果，我们把这种事件称为随机事件. 随机事件简称事件，常用大写字母 A，B，C，… 表示. 我们把最简单的随机事件(具有不可再分性) 称为基本事件. 由多个基本事件组成的事件称为复合事件. 例如，掷一枚均匀的骰子，观察出现的点数，“出现 1 点”“出现 2 点”… “出现 6 点”，均为基本事件. 而“出现偶数点”也是一个随机事件，由“出现 2 点”“出现 4 点”“出现 6 点”这三个基本事件所组成，所以是复合事件. 称试验中必然发生的事件为必然事件，用 Ω 表示；称必然不发生的事件为不可能事件，用 ϕ 表示. 例如，掷骰子的试验中，“点数不大于 6”是必然事件 Ω，而“点数大于 6”则是不可能事件 ϕ.

8.1.2　事件的关系及运算

称随机试验中出现的基本事件为样本点，所有基本事件组成的集合为样本空间，用 Ω 表示. 事件即为样本点组成的某个集合，而必然事件 Ω 是样本点的全体，就是样本空间. 例如，将一枚均匀硬币掷两次，观察正反面出现的情况. 样本空间为 $\Omega=\{$(正，正)，(正，反)，(反，正)，(反，反)$\}$，其中每一个事件都是基本事件. 不可能事件 Φ 即为不含任何样本点的集合，即每次试验都不会发生的事件.

8.1.2.1　事件的包含与相等

若事件 A 的发生必然导致事件 B 的发生，则称事件 B 包含事件 A，记为 $B\supset A$，或 $A\subset B$. 例如，若记 A 为“十字路口某时段来到的车辆数目不超过 20 辆”，记 B 为“十字路口某时段来到的车辆数目不超过 30 辆”，则 $A\subset B$. 显然有 $\Omega\supset A\supset\phi$.

若 $A\subset B$，且 $B\subset A$，则称事件 A 与事件 B 相等.

8.1.2.2　事件的和

事件 A 与事件 B 至少发生一个，则称这一事件为事件 A 与事件 B 的和，记为 $A+B$，或 $A\cup B$. 显然有 $A\cup A=A$，$A\subset A\cup B$，$B\subset A\cup B$，特别地，$A\cup\Omega=\Omega$，$A\cup\phi=A$.

8.1.2.3　事件的积

事件 A 与事件 B 同时发生，这一事件称为事件 A 与事件 B 的积，记为 $A\cap B$，或 AB. 显然，$A\cap B\subset A$，$A\cap B\subset B$，若 $A\subset B$，则 $A\cap B=A$，特别地，$A\cap\Omega=A$.

8.1.2.4　事件的差

称事件 A 发生而事件 B 不发生的事件为事件 A 与 B 的差，记为 $A-B$. 显然，$A-B=A-A\cap B$.

8.1.2.5　对立事件(事件的逆)

事件“非 A”(即 A 不发生) 称为 A 的对立事件，记为 $\overline{A}$. 显然，$A\cap\overline{A}=\phi$，$A+\overline{A}=\Omega$.

8.1.2.6　互不相容事件

若事件A与事件B不能同时发生，即$A\cap B=\phi$，则称事件A与事件B是互不相容的. 显然事件A与事件$\overline{A}$是互不相容的一对事件.

8.1.2.7　事件的运算

(1) 交换律：$A+B=B+A$，$A\cap B=BA$；
(2) 结合律：$(A+B)+C=A+(B+C)$，$(A\cap B)C=A\cap(B\cap C)$；
(3) 分配律：$A\cap(B+C)=A\cap B+A\cap C$；
(4) 互逆律：$A+\overline{A}=\Omega$；
(5) 积化差：$A-B=A\cap\overline{B}$.

【例 8－1】　将一枚均匀硬币投掷两次，观察正反面出现情况，所有可能的结果为$A_1=\{(正，正)\}$，$A_2=\{(正，反)\}$，$A_3=\{(反，正)\}$，$A_4=\{(反，反)\}$. 记事件A为第一次出现正面，则$A=A_1+A_2$. 记B为第二次出现正面，则$B=A_1+A_3$. 记C为两次都出现正面，则$C=A\cap B$，即$C=A_1$.

8.2　概率

随机事件在一次试验中，可能发生也可能不发生，具有偶然性. 但是，人们从实践中认识到，在相同的条件下，进行大量的重复试验，试验的结果具有某种内在的规律性，即随机事件发生的可能性大小是可以比较的，是可以用一个数字进行度量的. 例如，在投掷一枚均匀的骰子试验中，事件A为“掷出奇数点”，事件B为“掷出5点”，显然事件A比事件B发生可能性要大. 对于一个随机试验，我们不仅要知道它可能出现哪些结果，更重要的是研究各种结果发生的可能性的大小，从而揭示其内在的规律性.

8.2.1　频率

对于随机事件A，若在N次试验中出现n次，则称

$$f_N(A)=\frac{n}{N}$$

为随机事件A在N次试验中出现的频率.

【例 8－2】　我们在投掷一枚均匀硬币时，既可能出现正面，也可能出现反面，预先做出判断是不可能的，但是直观上出现正面与反面的机会应该相等，即出现正面和反面的频率为 0.5. 历史上有不少人做过这个实验，结果如表 6－1 所示.

表 6－1

投掷次数 N	正面向上次数 n	频率 $\frac{n}{N}$
2 048	1 061	0.518
4 040	2 048	0.506 8
12 000	6 019	0.501 6
24 000	12 012	0.500 5

从实验结果看出频率在 0.5 附近摆动，当 n 增大时，逐渐稳定趋于 1/2.

【例 8－3】　检查某汽车零件工厂产品的次品率，其结果如表 6－2 所示.

表 6－2

抽出产品数(n)	5	10	60	150	600	1200	1800	2400
次品数(m)	0	2	7	19	52	109	169	248
次品率$\left(\frac{n}{m}\right)$	0	0.2	0.117	0.127	0.087	0.091	0.094	0.103

随着抽样的大量进行，抽取到的产品数逐渐增多，可以发现次品率在 0.1 附近摆动.

上述种种事实表明，随机事件有其偶然性的一面，也有必然性的一面. 这种必然表现为大量试验中随机事件出现频率的稳定性，即一个随机事件在一个固定常数附近摆动. 这种规律性我们称之为统计规律性. 频率的稳定性说明随机事件发生可能性的大小是随机事件本身固有的一种客观属性，可以对它进行度量.

对于一个随机事件讨论各种结果出现的可能性的大小有很大意义，对于随机事件 A，用一个数 $P(A)$ 来表示事件发生可能性的大小，称这个数为事件 A 的概率.

8.2.2　概率

尽管频率能在一定程度上反映随机事件发生的可能性的大小，而且具有简单、易掌握的特点，但它也有不足之处. 第一，我们不能说明做 n 次试验计算出的频率和做 $n+1$ 次试验计算出的频率哪一个更能准确反映事件发生的可能性. 第二，我们也无法说明试验次数取多少更合适. 但实践告诉我们当试验次数逐渐增多时，频率 $f_N(A)$ 将会稳定在某个固定的常数附近，频率的这种稳定性反映了随机现象的必然规律. 因此可用频率的稳定值定量描述随机事件发生的可能性的大小，将频率 $f_N(A)$ 在 n 充分大时逐渐稳定的这个常数定义为事件 A 发生的概率. 概率就是随机事件发生的可能性大小的数量表征. 对于事件 A，通常用 $P(A)$ 来表示事件 A 发生的可能性大小，即 A 发生的概率.

8.2.2.1　概率的统计定义

定义 1　设有随机试验 E，若当试验次数 n 充分大时，事件 A 发生的频率 $f_N(A)$ 在某常数 p 附近变化，并且 $f_N(A)$ 随着 n 的增大而稳定于 p，则称常数 p 为事件 A 的概率，记为 $P(A)$，即

$$P(A) = p.$$

显然，在例 8 - 2 中 $p = 0.5$，在例 8 - 3 中 $p = 0.1$.

容易验证概率有以下性质：

(1) 非负性：对于每一事件 A，有 $P(A) \geqslant 0$；

(2) 规范性：对于必然事件 Ω，有 $P(\Omega) = 1$；

(3) 可加性：对两两互不相容事件 $A_1, A_2, \cdots, A_n$，有

$$P(A_1 + A_2 + \cdots + A_n) = P(A_1) + P(A_2) + \cdots + P(A_n).$$

8.2.2.2　概率的公理化定义

定义 2　设 E 是随机试验，称函数 $P(A)$ 为事件 A 的概率，如果 $P(A)$ 的定义域为所有随机事件组成的集合，且满足下列条件：

(1) 对任一随机事件 A，都有 $P(A)$ 与之对应，并且 $0 \leqslant P(A) \leqslant 1$.

(2) $P(\Omega) = 1$，$P(\phi) = 0$.

(3) 对于两两互不相容的事件 $A_1, A_2, \cdots, A_n, \cdots$，有

$$P(A_1 + A_2 + \cdots + A_n) = P(A_1) + P(A_2) + \cdots + P(A_n)\text{（有限可加性）},$$

$$P(A_1 + A_2 + \cdots + A_n + \cdots) = P(A_1) + P(A_2) + \cdots + P(A_n) + \cdots\text{（可列可加性）}.$$

从定义 2 中可以看出，我们把 $P(A)$ 看成是事件 A 的函数，即对每一事件 $A \in E$，对应着唯一的确定的数 $P(A)$. 它的自变量是一个事件，即定义域是试验 E 下所有事件构成的集合，而其值域是 $[0, 1]$ 区间上所有实数.

容易推出概率的如下性质.

性质 1　设 $\overline{A}$ 是 A 的对立事件，则

$$P(A) = 1 - P(\overline{A}).$$

性质 2　设 A, B 为任意两个随机事件，则

$$P(A + B) = P(A) + P(B) - P(AB).$$

特别地，若 A, B 互不相容，则 $P(A + B) = P(A) + P(B)$.

性质 3　设 A, B 为两个事件，若 $A \subset B$，则有

$$P(A) \leqslant P(B),$$

$$P(B - A) = P(B) - P(A).$$

8.2.3　古典概型

在概率论发展的初期，人们主要对这样的一类随机事件感兴趣：①样本空间中随机

事件的个数是有限的；②每个随机事件出现的可能性相等. 例如，“抛掷均匀硬币”“投掷均匀骰子”两个试验即是如此. 习惯上，把满足这样两个特点的随机现象所建立的数学模型称为古典概型. 用式子简单概述如下：

(1)$\Omega = \{e_1, e_2, \cdots, e_n\}$；

(2)$P(e_1) = P(e_2) = \cdots P(e_n) = \dfrac{1}{n}$.

在古典概型中，如果基本事件共有 n 个，而事件 A 所包含的基本事件有 m 个，那么事件 A 的概率 $P(A)$ 等于事件 A 所包含的基本事件数 m 与基本事件数 n 的比值，即

$$P(A) = \frac{A\text{ 中所包含的基本事件个数}}{\text{基本事件的总数}} = \frac{m}{n}.$$

【例 8−4】 一袋中有 7 个大小形状相同的球，其中 4 个黑色球，3 个白色球. 现从袋中随机地取出 2 个球，求取出的两球都是黑色球的概率.

解 从 7 个球中取出 2 个，不同的取法有 C_7^2 种，即基本事件的总数为 C_7^2. 若以 A 表示事件“取出的两球是黑球”，那么使事件 A 发生的取法有 C_4^2 种，从而

$$P(A) = \frac{C_4^2}{C_7^2} = \frac{2}{7}.$$

【例 8−5】 在箱中装有 100 个产品，其中有 3 个次品，为检查产品质量，从这箱产品中任意抽 5 个，求在抽得的 5 个产品中恰有 1 个次品的概率.

解 从 100 个产品中任意抽取 5 个产品，共有 C_{100}^5 种抽取方法，即基本事件的总数为 C_{100}^5. 记事件 A 为“有 1 个次品，4 个正品”，共有 $C_3^1 C_{97}^4$ 种取法，则事件 A 的概率为

$$P(A) = \frac{C_3^1 C_{97}^4}{C_{100}^5} \approx 0.138.$$

【例 8−6】 将 n 个球随机地放入 n 个盒子中，求每个盒子最多有一个球的概率.

解 先求 n 个球随机地放入 n 个盒子的方法总数. 因为每个球都可以落入 n 个盒子中的任何一个，有 n 种不同的放法，所以共有 $\underbrace{n \times n \times \cdots \times n}_{n\text{个}} = n^n$（种）不同的放法. 记事件 A 为“每个盒子最多有一个球”，第一个球可以放进 n 个盒子之一，有 n 种放法；第二个球只能放进余下的 $n-1$ 个盒子之一，有 $n-1$ 种放法 $\cdots$ 第 n 个球只能放进余下的 1 个盒子，共有 $n(n-1)\cdots 1$ 种不同的放法. 故事件 A 的概率为

$$P(A) = \frac{n(n-1)\cdots 1}{n^n}.$$

思考：若本题改为将 N 个球随机地放入 n 个盒子中（$n > N$），则每个盒子最多有一个球的概率是多少？

【例 8−7】 有 10 件产品，其中 3 件次品，从中任意取出 3 件，求至少有 1 件是次品的概率.

解 方法一：设事件 B 为“3 件中至少有 1 件是次品”，A_i 为“3 件中恰好有 i 件次品”，其中 $i = 1, 2, 3$. 从 10 件产品任取 3 件有 C_{10}^3 种可能的结果，3 件中恰好有 i 件次品（$i = 1, 2, 3$）的取法有 $C_3^i C_7^{3-i}$ 种，因而

$$P(A_1) = \frac{C_3^1 C_7^2}{C_{10}^3},\ P(A_2) = \frac{C_3^2 C_7^1}{C_{10}^3},\ P(A_3) = \frac{C_3^3 C_7^0}{C_{10}^3}.$$

显然 A_1，A_2，A_3 两两互不相容，且 $B = A_1 + A_2 + A_3$，故所求概率

$$P(B) = P(A_1 + A_2 + A_3) = \sum_{i=1}^{3} P(A_i) = \sum_{i=1}^{3} \frac{C_3^i C_7^{3-i}}{C_{10}^3} = \frac{17}{24}.$$

方法二：如方法一所设，有 $\overline{B} = \{3$ 件全是正品$\}$，则 $P(\overline{B}) = \frac{C_7^3}{C_{10}^3} = \frac{7}{24}$，故所求概率为

$$P(B) = 1 - P(\overline{B}) = 1 - \frac{7}{24} = \frac{17}{24}.$$

注：可见，有时利用对立事件间的关系求解概率问题是非常方便的.

8.2.4 条件概率

在实际问题中，常常会遇到这样的问题：在得到某个信息 A 以后(即在已知事件 A 发生的条件下)，讨论事件 B 发生的概率. 因为求 B 的概率是在已知 A 发生的条件下，所以称之为在事件 A 发生的条件下事件 B 发生的条件概率.

【例 8－8】 一只袋子中有 10 只球，5 只红色 5 只白色，从中抽取两次，每次取一只，无放回抽取. 问第一次取到红球，而第二次再取到红球的概率.

解 设事件 A 为"第一次取到红球"，事件 B 为"第二次取到红球". 第一次取走一个红球，袋中还剩下 9 只球，其中 4 只红球，此时事件 B 的发生概率为 $\frac{4}{9}$.

这是在事件 A 发生的条件下，求事件 B 发生的概率，从此题可以看出事件 A 的发生对事件 B 的发生产生了影响.

在 A 发生的条件下 B 发生即 A 发生且 B 发生，即 AB 发生，但是，现在 A 发生成了前提条件，因此应该排除 A 以外的样本点，以 A 作为整个样本空间，因此在 A 发生的条件下 B 发生的概率是 $P(AB)$ 与 $P(A)$ 之比，故而例 8－8 中的结果是 $\frac{4}{9}$.

定义 3 设 A，B 为随机试验 E 的两个事件，且 $P(A) > 0$，则称

$$P(B|A) = \frac{P(AB)}{P(A)}$$

为在事件 A 发生的条件下事件 B 发生的条件概率.

由条件概率的定义可以立刻得到乘法公式

$$P(AB) = P(B|A)P(A) = P(A|B)P(B).$$

【例 8－9】 设 100 件产品中有 9 件是不合格品，用下列两种方法抽取 2 件，求 2 件都是合格品的概率：(1)不放回顺序抽取；(2)有放回顺序抽取.

解 记事件 A 为"第一次取得是合格品"，事件 B 为"第二次取得是合格品"，我们来求 $P(AB)$.

(1)由题设，当不放回顺序抽取时，

$$P(A) = \frac{91}{100},\ P(B|A) = \frac{90}{99}.$$

由乘法公式算得

$$P(AB)=P(A)P(B\mid A)=\frac{91}{100}\times\frac{90}{99}=\frac{91}{110}.$$

(2)由题设，当有放回顺序抽取时，

$$P(A)=\frac{91}{100},\ P(B\mid A)=\frac{91}{100}.$$

由乘法公式算得

$$P(AB)=P(A)P(B\mid A)=\frac{91}{100}\times\frac{91}{100}=\frac{8\ 281}{10\ 000}.$$

注：在(2) 的假设下，我们可以求得 $P(B)=\frac{91}{100}$，等于 $P(B\mid A)$，即 $P(B)=P(B\mid A)$. 它说明事件 A 发生与否不影响事件 B 发生的概率. 这结论从(2) 的假设可以直接看到，因为此时第二次抽取时的条件与第一次抽取时完全相同，即第一次抽取的结果完全不影响第二次抽取.

8.2.5　全概率公式

为了计算复杂事件的概率，经常把一个复杂事件分解为若干个互不相容的简单事件的和，通过分别计算简单事件的概率，来求得复杂事件的概率，即化整为零的思想.

全概率公式　A_1，A_2，…，A_n 为样本空间 Ω 的一个事件组，且满足

(1)A_1，A_2，…，A_n 互不相容，即 $A_iA_j=\Phi$，$i\neq j(i,\ j=1,\ 2,\ \cdots,\ n)$，且 $P(A_i)>0(i=1,\ 2,\ \cdots,\ n)$；

(2)$A_1\cup A_2\cup\cdots\cup A_n=\Omega$.

则对 Ω 中的任意一个事件 A 都有

$$P(A)=P(A_1)P(A|A_1)+P(A_2)P(A|A_2)+\cdots+P(A_n)P(A|A_n).$$

事件的全概率公式给我们提供了一种计算 $P(A)$ 的方法. 有可能直接计算 $P(A)$ 比较困难，若能找到一组满足定理条件的 A_1，A_2，…，A_n，且能求出 $P(A_i)$ 及 $P(A|A_i)(i=1,\ 2,\cdots,\ n)$，则可求出 $P(A)$.

【例 8－10】　某工厂有三个车间生产同一手表，第一车间的次品率为 0.05，第二车间的次品率为 0.03，第三车间的次品率为 0.01，各车间生产的手表数量分别为3 000、1 500、1 500，出厂时，三车间的产品完全混合，现从中任取一产品，求该产品是次品的概率.

解　记事件 A 为“取到次品”，事件 A_i 为“取到第 i 个车间的产品”，其中 $i=1$，2，3，则有

$$A_1\cap A_2=\Phi,\ A_1\cap A_3=\Phi,\ A_2\cap A_3=\Phi.$$

利用全概率公式，得

$$\begin{aligned}P(A)&=\sum_{i=1}^{3}P(A_i)P(A|A_i)\\&=P(A_1)P(A|A_1)+P(A_2)P(A|A_2)+P(A_3)P(A|A_3)\end{aligned}$$

$$= \frac{3\ 000}{6\ 000} \times 0.005 + \frac{1\ 500}{6\ 000} \times 0.03 + \frac{1\ 500}{6\ 000} \times 0.01 = 0.035.$$

8.2.6 贝叶斯公式

贝叶斯公式 设 $A_1, A_2, \cdots, A_n$ 为 Ω 的一个事件组，且满足：

(1) $A_1, A_2, \cdots, A_n$ 互不相容，即 $A_iA_j = \Phi$，$i \neq j(i, j = 1, 2, \cdots, n)$，且 $P(A_i) > 0\ (i = 1, 2, \cdots, n)$；

(2) $A_1 \cup A_2 \cup \cdots \cup A_n = \Omega$.

则对 Ω 中的任意一个事件 $B(P(B) > 0)$ 都有

$$P(A_j \mid B) = \frac{P(A_jB)}{P(B)} = \frac{P(A_j)P(B \mid A_j)}{P(A_1)P(B \mid A_1) + \cdots + P(A_n)P(B \mid A_n)}(j = 1, 2, \cdots, n).$$

称这个公式为贝叶斯公式(逆概公式).

【例 8－11】 发报台分别以概率 0.6 和 0.4 发出信号“0”和“1”，由于通信系统受到干扰，当发出信号“0”时，收报台未必收到信号“0”，而是分别以 0.8 和 0.2 的概率收到“0”和“1”；同样，发出“1”时分别以 0.9 和 0.1 的概率收到“1”和“0”. 如果收报台收到“0”，则发报台确实发出“0”的概率是多少？

解 记事件 A 为“发报台发出信号‘0’”，事件 $\overline{A}$ 为“发报台发出信号‘1’”，记事件 B 为“收报台收到‘0’”，事件 $\overline{B}$ 为“收报台收到‘1’”. 于是 $P(A) = 0.6$，$P(\overline{A}) = 0.4$，$P(B \mid A) = 0.8$，$P(\overline{B} \mid A) = 0.2$，$P(B \mid \overline{A}) = 0.9$，$P(\overline{B} \mid \overline{A}) = 0.1$. 由贝叶斯公式，得

$$\begin{aligned} P(A \mid B) &= \frac{P(A)P(B \mid A)}{P(A)P(B \mid A) + P(\overline{A})P(B \mid \overline{A})} \\ &= \frac{0.6 \times 0.8}{0.6 \times 0.8 + 0.4 \times 0.9} = \frac{4}{7}. \end{aligned}$$

故收报台收到“0”，发报台确实发出“0”的概率为 $\frac{4}{7}$.

全概率公式和贝叶斯公式是概率论中的两个重要公式，有着广泛的应用. 若把事件 A_i 理解为“原因”，而把 B 理解为“结果”，则 $P(B \mid A_i)$ 是原因 A_i 引起结果 B 出现的可能性，$P(A_i)$ 是各种原因出现的可能性. 全概率公式表明综合引起结果的各种原因，导致结果出现的可能性的大小；而贝叶斯公式则反映了当结果出现时，它是由原因 A_i 引起的可能性的大小，故贝叶斯公式常用于可靠性问题，如可靠性寿命检验、可靠性维护、可靠性设计等.

8.2.7 事件的相互独立性

设 A，B 是两个事件，一般而言 $P(A) \neq P(A \mid B)$，这表示事件 B 的发生对事件 A 的发生有影响，只有当 $P(A) = P(A \mid B)$ 时才可以认为 B 的发生与否对 A 的发生毫无影响，这时就称两事件是独立的. 这时，由条件概率可知，

$$P(AB) = P(B)P(A|B) = P(B)P(A) = P(A)P(B).$$

定义4　设 A，B 是两个随机事件，如果

$$P(AB) = P(A)P(B),$$

则称 A，B 两事件是相互独立的.

定理1　若四对事件 A，B；A，$\overline{B}$；$\overline{A}$，B；$\overline{A}$，$\overline{B}$ 中有一对是相互独立的，则另外三对也是相互独立的.

我们还可以从例8-9的两个结果可以看出在抽球试验中有放回的抽取是独立的，不放回的抽取不是独立的.

【例8—12】　两门高射炮彼此独立地射击一架敌机，设甲炮击中敌机的概率为0.7，乙炮击中敌机的概率为0.8，求敌机被击中的概率.

解　记事件 A 为“甲炮击中敌机”，事件 B 为“乙炮击中敌机”，那么{敌机被击中} $= A \cup B$. 因为 A 与 B 相互独立，所以

$$\begin{aligned} P(A \cup B) &= P(A) + P(B) - P(AB) \\ &= P(A) + P(B) - P(A)P(B) \\ &= 0.94. \end{aligned}$$

故而敌机被击中的概率为0.94.

8.3　随机变量

在随机事件中，有很大一部分问题与实数之间存在着某种客观的联系. 例如，投掷骰子出现的点数，某十字路口十分钟内通过的车辆数等，这些试验结果就是数量. 对于这类随机现象，其试验结果可以用数值来描述，并且随着试验的结果不同而取不同的数值. 然而，有些初看起来与数值无关的随机现象，也常常能联系数值来描述. 比如，在投硬币问题中，每次实验出现的结果为正面或反面，与数值没有联系，但我们可以指定数“1”代表正面，“0”代表反面，为了计算 n 次投掷中出现的正面次数就只需计算其中“1”出现的次数，从而这一随机试验的结果与数值就有了联系. 一般地，如果 A 为某个随机事件，则一定可以通过如下的示性函数使它与数值发生联系：

$$X = \begin{cases} 1, & A\text{ 发生} \\ 0, & A\text{ 不发生} \end{cases}$$

为了全面地研究随机试验的结果，揭示随机现象的统计规律性，我们将随机试验的结果与实数对应起来，将随机试验的结果数量化，引入随机变量的概念.

8.3.1　随机变量的概念

定义5　若随机试验的每一个结果 ω 都唯一对应着一个实数 $X(\omega)$，则称 $X(\omega)$ 为随机变量，即 $X(\omega)$ 是依随机试验的结果不同而变化的量，通常用大写字母 X，Y，Z 等表示.

随机变量按其取值情况分为两类：离散型随机变量和连续性随机变量.

8.3.2　离散型随机变量

定义 6　如果随机变量 X 只能取有限个或者可列无限多个值，则称 X 为离散型随机变量.

我们讨论一个随机变量不是看它能取哪些值，更重要的是了解它取各种值时的概率是多少.

定义 7　设随机变量 X 的取值为 x_i（$i = 1, 2, \cdots$），其对应的概率为 p_i，即

$$P\{X = x_i\} = p_i$$

或写成

X	x_1	x_2	$\cdots$	x_n	$\cdots$
P_i	p_1	p_2	$\cdots$	p_n	$\cdots$

称其为离散型随机变量的分布列或概率分布.

关于 p_i 有下列性质：

(1) $p_i \geqslant 0$（$i = 1, 2, \cdots$）；

(2) $\sum\limits_i p_i = 1$.

【例 8－13】　设袋中装有 6 个球，编号为$\{1, 2, 2, 3, 3, 4\}$，从袋中任取一球，求取到的球的号 X 的分布列.

解　因为 X 可取的值为 1，2，3，4，且 $P\{X = 1\} = \frac{1}{6}$，$P\{X = 2\} = \frac{1}{3}$，$P\{X = 3\} = \frac{1}{3}$，$P\{X = 4\} = \frac{1}{6}$，所以 X 的分布列为

X	1	2	3	4
P_i	$\frac{1}{6}$	$\frac{1}{3}$	$\frac{1}{3}$	$\frac{1}{6}$

【例 8－14】　对飞机进行射击，按照受损后对飞机的影响大小的不同，飞机机身分为两个部分，要击落飞机必须在第一部分命中 1 次，或在第二部分命中 3 次，命中第一、二部分的概率分别是 0.4，0.6，射击进行到击落为止. 设每次射击均命中飞机，写出击落飞机命中次数的分布列.

解　设击落飞机的命中次数为 X，只能取 1，2，3 三个值. 当 $X = 1$ 时，只能命中第一部分，其概率为 $P\{X = 1\} = 0.4$；当 $X = 2$ 时，只能是第一次命中第二部分，第二次命中第一部分，其概率为 $P\{X = 2\} = 0.6 \times 0.4 = 0.24$；当 $X = 3$ 时，第一、二次命中第二部分，第三次命中第一部分或第二部分，其概率为 $P\{X = 3\} = 0.6^2 \times$

(0.4 + 06) = 0.36. 故有

X	1	2	3
P_i	0.4	0.24	0.36

下面介绍几种常见的离散型随机变量的分布.

1. 两点分布(0 − 1 分布或伯努利分布)

如果随机变量 X 只可能取 0 和 1 两个值，且它的分布列为 $P\{X = 1\} = p$，$P\{X = 0\} = 1 - p(0 < p < 1)$，则称 X 服从两点分布，记为 $X \sim (0 - 1)$. 两点分布的概率分布表为

X	1	0
P	p	$1 - p$

【例 8—15】 设有 200 件产品，4 件不合格品，现从中任取 1 件，若取到合格品，令 $X = 1$；取到不合格品，则令 $X = 0$. 可以得到 $P\{X = 1\} = \frac{196}{200} = 0.98$，$P\{X = 0\} = \frac{4}{200} = 0.02$，故 X 服从参数为 0.98 的两点分布.

2. 二项分布(n 重伯努利分布)

设独立重复 n 次试验，每次试验中事件 A 发生的概率为 p，记事件 A 发生的次数为 X，则随机变量 X 可能取的值为 0, 1, 2, …, n，它的分布列为 $P\{X = k\} = C_n^k p^k q^{n-k}$ $(k = 0, 1, 2, \cdots, n)$，其中 $0 < p < 1$，$q = 1 - p$. 称 X 服从参数为 n，p 的二项分布，记为 $X \sim B(n, p)$. 当 $n = 1$ 时，二项分布就是两点分布.

二项分布是最重要的离散型分布之一，随机变量 X 服从两个重要条件：一是各次试验的条件是稳定的，即保证事件 A 发生的概率在各次试验中保持不变；二是各次试验是独立的.

【例 8—16】 设生男孩的概率为 p，生女孩的概率为 $q = 1 - p$，令 X 表示随机抽查出生的 100 个婴儿中男孩的个数，则 X 可取值 0, 1, 2, …, 100，其概率分布为

$$P\{X = k\} = C_n^k p^k q^{n-k},\ k = 0, 1, 2, \cdots, 100.$$

【例 8—17】 设有一大批产品，其中 10% 是次品，从中任取 5 件，求取到次品数目的分布列，并求最多取到 2 件次品的概率.

解　设 X 为取到次品的件数，因为 X 服从二项分布，于是有

$$P\{X = k\} = C_5^k (0.1)^k (0.9)^{5-k},\ k = 0, 1, 2, 3, 4, 5.$$

故 X 分布列为

X	0	1	2	3	4	5
$P_{(k)}$	0.590 49	0.328 05	0.072 9	0.008 1	0.000 5	0.000 01

则

$$\begin{aligned}P\{X \leqslant 2\} &= P(0)+P(1)+P(2)\\ &= 0.590\,49+0.328\,05+0.072\,9\\ &= 0.991\,44.\end{aligned}$$

【例 8－18】 某玩具推销员安排某天访问 10 个顾客，每个被访问的顾客以 0.25 的概率购买 1 辆玩具车，试求该推销员这一天售出玩具的概率分布.

解 推销员访问顾客，结果只有购买与不购买两种情况，由于每个顾客是否买玩具独立且概率相同，相当于做了 10 次伯努利试验. 设 X 为推销员这一天售出的玩具数，则 $X \sim B(10, 0.25)$，X 的分布率为

$$P\{X = k\} = C_{10}^{k}(0.25)^{k}(0.75)^{10-k},\ k = 0, 1, \cdots, 10.$$

经计算可得，当 $k = 2$ 时，概率最大，即每天售出 2 辆玩具车的可能性最大.

8.3.3 连续型随机变量

如果一个随机变量的取值充满整个区间，即可以在整个区间连续取值，描述它的概率就无法像离散型随机变量那样，将它所有可能的取值用概率分布的形式表示出来，讨论方法上与离散型随机变量就有所不同，为此我们引入分布函数的定义.

定义 8 设 X 为一随机变量，x 为任意实数，称函数 $F(x) = P\{X \leqslant x\}$ 为 X 的分布函数.

下面介绍分布函数的性质.

性质 4 由定义可得 $0 \leqslant F(x) \leqslant 1$，$x \in \mathbf{R}$.

性质 5 $F(x)$ 非减，即对于 $x_1 < x_2$，有 $F(x_1) \leqslant F(x_2)$.

定义 9 对于任意实数 x，若 X 的分布函数 $F(x)$ 可以写成

$$F(x) = \int_{-\infty}^{x} f(x)\mathrm{d}x,$$

其中 $f(x) \geqslant 0$，则称 X 为连续型随机变量，称 $f(x)$ 为 X 的概率密度函数，简称概率密度.

概率密度 $f(x)$ 满足以下性质.

性质 6(非负性) $f(x) \geqslant 0$，$x \in \mathbf{R}$.

性质 7(规范性) $\int_{-\infty}^{+\infty} f(x)\mathrm{d}x = 1$.

于是，在一个区间内连续取值的随机变量，其概率可以表示为

$$\begin{aligned}P\{a \leqslant X \leqslant b\} &= P\{X \leqslant b\} - P\{X \leqslant a\}\\ &= \int_{-\infty}^{b} f(x)\mathrm{d}x - \int_{-\infty}^{a} f(x)\mathrm{d}x\\ &= \int_{a}^{b} f(x)\mathrm{d}x = F(b) - F(a),\end{aligned}$$

并且在 $f(x)$ 的连续点处，有 $F'(x) = f(x)$.

更进一步，可知 $f(x)$ 不是 X 取 x 值的概率，而是它在 x 点处的概率分布的密集程度，反映了 X 在 x 附近取值的大小. 利用定积分的几何性质有 $P\{X = c\} = 0$，即表明连续型随机变量取单点值的概率为 0.

【例 8－19】　袋中装有 6 只同样大小的球，编号为 3，4，4，4，5，5，从中任取 1 只球，求取出的球所标数字 X 的分布列和其分布函数并画出其图形.

解　由题知，X 的可能取值为 3，4，5，且

$$P\{X = 3\} = \frac{1}{6},\ P\{X = 4\} = \frac{1}{2},\ P\{X = 5\} = \frac{1}{3}.$$

故 X 的分布列为

X	3	4	5
P_i	$\frac{1}{6}$	$\frac{1}{2}$	$\frac{1}{3}$

由 $F(x) = P\{X \leqslant x_i\} = \sum\limits_{x_i \leqslant x} p_i$，得 $F(x) = \begin{cases} 0, & x < 3 \\ \frac{1}{6}, & 3 \leqslant x < 4 \\ \frac{2}{3}, & 4 \leqslant x < 5 \\ 1, & x \geqslant 5 \end{cases}$

图形如图 8－1 所示.

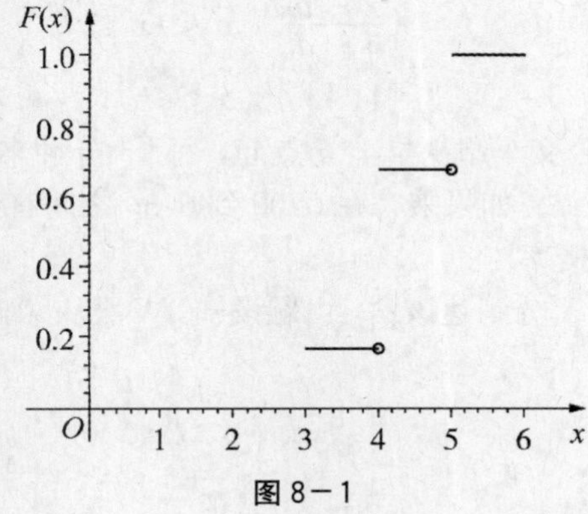

图 8－1

【例 8－20】　设随机变量 ξ 的密度函数为 $f(x) = \begin{cases} kx^2, & 0 < x < 1 \\ 0, & \text{其他} \end{cases}$，其中常数 $k > 0$，确定 k 的值并求概率 $P\{X > 0.3\}$ 和 X 的分布函数.

解　先确定常数 k，因为 $\int_{-\infty}^{+\infty} f(x)\mathrm{d}x = 1$，所以 $\int_0^1 kx^2\mathrm{d}x = k\int_0^1 x^2\mathrm{d}x = \frac{k}{3} = 1$，得 $k = 3$，故

$$P\{X > 0.3\} = \int_{0.3}^{+\infty} f(x)\mathrm{d}x = \int_{0.3}^{1} 3x^2\mathrm{d}x = 0.973.$$

密度函数为

$$f(x) = \begin{cases} 3x^2, & 0 < x < 1 \\ 0, & 其他 \end{cases}$$

则分布函数为

$$F(x) = \begin{cases} 0, & x \leqslant 0 \\ x^3, & 0 < x \leqslant 1 \\ 1, & x > 1 \end{cases}$$

下面介绍几种常见的连续型随机变量的概率分布.

1. 均匀分布

如果随机变量 X 的概率密度为

$$f(x) = \begin{cases} \dfrac{1}{b-a}, & a \leqslant x \leqslant b \\ 0, & 其他 \end{cases}$$

则称 X 服从$[a, b]$上的均匀分布.

如果 X 服从$[a, b]$上的均匀分布，则对于任意满足 $a \leqslant c \leqslant d \leqslant b$ 的c，d，有

$$P\{c \leqslant X \leqslant d\} = \int_{c}^{d} f(x)\mathrm{d}x = \frac{d-c}{b-a}.$$

该式说明 X 取值于$[a, b]$中任意小区间的概率与该小区间的长度成正比，而与该小区间的具体位置无关，这就是均匀分布的概率意义. 其分布函数为

$$F(x) = \begin{cases} 0, & x \leqslant a \\ \dfrac{x-a}{b-a}, & a < x \leqslant b \\ 1, & x > b \end{cases}$$

【例 8－21】 已知某公交车站从早上 6 点起，每 15 分钟来一班车，即 6:00、6:15、6:30 等时刻有汽车到达该站. 如果乘客在 6:00 到 6:30 之间有到达该站的可能，试求他等候时间不超过 5 分钟的概率.

解 设乘客于6点过 X 分到达该站，由题设知，X 服从$[0, 30]$上的均匀分布，X 的概率密度为

$$f(x) = \begin{cases} \dfrac{1}{30}, & 0 \leqslant x \leqslant 30 \\ 0, & 其他 \end{cases}$$

当且仅当乘客于 6:00，或 6:10 到 6:15 之间，或 6:25 到 6:30 之间到达车站，他的等候时间不超过 5 分钟. 故所求概率为

$$\begin{aligned} P &= P\{X = 0\} + P\{10 \leqslant X \leqslant 15\} + P\{25 \leqslant X \leqslant 30\} \\ &= 0 + \int_{10}^{15} \frac{1}{30}\mathrm{d}x + \int_{25}^{30} \frac{1}{30}\mathrm{d}x = \frac{1}{3}. \end{aligned}$$

2. 指数分布

如果随机变量 X 的概率密度为

$$f(x)=\begin{cases}\lambda e^{-\lambda x}, & x\geqslant 0\\ 0, & x<0\end{cases}\quad(\lambda>0)$$

则称 X 服从指数分布(参数为 λ)，其分布函数为

$$F(x)=\begin{cases}1-e^{-\lambda x}, & x\geqslant 0,\\ 0, & x\leqslant 0.\end{cases}$$

指数分布也被称为寿命分布，如电子元件的寿命，电话通话的时间，随机服务系统的服务时间等都可近似看成是服从指数分布的.

【例 8-22】 某电子产品无故障工作总时间 X 服从参数为 $\frac{1}{100}$ 的指数分布，问：这台电子产品工作 50～150 小时的概率是多少?

解　由题设，X 的概率密度为

$$f(x)=\begin{cases}\frac{1}{100}e^{-\frac{x}{100}}, & x\geqslant 0\\ 0, & x<0\end{cases}$$

故而所求概率为

$$P\{50\leqslant X\leqslant 150\}=\frac{1}{100}\int_{50}^{100}e^{-\frac{x}{100}}dx=e^{-\frac{1}{2}}-e^{-\frac{3}{2}}.$$

3. 正态分布(高斯分布)

正态分布无论在理论上，还是在实际应用中，都是概率论与数理统计最重要的分布. 在自然现象和社会现象中，有许多随机变量都服从或近似服从正态分布. 例如，人的身高和体重，某地区居民的平均收入，学生的考试成绩等等. 这些随机变量的特点是对称地集中在某常数附近取值，远离这个常数的可能性较小. 实践和理论的研究表明，当一个量可以看成是由许多微小的独立随机因素作用的叠加结果时，这个量就服从或近似服从正态分布.

如果随机变量 X 的概率密度为

$$f(x)=\frac{1}{\sqrt{2\pi}\sigma}e^{-\frac{(x-\mu)^2}{2\sigma^2}},\ -\infty<x<+\infty,$$

其中 $\sigma>0$，σ，μ 为常数，则称 X 服从参数为 σ，μ 的正态分布，记为 $X\sim N(\mu,\sigma^2)$，其分布函数为

$$F(x)=\int_{-\infty}^{x}\frac{1}{\sqrt{2\pi}\sigma}e^{-\frac{(t-\mu)^2}{2\sigma^2}}dt.$$

分析概率密度函数可知：(1) 当 $x=\mu$ 时，$f(x)$ 达到最大值 $\frac{1}{\sqrt{2\pi}\sigma}$(如图 8-2)；(2) $f(x)$ 的图象关于直线 $x=\mu$ 对称；(3) $f(x)$ 的图象以 x 轴为渐近线；(4) 若固定 σ，改变 μ 值，则曲线 $y=f(x)$ 沿 x 轴平行移动，曲线的几何形状不变(如图 8-3)；(5) 若固定 μ，改变 σ 值，由 $f(x)$ 的最大值可知，当 σ 越大，$f(x)$ 的图象越平坦；当 σ 越小，$f(x)$ 的图象越陡峭(如图 8-4).

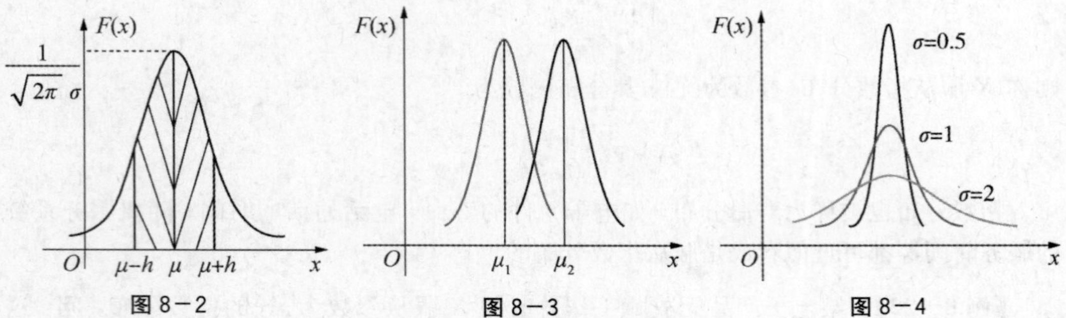

图 8－2　　图 8－3　　图 8－4

特别地，当 $\mu=0$，$\sigma^2=1$ 时，称 X 服从标准正态分布，即 $X\sim N(0,1)$，密度函数为

$$f(x)=\frac{1}{\sqrt{2\pi}}\mathrm{e}^{-\frac{x^2}{2}},-\infty<x<+\infty.$$

标准正态分布的分布函数为

$$\Phi(x)=\int_{-\infty}^{x}\frac{1}{\sqrt{2\pi}}\mathrm{e}^{-\frac{t^2}{2}}\mathrm{d}t.$$

对于标准正态分布的分布函数，有下列等式

$$\Phi(-x)=1-\Phi(x).$$

对于 $X\sim N(\mu,\sigma^2)$，只要设 $\frac{x-\mu}{\sigma}=t$，就有

$$\int_{-\infty}^{+\infty}\frac{1}{\sqrt{2\pi}\sigma}\mathrm{e}^{-\frac{(x-\mu)^2}{2\sigma^2}}\mathrm{d}x=\int_{-\infty}^{+\infty}\frac{1}{\sqrt{2\pi}}\mathrm{e}^{-\frac{t^2}{2}}\mathrm{d}t=1.$$

故若 $X\sim N(\mu,\sigma^2)$，那么

$$P\{a<X<b\}=F(b)-F(a)=\Phi\left(\frac{b-\mu}{\sigma}\right)-\Phi\left(\frac{a-\mu}{\sigma}\right).$$

为了应用方便，编制了标准正态分布函数 $\Phi(x)$ 的函数值表（见附录二）；对于一般的正态分布函数，可以通过变量替换化为标准正态分布函数，再查表即得结果.

【例 8－23】 设 $X\sim N(0,1)$，求：(1)$P(X\leqslant 0.3)$；(2)$P(0.2<X\leqslant 0.5)$；(3)$P(X>1.5)$；(4)$P(X\leqslant -1.2)$；(5)$P(|X|\leqslant 0.34)$.

解　查标准正态分布表即可得到结果.

(1)$P(X\leqslant 0.3)=\Phi(0.3)=0.617\,9$.

(2)$P(0.2<X\leqslant 0.5)=\Phi(0.5)-\Phi(0.2)=0.691\,5-0.579\,3=0.112\,2$.

(3)$P(X>1.5)=1-\Phi(1.5)=1-0.933\,2=0.066\,8$.

(4)$P(X\leqslant -1.2)=\Phi(-1.2)=1-\Phi(1.2)=1-0.884\,9=0.115\,1$.

(5)
$$\begin{aligned}P(|X|\leqslant 0.34)&=P(-0.34\leqslant X\leqslant 0.34)\\&=\Phi(0.34)-\Phi(-0.34)\\&=2\Phi(0.34)-1=2\times 0.633\,1-1=0.266\,2.\end{aligned}$$

【例 8－24】 设 $X\sim N(1.5,4)$，求：(1)$P(X\leqslant 3.5)$；(2)$P(X\leqslant -4)$；(3)$P(|X|\leqslant 3)$.

解　(1)$P(X \leqslant 3.5) = F(3.5) = \Phi\left(\frac{3.5-1.5}{2}\right) = \Phi(1) = 0.8413$.

(2)$P(X \leqslant -4) = \Phi\left(\frac{-4-1.5}{2}\right) = \Phi(-2.75) = 1-\Phi(2.75) = 1-0.997 = 0.003$.

(3)
$$\begin{aligned} P(|X| \leqslant 3) &= P(-3 \leqslant X \leqslant 3) = F(3) - F(-3) \\ &= \Phi\left(\frac{3-1.5}{2}\right) - \Phi\left(\frac{-3-1.5}{2}\right) = \Phi(0.75) - \Phi(-2.25) \\ &= \Phi(0.75) - [1-\Phi(2.25)] = 0.7734 - (1-0.9878) = 0.7612. \end{aligned}$$

【例 8－25】　设一批零件的长度 X 服从正态分布 $X \sim N(10.05, 0.06^2)$，规定长度 X 在 10.05 ± 0.15(单位：mm) 内为合格品. 现任取 1 个零件，则它不合格的概率是多少?

解　由题意，合格的概率为

$$\begin{aligned} & P(10.05-0.15 \leqslant X \leqslant 10.05+0.15) \\ &= P\left(-2.5 \leqslant \frac{X-10.05}{0.06} \leqslant 2.5\right) \\ &= \Phi(2.5) - \Phi(-2.5) \\ &= 2\Phi(2.5) - 1 = 0.9876, \end{aligned}$$

故它为不合格品的概率为 $1-0.9876=0.0124$.

【例 8－26】　某品牌汽车车门的高度是按男子与车门的碰头概率在 0.01 以下来设计的，设男子身高 X(单位：cm) 服从正态分布 $N(170, 6^2)$，试确定车门的高度.

解　设车门的高度为 h(单位：cm). 依题意有 $P\{X > h\} = 1 - P\{X \leqslant h\}$，即 $P\{X \leqslant h\} > 0.99$. 因为 $P(X \leqslant h) = \Phi\left(\frac{h-170}{6}\right)$，查标准正态分布表得 $\Phi(2.33) = 0.9901 > 0.99$，所以

$$\frac{h-170}{6} \geqslant 2.33,$$

即 $h \approx 184$(cm)，故车门的设计高度至少应为 184 cm 方可保证男子与车门碰头的概率在 0.01 以下.

8.4　随机变量的期望与方差

在一些实际问题中，我们只需知道随机变量的某些统计特征. 例如，在检查一批棉花的质量时，只需要注意纤维的平均长度，以及纤维长度与平均长度的偏离程度，如果平均长度较大、偏离程度较小，质量就越好. 从以上例子看到，某些与随机变量有关的数字，虽然不能完整地描述随机变量，但能概括描述它的基本面貌. 称这些能代表随机变量的主要特征的数字为数字特征. 本节介绍随机变量的常用数字特征：数学期望和方差.

8.4.1 数学期望

【例 8－27】 某年级有 122 名学生，16 岁的有 1 人，17 岁的有 4 人，18 岁的有 26 人，19 岁的有 60 人，20 岁的有 21 人，21 岁的有 10 人，则该年级学生的平均年龄为

$$\frac{16+17\times 4+18\times 26+19\times 60+20\times 21+21\times 10}{122}\approx 19.03(\text{岁}).$$

定义 10 设离散型随机变量 X 的分布列为

$$P\{X=x_i\}=p_i,\ i=1,2,3,\cdots.$$

若 $\sum\limits_{i=1}^{\infty}x_ip_i$ 绝对收敛，则称 $\sum\limits_{i=1}^{\infty}x_ip_i$ 为随机变量 X 的数学期望或均值，记为 $E(X)$，即

$$E(X)=\sum_{i=1}^{\infty}x_ip_i.$$

若 $\sum\limits_{i=1}^{\infty}|x_i|p_i$ 发散，则称 X 的数学期望不存在.

显然数学期望是一个实数，它由概率分布唯一确定，因此也称其为某概率分布的期望. 形式上 $E(X)$ 是 X 可能取值的加权平均，实质上它体现了随机变量 X 取值的真正平均，因此也称它为 X 的均值.

下面介绍几个常用的离散型分布的期望.

1. 两点分布

若 X 服从两点分布，则分布列如下：

X	0	1
P	$1-p$	p

由数学期望的定义可知，$E(X)=0\times(1-p)+1\times p=p$.

2. 二项分布

若 $X\sim b(n,p)$，即 $p_k=\mathrm{C}_n^kp^kq^{n-k}(k=0,1,2,\cdots,n)$，其中 $q=1-p$ 则

$$E(X)=\sum_{k=0}^{n}kp_k=\sum_{k=0}^{n}k\mathrm{C}_n^kp^kq^{n-k}$$

$$=np\sum_{k=1}^{n}\mathrm{C}_{n-1}^{k-1}p^{k-1}q^{(n-1)-(k-1)}=np(p+q)^{n-1}=np.$$

定义 11 设连续型随机变量 X 的概率密度函数为 $f(x)$，若积分 $\int_{-\infty}^{+\infty}xf(x)\mathrm{d}x$ 绝对收敛，则称其为 X 的数学期望或均值，记为 $E(X)$，即

$$E(X)=\int_{-\infty}^{+\infty}xf(x)\mathrm{d}x.$$

若积分发散，则称 X 的数学期望不存在.

下面介绍几个常用的连续型分布的期望.

1. 均匀分布

设随机变量 X 服从 $[a,b]$ 上的均匀分布，求 $E(X)$. 由于均匀分布的密度函数为

$$f(x)=\begin{cases}\dfrac{1}{b-a}, & a\leqslant x\leqslant b\\ 0, & \text{其他}\end{cases}$$

因而 $E(X)=\int_a^b xf(x)\mathrm{d}x=\int_a^b \dfrac{x}{b-a}\mathrm{d}x=\dfrac{b^2-a^2}{2(b-a)}=\dfrac{a+b}{2}$.

由结果可知其期望值为区间中点，说明了期望为真正的均值.

2. 正态分布

设随机变量 X 服从正态分布 $N(\mu,\sigma^2)$，求 $E(X)$. 由于正态分布 $N(\mu,\sigma^2)$ 的密度函数为 $f(x)=\dfrac{1}{\sqrt{2\pi}\sigma}\mathrm{e}^{-\frac{(x-\mu)^2}{2\sigma^2}}$，因而

$$E(X)=\int_{-\infty}^{+\infty}xf(x)\mathrm{d}x=\int_{-\infty}^{+\infty}\frac{x}{\sqrt{2\pi}\sigma}\mathrm{e}^{-\frac{(x-\mu)^2}{2\sigma^2}}\mathrm{d}x.$$

令 $\dfrac{x-\mu}{\sigma}=t$，则

$$E(X)=\mu\int_{-\infty}^{+\infty}\frac{1}{\sqrt{2\pi}}\mathrm{e}^{-\frac{t^2}{2}}\mathrm{d}t+\sigma\int_{-\infty}^{+\infty}\frac{t}{\sqrt{2\pi}}\mathrm{e}^{-\frac{t^2}{2}}\mathrm{d}t=\mu.$$

正态分布的参数 μ 正好是随机变量的期望值，这反映了随机变量 X 取值的集中位置，因此数学期望是一个刻画位置特征的度量.

数学期望具有如下性质.

性质 8　设 C 是常数，则有 $E(C)=C$.

性质 9　设 X 是随机变量，设 C 是常数，则有 $E(CX)=CE(X)$.

性质 10　设 X,Y 是随机变量，则有 $E(X+Y)=E(X)+E(Y)$.

【例 8－28】　设有甲、乙两个射手，他们的射击结果由下表给出（X、Y 分别表示甲、乙两人的击中环数，P 表示相应的概率）：

甲射手

X	8	9	10
P	0.3	0.1	0.6

乙射手

Y	8	9	10
P	0.2	0.5	0.3

请判断哪个射手的成绩好.

解　假设两个射手各射击 N 枪，则他们平均每枪击中的环数是

$$甲:(8\times0.3N+9\times0.1N+10\times0.6N)\times\frac{1}{N}=9.3,$$

$$乙:(8\times0.2N+9\times0.5N+10\times0.3N)\times\frac{1}{N}=9.1.$$

可见甲的射击成绩要好些.

8.4.2　方差

随机变量的数学期望是随机变量的平均取值水平，在许多问题中还需要了解随机变量的其他特征. 因为随机变量的取值有的比 $E(X)$ 大，有的比 $E(X)$ 小，虽然都在 $E(X)$ 的周围取值，但是随机变量关于 $E(X)$ 的偏离程度不同. 那么如何刻画随机变量关于$E(X)$ 的偏离程度呢? 对于一个随机变量 X，我们可以用绝对偏差的数学期望 $E|X-E(X)|$ 来描述随机变量 X 取值的分散程度，然而绝对值有许多不便之处，转而考虑用偏差平方$[X-E(X)]^2$ 的数学期望来描述随机变量 X 取值的偏离程度.

定义 12　设 X 是一个随机变量，如果 $E[X-E(X)]^2$ 存在，则称其为 X 的方差，记作 $D(X)$，即 $D(X)=E[X-E(X)]^2$. 称方差的平方根 $\sqrt{D(X)}$ 为标准差或均方差.

用定义计算方差有时候是较麻烦的，根据数学期望的计算公式，得

$$\begin{aligned}D(X)&=E[X-E(X)]^2=E[X^2-2XE(X)+E^2(X)]\\&=E(X^2)-2E^2(X)+E^2(X)\\&=E(X^2)-E^2(X).\end{aligned}$$

我们可以使用上述公式计算方差.

【例 8-29】　设甲、乙两车生产同一种零件，检验员每天随机抽 10 件检查，经过 100 天的观察，得到他们生产数量相同的产品中次品数 X,Y 的分布列分别为

甲

X	0	1	2	3
P_i	0.1	0.3	0.4	0.2

乙

Y	0	1	2	3
P_i	0.2	0.1	0.5	0.2

请判断哪个工人的技术水平高.

解　$E(X)=E(Y)=1.7$，从期望值看，甲、乙的技术水平相当，于是考察产品品质

量的稳定性．下面计算方差：

$$D(X) = E(X^2) - E^2(X) = 0.81,\ D(Y) = E(Y^2) - E^2(Y) = 1.01.$$

可以看出，虽然两个人的技术水平相当，但是甲的稳定性要高于乙．

方差具有如下性质．

性质 11　设 C 是常数，则 $D(C) = 0$．

性质 12　设 X 是随机变量，设 C 是常数，则 $D(CX) = C^2D(X)$．

性质 13　设 X, Y 是相互独立的随机变量，则 $D(X + Y) = D(X) + D(Y)$．

8.5　数理统计基本概念

通过前几节的学习，我们知道要研究一个随机现象，首先要知道其概率分布．但在实际问题中，常常遇到的情况是，随机变量所属的分布或其所属的概型不知道．例如，考查某产品的使用寿命时，不需要知道其使用寿命是否遵从正态分布，而仅需知道其数学期望和方差等特征．确定一个随机变量的概率分布或其分布参数，是数理统计所要解决的首要问题．如何对随机变量进行加工分析，进而推断出整体的规律性，对这些问题的解决就形成了与数理统计密切相关的数理统计学．概率论是数理统计的基础，数理统计是概率论的应用．

8.5.1　总体与样本

在一个统计问题中，通常把所研究的对象的全体称为总体，而把组成总体的每一个元素称为个体．

【例 8－30】　某研究所生产一批电视显像管，由于种种随机因素的影响，生产的显像管的寿命是各不相同的．所有这批显像管的寿命是总体，每只显像管的寿命是个体．

【例 8－31】　为了考察在某种工艺条件下织出的 1 匹布的疵点数，共取40 000匹布，则这40 000匹布中的每匹布疵点数的全体构成总体，每匹布的疵点数是个体．

由例 8 - 30、例 8 - 31 看出，我们关心的往往不是总体中的元素本身，而是元素的某种数量指标．例 8 - 30 中的每个显像管的寿命，例 8 - 31 中的每匹布的疵点数，它们的取值是随机的，前者是实数，后者是整数．一般地，总体是研究对象的某个或某些数量指标的全体，由于这些指标取值是随机的，它们在总体中的分布状态可用某概率分布函数 $F(X)$ 来描述．所以，总体可以看成是具有分布函数 $F(X)$ 的随机变量 X 的取值的全体．在数理统计中，总体用随机变量 X 及其分布函数 $F(X)$ 表示，简称“总体 X”或“总体 $F(X)$”．当总体所含个体数目很多，或者观测试验具有破坏性时，通过试验总体中的每个个体来了解总体是不可取的，只能通过抽取部分个体进行观测试验，从而对总体的性质进行推断，称这部分个体为总体的一个样本或子样．称抽取样本的过程为抽样，称样本中个体的数目为样本的容量．

来自总体 X 的容量为 n 的样本中的个体，可以视为 n 个与总体 X 同分布的随机变量

X_1，X_2，…，X_n，称之为总体 X 的 n 个分布量.

从总体中抽取样本有不同的方法，为了使抽到的样本能够对总体做出可靠的推断，就希望它能很好代表总体，这就需要对抽样方法提出要求. 若抽样方法满足：(1) 代表性：总体中每个个体都有同等机会被选入样本；(2) 独立性：样本的分量 X_1，X_2，…，X_n 是相互独立的随机变量，及样本中每一分量的观察结果并不影响其他分量的观察结果，那么，称这样的样本为简单随机样本.

定义 13　称随机变量 X_1，X_2，…，X_n 为来自总体 X 的容量为 n 的简单随机样本，如果 X_1，X_2，…，X_n 相互独立，并且每个 X_i 与 X 有相同的概率分布. 这时，若 X 的分布密度为 $p(x)$，则称 X_1，X_2，…，X_n 为来自总体的简单随机样本.

若 X_1，X_2，…，X_n 是来自总体的简单随机样本，则 X_1，X_2，…，X_n 有联合概率密度 $p(x_1)p(x_2)\cdots p(x_n)$.

例如，从 10 000 件产品中抽取容量为 10 的样本. 如果随机取出 1 个产品检查后放回，再随机抽取一个后放回，直至取得 10 个检查值为止，称这样的抽样方法为重复抽样，是一个简单随机抽样. 若每次随机抽取 1 个样品，不放回连续随机抽取 10 次，称这种抽样为无放回抽样. 但由于 10 相对 10 000 来说非常小，我们也把后者看成是一个简单随机抽样.

8.5.2　统计量及其分布

用样本来推断总体的性质，是数理统计的基本任务. 我们常常构造样本的某些函数来推断总体. 例如，用样本 X_1，X_2，…，X_n 的算术平均值 $\overline{X} = \frac{1}{n}\sum_{i=1}^{n} X_i$ 来估计总体 X 的均值，用 $S^2 = \frac{1}{n}\sum_{i=1}^{n}(X_i - \overline{X})^2$ 来估计总体 X 的方差. 像这样的样本函数，被称为统计量.

定义 14　设 X_1，X_2，…，X_n 是来自总体的一个样本，称只依赖于 X_1，X_2，…，X_n 的函数 $Y = f(X_1, X_2, \cdots, X_n)$ 是一个随机变量为一个统计量. 这里 $f(X_1, X_2, \cdots, X_n)$ 仅是 X_1，X_2，…，X_n 的函数，与其他参数无关.

若 x_1，x_2，…，x_n 是样本 X_1，X_2，…，X_n 的一组观察值，则 $f(x_1, x_2, \cdots, x_n)$ 是随机变量 $f(X_1, X_2, \cdots, X_n)$ 的一个观察值. 设 X_1，X_2，…，X_n 是总体 X 的一个样本，则称

$$\overline{X} = \frac{1}{n}\sum_{i=1}^{n} X_i$$

为样本均值. 称

$$S^2 = \frac{1}{n}\sum_{i=1}^{n}(X_i - \overline{X})^2$$

为样本方差.

称算术平方根

$$S^* = \sqrt{\frac{1}{n-1}\sum_{i=1}^{n}(X_i - \overline{X})^2}$$

为样本标准差. 称

$$M_k = \frac{1}{n}\sum_{i=1}^{n}X_i^k$$

为样本的 k 阶原点矩. 称

$$M_k = \frac{1}{n}\sum_{i=1}^{n}(X_i - \overline{X})^k$$

为样本的 k 阶中心距.

由于统计量为随机变量，当总体的期望 μ，总体方差 σ^2 给定后，容易得到下面结论.

定理 2　设 X_1，X_2，…，X_n 为来自 X 的一个样本，$E(X) = \mu$，$D(X) = \sigma^2$，则 $E(\overline{X}) = \mu$，$D(\overline{X}) = \frac{1}{n}\sigma^2$，$E(S^2) = \frac{n-1}{n}\sigma^2$.

定理 3　设总体 X 服从正态分布 $X \sim N(\mu, \sigma^2)$，X_1，X_2，…，X_n 为来自 X 的一个样本，则 $\overline{X} = \frac{1}{n}\sum_{i=1}^{n}X_i$ 服从正态分布 $\overline{X} \sim N\left(\mu, \frac{1}{n}\sigma^2\right)$.

8.6　参数估计

参数估计是数理统计中最重要的基本问题之一. 讨论在总体分布类型已知的前提下，如何根据样本所提供的信息对总体分布中的未知参数做出估计. 例如，设某班级学生成绩服从正态分布 $X \sim N(\mu, \sigma^2)$，则期望 μ 与方差 σ^2 是两个未知参数，记为 θ. 通常把用来估计总体未知参数的统计量，记为 $\hat{\theta}$.

参数估计分为两类. 一类是求出总体未知参数的估计量 $\hat{\theta}$，称此类估计为点估计. 另一类是求出总体未知参数的一个估计区间 $(\hat{\theta}_1, \hat{\theta}_2)$，使 θ 在其估计区间内的概率尽可能大，称其为区间估计.

8.6.1　点估计

点估计最常用的方法是矩法与极大似然估计.

8.6.1.1　矩法

定义 15　设总体 X 的分布函数 $F(x;\theta_1, \cdots, \theta_l)$ 中有 l 个未知参数 θ_1，…，θ_l，假定总体 X 的 l 阶原点矩 $E(X^l)$ 存在，并记

$$\gamma_k(\theta_1, \cdots, \theta_l) = E(X^k),\ k = 1, 2, \cdots, l.$$

由下列方程

$$\begin{cases}\dfrac{1}{n}\sum\limits_{i=1}^{n}X_i = \gamma_1(\theta_1, \cdots, \theta_l) = E(X)\\ \dfrac{1}{n}\sum\limits_{i=1}^{n}X_i^2 = \gamma_2(\theta_1, \cdots, \theta_l) = E(X^2)\\ \cdots\cdots \\ \dfrac{1}{n}\sum\limits_{i=1}^{n}X_i^l = \gamma_l(\theta_1, \cdots, \theta_l) = E(X^l)\end{cases}$$

可以解出 θ_1，…，θ_l 的估计量 $\hat{\theta}_k = \hat{\theta}_k(X_1, X_2, \cdots, X_n)$，$k = 1, 2, \cdots, l$，称它们为未知参数的矩估计量.

【例 8－32】 设总体 X 服从 $[a, b]$ 上的均匀分布，a，b 未知，X_1，X_2，…，X_n 是来自总体的样本，试求 a，b 的矩估计量.

解 根据矩法，需要计算 X 的一阶和二阶矩，它们分别为

$$\mu_1 = E(X) = \frac{a+b}{2},$$

$$\mu_2 = E(X^2) = D(X) + E(X)^2 = \frac{(b-a)^2}{12} + \frac{(a+b)^2}{4}.$$

令样本的一、二阶原点矩分别等于总体的一、二阶原点矩，得

$$\frac{a+b}{2} = \frac{1}{n}\sum_{i=1}^{n}X_i = \gamma_1,$$

$$\frac{(b-a)^2}{12} + \frac{(a+b)^2}{4} = \frac{1}{n}\sum_{i=1}^{n}X_i^2 = \gamma_2.$$

解方程

$$\begin{cases}a + b = 2\gamma_1\\ b - a = \sqrt{12(\gamma_2 - \gamma_1^2)}\end{cases}$$

得 a，b 的矩估计量为

$$\hat{a} = \gamma_1 - \sqrt{3(\gamma_2 - \gamma_1^2)} = \overline{X} - \sqrt{\frac{3}{n}\sum_{i=1}^{n}(X_i - \overline{X})^2} = \overline{X} - \sqrt{3}S,$$

$$\hat{b} = \gamma_1 + \sqrt{3(\gamma_2 - \gamma_1^2)} = \overline{X} + \sqrt{\frac{3}{n}\sum_{i=1}^{n}(X_i - \overline{X})^2} = \overline{X} + \sqrt{3}S.$$

【例 8－33】 求总体期望值 μ 和方差 σ^2 的矩估计量.

解 由于 $E(X) = \mu$（μ 为总体 X 一阶原点矩），$\sigma^2 = D(X) = E(X^2) - E(X)^2$（即二阶原点矩与一阶原点矩平方的差），故由矩估计法知，

$$\hat{\mu} = \overline{X},\ \hat{\sigma}^2 = \frac{1}{n}\sum_{i=1}^{n}X_i^2 - \overline{X}^2.$$

一般地，如果估计量的值向被估计的参数集中，即估计量的期望值为被估计的参数，则这样的估计量与被估计量无系统偏差. 为此给出以下无偏估计量的定义.

定义16　设 $\hat{\theta}$ 为 θ 的一个估计量，如果 $E(\hat{\theta})=\theta$，则称 $\hat{\theta}$ 为 θ 的一个无偏估计量.

我们知道 $E(\overline{X})=\mu$，$E(S^2)=\dfrac{n-1}{n}\sigma^2$，故而 $\overline{X}$ 是 μ 的无偏估计量. S^2 不是 μ 的无偏估计量，但是我们可以将样本方差修正为

$$S^{*2}=\frac{n}{n-1}S^2=\frac{1}{n-1}\sum_{i=1}^{n}(X_i-\overline{X})^2,$$

由于 $E(S^{*2})=\sigma^2$，故而 S^{*2} 为 σ^2 的无偏估计量.

8.6.1.2　极大似然法

极大似然法是参数点估计中最重要的方法. 我们先举一个简单的例子：两位同学进行实弹射击，两人同射击一个目标，每人各打一发子弹，有一人击中目标，则认为击中的同学技术好，这显然是合理的.

【例8-34】　设在一个布袋中装着许多个白球和黑球，但不知道是白球多还是黑球多，只知道两种球的数目之比为 1∶3，即抽到黑球的概率是 $\frac{1}{4}$ 或 $\frac{3}{4}$，我们希望通过试验来判断黑球所占的比例.

解　用有放回的方式从袋中抽取 n 个球，其中黑球的个数记为 X，则 X 服从二项分布，$P\{X=x\}=C_n^x p^x(1-p)^{n-x}$.

下面就 $n=3$ 的情形进行讨论.

怎样通过样本观察值，即 x 的取值来估计参数 p，即在什么情况下取 $p=\frac{1}{4}$，而在什么情况下 $p=\frac{3}{4}$ 更为合理?为此我们就 $p=\frac{1}{4}$ 或 $p=\frac{3}{4}$ 来计算二项分布，得如下概率列表：

x	0	1	2	3
$p\left(x;\frac{3}{4}\right)$	$\frac{1}{64}$	$\frac{9}{64}$	$\frac{27}{64}$	$\frac{27}{64}$
$p\left(x;\frac{1}{4}\right)$	$\frac{27}{64}$	$\frac{27}{64}$	$\frac{9}{64}$	$\frac{1}{64}$

我们观察到，如果黑球个数 $x=0$，则 $p\left(0;\frac{3}{4}\right)=\frac{1}{64}$，$p\left(0;\frac{1}{4}\right)=\frac{27}{64}$，显然 $p\left(0;\frac{3}{4}\right)<p\left(0;\frac{1}{4}\right)$. 这表明，$x=0$ 的样本从以 $p=\frac{1}{4}$ 为参数的总体中抽取比从以参数 $p=\frac{3}{4}$ 的总体中抽取更有可能发生，因而取 $\frac{1}{4}$ 作为 p 的估计更为合理. 类似地，当 $x=1$ 时，取 $\frac{1}{4}$ 作为 p 的估计更为合理. 而当 $x=2$，$x=3$ 时，取 $\frac{3}{4}$ 作为 p 的估计更为合理. 综上所述，确定参数 p 的估计量为

$$\hat{p}=\begin{cases}\dfrac{1}{4},\ x=0,\ 1,\\[2mm]\dfrac{3}{4},\ x=2,\ 3.\end{cases}$$

对于每一个 x 值，选取 $\hat{P}(x)$ 作为估计量，使得 $P(x;\hat{P}(x))\geqslant P(x;P(x))$，其中 $P(x)$ 是不同于 $\hat{P}(x)$ 的任意估计量.

假设总体 X 的分布律为 $P\{X=x\}=P(x;\theta)$.

定义 17　设 $X_1, X_2, \cdots, X_n$ 是来自总体 X 的样本，$x_1, x_2, \cdots, x_n$ 是它的观察值. 样本 $X_1, X_2, \cdots, X_n$ 取到观察值 $x_1, x_2, \cdots, x_n$ 的概率为

$$\begin{aligned}L(x_1, x_2, \cdots, x_n;\theta) &= P\{X_1=x_1, X_2=x_2, \cdots, X_n=x_n\}\\ &= P\{X_1=x_1\}P\{X_2=x_2\}\cdots P\{X_n=x_n\}\\ &= \prod_{i=1}^{n}P(x_i;\theta).\end{aligned}$$

当固定观察值 $x_1, x_2, \cdots, x_n$ 时，上式的概率随 θ 的取值而变化，是 θ 的函数，记为

$$L(\theta)=\prod_{i=1}^{n}P(x_i;\theta),$$

称 $L(\theta)$ 为参数 θ 的极大似然函数.

极大似然估计法要在 θ 可能的范围内 Θ 选取使得 $L(\theta)$ 达到最大的参数值 $\hat{\theta}$ 作为参数 θ 的估计值，即选取 $\hat{\theta}$，使得

$$L(\hat{\theta})=\max_{\theta\in\Theta}\{L(x_1, x_2, \cdots, x_n;\theta)\}=\max_{\theta\in\Theta}\{L(\theta)\},$$

称 $\hat{\theta}$ 为参数 θ 的极大似然估计值.

极大似然估计法把参数估计问题转化为似然函数的极值问题. 若 $L(\theta)$ 对 θ 的导数存在，可用求极值方法求解，即

$$\frac{\mathrm{d}L(\theta)}{\mathrm{d}\theta}=0,$$

称上式为似然方程. 又因 $L(\theta)$ 与 $\ln L(\theta)$ 有相同的极大值点，求 $\ln L(\theta)$ 的极大值比较方便，故而我们常常求解的方程为

$$\frac{\mathrm{d}[\ln L(\theta)]}{\mathrm{d}\theta}=0,$$

称其为对数似然方程.

下面我们来求指数分布 $f(x)=\lambda\mathrm{e}^{-\lambda x}$，$x>0$，$\lambda>0$ 的极大似然估计. 样本 X_1，$X_2, \cdots, X_n$ 的似然函数为

$$L(\lambda)=\lambda^n\prod_{i=1}^{n}\mathrm{e}^{-\lambda x_i}=\lambda^n\mathrm{e}^{-\lambda}\sum_{i=1}^{n}x_i,$$

于是 $\ln L(\lambda)=n\ln\lambda-\lambda\sum_{i=1}^{n}x_i$，

$$\frac{\mathrm{d}[\ln L(\lambda)]}{\mathrm{d}\lambda}=\frac{n}{\lambda}-\sum_{i=1}^{n}x_i=0,$$

故而似然方程的根为 $\hat{\lambda}=\dfrac{n}{\sum\limits_{i=1}^{n}x_i}=\dfrac{1}{\bar{x}}$. $\hat{\lambda}$ 就是 λ 的极大似然估计.

【例 8－35】 已知某种灯泡的使用寿命服从指数分布，分布密度函数是 $f(x)=\lambda e^{-\lambda x}(\lambda>0)$. 今随机抽取 24 个，测得寿命数据如下(单位：时)：

219，30，46，650，60，368，123，130，140，265，275，278，

306，340，386，410，454，524，598，627，593，815，865，999.

求 λ 的估计值.

解 由极大似然估计法可知，$\hat{\lambda}=\dfrac{n}{\sum\limits_{i=1}^{n}x_i}=\dfrac{1}{\bar{x}}$，而本题中 $n=24$，$\bar{x}\approx 396$，得 $\hat{\lambda}\approx\dfrac{1}{396}$，该值即为 λ 的估计值.

8.6.2 区间估计

一般地，θ 是总体的一个未知参数，我们希望估计出的 θ 值是一个范围，并且希望知道这个范围包含参数真值的可靠程度.

定义 18 设 θ 是总体 X 的一个未知参数，对于给定值 $\alpha(0<\alpha<1)$，若由样本 X_1，X_2，…，X_n 确定的两个统计量 $\hat{\theta}_1(X_1, X_2, \cdots, X_n)$ 和 $\hat{\theta}_2(X_1, X_2, \cdots, X_n)$ 满足

$$P\{\hat{\theta}_1(X_1, X_2, \cdots, X_n)<\theta<\hat{\theta}_2(X_1, X_2, \cdots, X_n)\}=1-\alpha,$$

则称随机区间 $(\hat{\theta}_1, \hat{\theta}_2)$ 是参数 θ 置信度为 $1-\alpha$ 的置信区间，称 $1-\alpha$ 为置信度，$\hat{\theta}_1$ 和 $\hat{\theta}_2$ 分别被称为置信度为 $1-\alpha$ 的双侧置信区间的置信下限与置信上限.

一般地，α 取 0.05，0.01 等. 如 $\alpha=0.01$ 表示 100 次中有 99 次，得到的估计值使得 $(\hat{\theta}_1, \hat{\theta}_2)$ 包含 θ. α 取得越小，置信区间不含总体被估参数的可能性就越小.

【例 8－36】 设总体 X 服从正态分布 $X\sim N(\mu, \sigma^2)$，x_1，x_2，…，x_n 是它的样本值，σ^2 已知，试求 μ 的区间估计.

解 先考虑 μ 的区间估计. 我们知道统计量 $U=\dfrac{\bar{x}-\mu}{\frac{\sigma}{\sqrt{n}}}$ 服从标准正态分布，即 $U=\dfrac{\bar{x}-\mu}{\frac{\sigma}{\sqrt{n}}}\sim N(0, 1)$. 给定置信水平 $1-\alpha$，在标准正态分布表中查得临界值 $u_{\frac{\alpha}{2}}$，使得

$$P\left\{\left|\frac{\bar{x}-\mu}{\sigma/\sqrt{n}}\right|\leqslant u_{\frac{\alpha}{2}}\right\}=1-\alpha,$$

即

$$P\left\{\bar{x}-u_{\frac{\alpha}{2}}\frac{\sigma}{\sqrt{n}}\leqslant\mu\leqslant\bar{x}+u_{\frac{\alpha}{2}}\frac{\sigma}{\sqrt{n}}\right\}=1-\alpha.$$

故 $\left[\bar{x}-u_{\frac{\alpha}{2}}\dfrac{\sigma}{\sqrt{n}}, \bar{x}+u_{\frac{\alpha}{2}}\dfrac{\sigma}{\sqrt{n}}\right]$ 为 μ 的置信水平为 $1-\alpha$ 的区间估计.

计算可知，若取 $\alpha = 0.05$，则 $1 - \alpha = 0.95$，查表 $u_{\frac{\alpha}{2}} = 1.96$，于是得到置信度为0.95 的置信区间为 $\left[\bar{x} - 1.96\frac{\sigma}{\sqrt{n}}, \bar{x} + 1.96\frac{\sigma}{\sqrt{n}}\right]$.

【例 8－37】 某工厂生产的轴承的直径服从正态分布，从某天的产品里抽取 7 个，测量得到直径如下(单位：mm)：

$$6.00, 6.89, 5.05, 6.97, 6.63, 6.14, 6.55.$$

已知该天产品直径的均方差为 0.05，请找出直径平均值的置信区间，其中 $\alpha = 0.05$.

解 所给样本的平均值为

$$\bar{x} = \frac{1}{7}(6.00 + 6.89 + 5.05 + 6.97 + 6.63 + 6.14 + 6.55) \approx 6.32.$$

故零件直径的置信区间为 $\left[6.32 - 1.96\frac{0.05}{\sqrt{7}}, 6.32 + 1.96\frac{0.05}{\sqrt{7}}\right]$，即[6.28，6.36].

8.7 假设检验

上一节我们介绍了参数的估计方法，但在处理实际问题中，只靠参数估计是不够的. 例如，进行区间估计时置信上限大于 0，而置信下限又小于 0，则不能断定哪个总体均值大. 为了解决类似问题，要求有新的方法，即假设检验.

假设检验问题的一般提法是：设总体 X 的分布函数为 $F(X;\theta)$，其中 θ 为未知参数. 假设 θ_0 为其真值，设 $H_0:\theta = \theta_0$，称其为原假设；与之对应的假设称为备择假设，记为 H_1，$H_1:\theta > \theta_0$ 或 $H_1:\theta < \theta_0$. H_0 也有其他提法，如 $H_0:\theta \geqslant \theta_0$，或 $H_0:\theta \leqslant \theta_0$.

小概率原理：小概率事件 $A[P(A) = \alpha \leqslant 0.01$ 或 $P(A) = \alpha \leqslant 0.05$ 等] 在一次试验中可以被推断为不会发生.

假设 H_0 成立，若可导出小概率事件发生，即与小概率原理矛盾，则可认为原假设 H_0 错误，应拒绝；否则可以接受. 但是做出这种决定可能会犯错误，因为小概率事件本来就有可能发生. 因此如果 H_0 成立，而做出拒绝 H_0 的结论，就有 α 的可能性犯错误，称为第一类错误，我们称其为弃真. 第二类错误被称为取伪，即 H_0 为假时被接受. 一般要保证 α 很小，即犯第一类错误的概率很小，不随意弃真，这是小概率原理可以办到的，但是做出这样的检验冒较大的取伪风险，要减少这一风险就要优选检验统计量，增大样本容量 n. 因检验统计量的观察值落在集合 W 而拒绝 H_0，称 W 为 H_0 的拒绝域，因检验统计量的观察值落在集合 W 外(记为 $\overline{W}$) 而接受 H_0，称 $\overline{W}$ 为接受域.

假设检验的一般步骤如下：

(1) 根据要求选 H_0，H_1；

(2) 给定检验显著性水平 α；

(3) 构造选择检验统计量；

(4) 确定拒绝域 W；

(5) 根据观察值做出判断.

8.7.1　总体方差 σ^2 已知，总体均值 μ 的检验问题

设 $X_1, X_2, \cdots, X_n$ 来自样本 $X \sim N(\mu, \sigma^2)$，σ^2 已知，对总体均值 μ 进行检验，显著性水平为 α. 统计量 $U = \dfrac{\bar{x} - \mu}{\frac{\sigma}{\sqrt{n}}}$ 服从标准正态分布，即 $U = \dfrac{\bar{x} - \mu}{\frac{\sigma}{\sqrt{n}}} \sim N(0, 1)$. 检验假设为：$H_0: \mu = \mu_0$，而 $H_1: \mu \neq \mu_0$. 由 $P\left\{\left|\dfrac{\bar{x} - \mu}{\sigma/\sqrt{n}}\right| > u_{1-\frac{\alpha}{2}}\right\} = \alpha$ 知，H_0 的拒绝域为

$$\left|\frac{\bar{x} - \mu}{\sigma/\sqrt{n}}\right| > u_{1-\frac{\alpha}{2}}.$$

称此检验法为 U 检验法.

【例 8－38】　某工厂生产一种电子元件，其使用寿命服从正态分布 $X \sim N(\mu, \sigma^2)$，$\sigma = 100$(单位：时)，按要求这种电子元件的使用寿命不少于 1 000 小时. 现从一批产品中随机抽取 36 只，测得寿命的平均值为 950 小时，请判断这批电子元件是否合乎要求($\alpha = 0.05$).

解　检验假设 $H_0: \mu = \mu_0$，即 $\mu_0 = 1\,000$，计算统计量

$$U = \frac{\bar{x} - \mu}{\frac{\sigma}{\sqrt{n}}} = \frac{950 - 1000}{\frac{100}{\sqrt{36}}} = -3.$$

查表得 $u_{1-\frac{\alpha}{2}} = 1.96$. 因为 $|U| > u_{1-\frac{\alpha}{2}}$，所以拒绝 H_0，即认为这批电子元件不达要求.

8.7.2　总体方差 σ^2 未知，总体均值 μ 的检验问题

检验统计量 $T = \dfrac{\overline{X} - \mu_0}{S/\sqrt{n}} \sim t(n-1)$，其中 $S^2 = \dfrac{1}{n-1}\sum\limits_{i=1}^{n}(X_i - \overline{X})^2$. $H_0: \mu = \mu_0$，由 $P\{|T| > t_{\frac{\alpha}{2}}(n-1)\} = \alpha$ 知，H_0 的拒绝域为

$$|T| > t_{\frac{\alpha}{2}}(n-1).$$

【例 8－39】　一般人的脉搏平均为 72 次 / 分. 现抽取 10 名运动员，测得脉搏(单位：次 / 分)分别为 54, 67, 68, 78, 70, 66, 67, 70, 65, 69. 设运动员的脉搏服从正态分布，请判断这些运动员的平均脉搏和一般人是否有显著不同($\alpha = 0.05$).

解　检验假设 $H_0: \mu = \mu_0 = 72$，总体方差未知，利用统计量 $T = \dfrac{\overline{X} - \mu_0}{S/\sqrt{n}}$. $\overline{X} = 67.4$，$S \approx 5.929\,2$，计算得 $|T| \approx \left|\dfrac{\overline{X} - \mu_0}{S/\sqrt{n}}\right| \approx 2.453\,4$. 查表得 $t_{\frac{\alpha}{2}}(n-1) = 2.262\,2$. 因为 $|T| = 2.4534 > 2.2622$，故而拒绝 H_0，即这些运动员的脉搏次数与一般人有显著差异.

8.7.3 当 μ 未知时，总体中 σ^2 的检验问题，显著水平为 α

$H_0:\sigma^2=\sigma_0^2$，检验统计量 $\chi^2=\frac{(n-1)S^2}{\sigma_0^2}\sim\chi^2(n-1)$，其中 $S^2=\frac{1}{n-1}\sum_{i=1}^{n}(X_i-\overline{X})^2$. 由于 S^2 是 σ^2 的无偏估计，当 H_0 为真时，$\frac{S^2}{\sigma_0^2}$ 应当在 1 附近摆动，不应过大于 1 或过小于 1，否则就应拒绝 H_0. 由

$$P\{\chi^2>\chi^2_{\frac{\alpha}{2}}(n-1)\}=\frac{\alpha}{2}\text{ 或 }P\{\chi^2<\chi^2_{1-\frac{\alpha}{2}}(n-1)\}=\frac{\alpha}{2},$$

得到 H_0 的拒绝域为

$$\chi^2>\chi^2_{\frac{\alpha}{2}}(n-1)\text{ 或 }\chi^2<\chi^2_{1-\frac{\alpha}{2}}(n-1).$$

本章小结

本章主要介绍概率论与数理统计的一些基本概念和应用.

在第一节中介绍了随机事件的基本概念，以及事件间的关系. 事件是概率论中的最基本的概念，事件的运算是第一节的基本内容，也是学习以后各节的基础，请初学者务必掌握.

第二节介绍了概率的定义，古典概型，条件概率，全概公式，贝叶斯公式，事件相互独立性的概念以及应用. 我们从频率的概念引出了概率的概念，接着给出了概率的公理化定义. 频率的概念是比较直观且容易理解的，从比较直观易懂的频率引出概率的概念，并归纳出概率的本质特征. 接下来我们讨论了古典概型，古典概型的讨论对于理解概率的基本定义是有帮助的. 条件概率是与独立性概念相关的定义，当事件之间不独立时，它将描述事件之间的某种联系. 当我们计算复杂事件的概率比较困难时，可以考虑化整为零的方法，即全概公式. 把一个复杂事件分成互不相容的简单事件的和，分别计算简单事件的概率再求和，即求得了复杂事件的概率. 而我们通常把贝叶斯公式称为逆概公式，即已经知道事件的结果去求引发结果的某个原因的概率. 最后我们介绍了两个事件的相互独立性.

第三节讨论了随机变量及其分布的一些内容. 首先介绍了随机变量的概念，接下来分别介绍了常见的离散型随机变量，连续型随机变量以及分布函数的定义. 随机变量可能取什么值，以及取相应值的概率是多少是由分布函数描述的，所以分布函数在概率论中有着重要的地位. 关于离散型随机变量我们介绍了两点分布和二项分布. 关于连续型随机变量我们介绍了均匀分布，指数分布和正态分布，其中正态分布是我们日常生活中最常见的分布，也是最重要的分布.

第四节讨论了随机变量的期望和方差. 数学期望表示随机变量的真正均值，而方差则表示随机变量与其均值的偏离程度. 数学期望和方差是随机变量的数字特征，数字特

征可以描述随机变量的一些特点. 很多重要随机变量可由一个或者两个数字特征确定下来，而且数学期望和方差的概率意义非常明确，性质良好.

第五节介绍了数理统计的基本概念，介绍了总体与样本的概念，统计量及其分布. 这些是数理统计的基本概念，希望读者能够了解这些基本的概念.

第六节介绍了参数估计中的点估计和区间估计. 在总体分布类型已知的前提下，如何就样本已提供的信息对总体分布中的未知参数做出估计，即参数估计需解决的问题. 点估计的目的是求出总体未知参数的估计量，常用方法是矩法和极大似然法. 区间估计是求出总体未知参数的一个估计区间，使其在估计区间内的概率尽可能大的方法.

第七节的假设检验是基于小概率原理提出的，在很多实际问题中，光靠参数估计是不够的，于是提出了假设检验. 根据要求选出原假设和备择假设，给定检验的显著性水平，构造选择检验统计量，确定拒绝域，根据观察值做出判断.

扩展阅读(1)——数学家简介

高　斯

高斯(1777—1855 年)，德国著名数学家、物理学家、天文学家. 高斯被认为是最重要的数学家，并拥有“数学王子”的美誉.

高斯是一对普通夫妇的儿子，他秉承了其父诚实、谨慎的性格以及母亲的聪明. 3 岁时便能够纠正父亲的借债账目，9 岁时用很短的时间计算出了小学老师布置的任务：对自然数从 1 到 100 的求和. 他所使用的方法是对 50 对构造成和的数列求和，即 $1+100$，$2+99$，$3+98$，…，$50+51$，得到结果 5050.

1792 年，15 岁的高斯进入布伦瑞克学院，开始对高等数学进行研究，期间独立发现了二项式定理的一般形式、数论上的二次互反律和质数分布定理. 1795 年，18 岁的高斯进入哥廷根大学，次年写出一个数学史上极重要的结果《正十七边形尺规作图之理论与方法》，解决了两千多年来悬而未决的难题. 他 21 岁大学毕业，22 岁时获博士学位. 在他漫长的一生中，他几乎在数学的每个领域都有开创性的工作. 高斯的数学研究几乎遍及所有领域，在数论、代数学、非欧几何、复变函数和微分几何等方面都做出了开创性的贡献.

高斯还把数学应用于天文学、大地测量学和磁学的研究中，发明了最小二乘法原理. 他十分注重数学的应用，并且在对天文学、大地测量学和磁学的研究中，也偏重于使用数学方法. 高斯开辟了许多新的数学领域，从最抽象的代数数论到内蕴几何学，都留下了他的足迹. 从研究风格、方法乃至所取得的具体成就方面，他都是 18 世纪科学界的中坚人物.

高斯不仅是数学家，还是那个时代最伟大的天文学家和物理学家之一. 在 1801 年的元旦，一位意大利天文学家观察到在白羊座附近有小行星移动，这颗现在被称作谷神星的小行星在天空出现了41天，扫过八度角之后，就没了踪影. 当时天文学家无法确定这颗新星是彗星还是行星，这个问题很快成了学术界关注的焦点. 高斯利用天文学家提供的观测资料，计算出了它的轨迹. 几个月以后，这颗最早发现迄今仍是最大的小行星准时出现在高斯指定的位置上. 自那以后，行星、大行星接二连三地被发现了. 在物理学方面高斯最引人注目的成就是和物理学家韦伯发明了有线电报，这使高斯的声望超出了学术圈而进入公众社会. 在他发表了《曲面论上的一般研究》之后大约1个世纪，爱因斯坦评论说:“高斯对于近代物理学的发展，尤其是对于相对论的数学基础所做的贡献，其重要性是超越一切、无与伦比的.”除此以外，高斯在力学、测地学、水工学、电动学、磁学和光学等方面均有杰出的贡献.

1804年，高斯被选为英国皇家学会会员. 从1807年到1855年逝世，他一直担任格丁根大学教授兼格丁根天文台长.

扩展阅读(2)——名家谈数学

丘成桐(1949—)，著名华裔数学家，哈佛大学终身教授，美国科学院院士，中国科学院外籍院士，俄罗斯科学院外籍院士，意大利科学院外籍院士. 数学界最高荣誉菲尔兹奖得主，获得有数学家终身成就奖之称的沃尔夫奖. 对于数学的学习，丘成桐先生有很多独到的见解——

第一，培养对学问的兴趣. 丘成桐看待数学就像一首抒情诗，称数学是“美丽的”王国. 解决数学难题，认为是一种享受，有很大的成就感. 他认为要多念一点书，多听一些课，但课本不够，跟老师交往还是很重要的. 丘成桐认为懂得越多，才知兴趣所在. 假如你决定要念数学，挑选了数学以后，你就得花全部工夫到数学上面去. 对数学有兴趣，在数学里你可以得到很大的乐趣，同时对你以后的成就也会有很大的影响. 同学们所学的学科，很多时候跟其他的学科关系很大，不要以为现在念的这门学科跟其他学科完全无关，其他的就不念了. 所以基本上大学所能提供的课程，年轻人都应该去学，不单要学，而且要尽量学好.

第二，打好基础. 你在大学里念的每一门课，跟以后的研究都有很大关系，即使是研究院里一两年的课，对以后的研究也是有很大好处的，所以应该尽量将基础打好. 因为我们能力有限，一个人不可能每门都懂，可是当一个题目来的时候，我们往往会产生很多的相关问题，这个题目并不是我们熟悉的领域，我们希望能够找文献或至少找个适当的做研究的人，问他们一碰到这个问题时要怎么解决. 所以一个好的科学家家跟差的科学家，往往取决于你问的问题有没有意思，是不是重要的问题. 只有后来成为一个专家的时候，才晓得你问的问题有没有意思.

第三，要多交流、讨论. 你自己遇到不懂的问题时去问懂的人，当然对你自己有好处. 反过来讲，你自己很懂，跟不懂的人解释自己懂的东西，也是一个很好的训练. 因为往往我们认为很懂的东西，在向别人解释时，才发现自己其实不是很懂. 向对方解释数学命题时，往往会发现本来以为对的解释原来是错的. 所以无论是你自己觉得自己学问不太好的，或是自己学问做得很好的，互相讨论对双方都有好处. 假如你看一本书时，你对一个人讲，甚至对一个黑板讲也可以. 对其他同学讲，不单有意思，而且同学往往会问你些问题，让你晓得你什么地方是没有搞清楚的，经过整个过程以后，你会晓得什么地方你懂，什么地方你不懂.

第四，学习要用功. 从前我大学毕业后，一天最少有十个多钟头在想数学，同学们并不一定要这样子，不过你至少要花一定工夫去钻研，这样才能做一个好的数学家. 你愿意花很多工夫，以后我想你一定会有收获.

习题 8

1. 设 100 只产品中有 5 只废品，现从中任取 15 只，求其中恰有 2 只废品的概率.

2. 一部五卷的选集，按任意顺序放到书架上，试求下列事件的概率：①第一卷及第五卷分别在两端；②第一卷及第五卷都不在两端.

3. 设 n 件产品中有 m 件次品，今从中任取 2 件，在已知有 1 件是次品的条件下，求另 1 件也是次品的概率.

4. 2 名同一水平的选手下棋，求其中 1 名选手在 4 局中获胜 2 局(假设没有和局)的概率是多少.

5. 设甲袋中有 a 只白球，b 只黑球，乙袋中有 α 只白球，β 只黑球. 先从甲袋中任取 2 球放入乙袋，然后在乙袋中任取 2 球，求从乙袋中取出 2 只白球的概率.

6. 根据以往的记录，某种诊断肝炎的试验有如下效果：对肝炎病人的试验呈阳性的概率为 0.95；非肝炎病人的试验呈阴性的概率为 0.95. 对自然人群进行普查的结果为有 0.5% 的人患有肝炎. 现有某人做此试验结果为阳性，求此人确有肝炎的概率为多少.

7. 设随机变量 X 的密度函数为 $f(x)=\begin{cases}\frac{1}{2}x, 0<x<2\\ 0, \text{其他}\end{cases}$，试求 X 的分布函数.

8. 设随机变量 K 服从均匀分布 $U[0, 6]$，求方程 $x^2+Kx+1=0$ 有实根的概率.

9. 设某机器生产的螺栓的长度 X 服从正态分布 $N(10.05, 0.06^2)$，规定 X 在范围 10.05 ± 0.12(单位：cm)内为合格品，求螺栓不合格的概率.

10. 已知随机变量 X 的概率分布为 $P\{X=k\}=\frac{1}{5}$，$k=1, 2, 3, 4, 5$，求 $E(X)$，$D(X)$.

11. 设随机变量的概率密度为 $p(x)=\frac{1}{2}\mathrm{e}^{-|x|}$，$-\infty<x<+\infty$，求 $E(X)$.

12. 设袋中有一批数量足够大的红色和黄色的球，它们的个数比是 3∶1，但是不知道是哪种颜色的球占$\frac{3}{4}$，哪种颜色的球占$\frac{1}{4}$. 若你从中任意抽取 5 个球，发现其中有 1 个绿色的球，问如何估计绿色的球在袋中所占的比例.

13. 今从一批零件中随机抽取10个，测量其直径尺寸与标准尺寸之间的偏差，分别为2，1，-2，5，3，4(单位：mm). 零件直径尺寸的偏差是一个随机变量，记作X，并设总体X服从 正态$N(\mu, \sigma^2)$. 已知该天产品尺寸的均方差为0.05，请找出平均值的置信区间，$\alpha = 0.05$.

14. 某班级在期末考试后随机抽查26名学生的成绩，平均分数$\overline{X} = 75.5$，样本方差$S^2 = 162$.请判断此次考试的标准差是否约为12(设学生成绩服从正态分布，显著性水平$\alpha = 0.05$).

附录1　参考答案

习题2

1.(1) 错；(2) 错；(3) 错；(4) 对；(5) 错.

2.(1)D；(2)B；(3)C；(4)D.

3.(1) $\frac{(x+1)^2}{4}$；　(2) $\left[-\frac{1}{2},\frac{1}{2}\right]$；

(3)2；　(4)3；

(5) $(-\infty,-2)$，$(-2,2)$，$(2,+\infty)$.

4.(1) 定义域：$(-2,+\infty)$　反函数：$y = e^{x-1} - 2$；

(2) 定义域：$\mathbf{R}$　反函数：$y = x^3 - 1$.

5.(1) 偶函数；　(2) 奇函数.

6.(1) 单调递增；　(2) 单调递减.

7.(1) $\frac{2\pi}{3}$；　(2) π.

8.(1) $y = \sqrt{1+\sin^2 x}$；　(2) $y = \lg(\sin x^2)$.

9.(1) 收敛；　(2) 收敛；　(3) 发散；　(4) 收敛.

10.(1) $\frac{1}{2}$；　(2)0；　(3) -1；　(4)12；

(5) $\frac{2}{3}$；　(6)1；　(7)0；　(8) ∞；

(9) $\frac{\sqrt{3}}{6}$；　(10) $\frac{1}{6}$；　(11) $\frac{2}{3}$；　(12)2；

(13) π；　(14) e^2；　(15) e^6；　(16) e^{-1}.

11. $a = 1$，$b = -2$.

12. 和 $1 - x^3$ 同阶但是不等价的无穷小量；和 $\frac{1}{2}(1-x^2)$ 是等价无穷小量.

13. $a = 0$.

14.(1) 间断点是 $x = -3$，其为第二类间断点中的无穷间断点；

(2) 间断点是 $x = 1$，其为第一类间断点中的可去间断点；

(3) 间断点是 $x = 0$，其为第一类间断点中的可去间断点；

(4) 间断点是 $x = 1$，其为第一类间断点中的跳跃间断点.

习题 3

1. B.　　2. C.

3. 连续、不可导.

5. (1) $2x+4$;　　(2) $\frac{1}{3}x^{-\frac{2}{3}}+\frac{2}{1+4x^2}$;

(3) $-\tan x$;　　(4) $e^x(\sin 2x+2\cos 2x)$;

(5) $-\frac{x\arcsin x}{\sqrt{1-x^2}}+1$;　　(6) $\sec\frac{x}{2}\left(\frac{1}{2}\tan\frac{x}{2}\tan 2x+2\sec^2 2x\right)$;

(7) $-e^{\cot x}\csc^2 x$;　　(8) $\frac{2}{(x+3)^2}$;

(9) $\frac{1}{\sqrt{x^2-1}}$;　　(10) $3^x e^{3x}(\ln 3+3)$.

*6. (1) $\frac{1}{3}\sqrt[3]{\frac{(x+1)(x^2+1)}{x+3}}\left(\frac{1}{x+1}+\frac{2x}{x^2+1}-\frac{1}{x+3}\right)$;

(2) $x^x(\ln x+1)$.

7. (1) -1;　　(2) $-\frac{1}{2}$.

8. 2^n.

9. $x+2y-2=0$.

10. (1) $(2x\ln x+x+3x^2)dx$;　　(2) $\left(\frac{1}{2\sqrt{x}}+\frac{1}{1+x^2}\right)dx$;

(3) $-\tan x\,dx$;　　(4) $e^x(\sin x+\cos x)dx$;

(5) $\frac{x^2+6x-1}{(x+3)^2}dx$;　　(6) $-\frac{4}{(e^x-e^{-x})^2}dx$;

(7) $-\frac{1}{\sqrt{x^2-1}}dx$;　　(8) $3^x x^2(x\ln 3+3)dx$.

11. $\Delta y=0.040\,4$; $dy=0.04$.

12. 4.020 83.

13. (1) 20.01π;　　(2) 20π.

14. $\frac{3}{2}$.

15. $-\frac{1}{2}$.

*17. 提示：令 $f(x)=e^x$.

18. (1) 32;　(2) -1;　(3) $\frac{1}{6}$;　(4) $-\frac{1}{8}$;　(5) 0;

(6) 1;　(7) 1;　(8) 0;　(9) $+\infty$;　(10) $\frac{1}{2}$.

*19.1.

*20.1.

21.(1) 单调递增区间：$(-\infty, -1]$，$[3, +\infty)$；单调递减区间：$[-1, 3]$；
极大值点：$x=-1$；极大值：$f(-1)=32$；
极小值点：$x=3$；极小值：$f(3)=0$.

(2) 单调递增区间：$(-\infty, -1]$，$[1, +\infty)$；单调递减区间：$[-1, 0)$，$(0, 1]$；
极大值点：$x=-1$；极大值：$f(-1)=-2$；
极小值点：$x=1$；极小值：$f(1)=2$.

23.(1) 最大值：$f(-1)=11$；最小值：$f(3)=-21$；

(2) 最小值：$f(-3)=27$；无最大值.

24.$a=\sqrt{a}\cdot\sqrt{a}$.

习题 4

1.(1) $\frac{2}{3}x^{\frac{3}{2}}+C$；　(2) $\frac{3}{7}x^{\frac{7}{3}}+C$；

(3) $\frac{1}{4}x^4-x^2+3x+C$；　(4) $\frac{1}{3}x^3+x^2+x+C$；

(5) $e^x+2\ln|x|+C$；　(6) $\tan x-\sec x+C$.

2.(1) $-\frac{1}{3}\sin(1-3x)+C$；　(2) $-\cos e^x+C$；

(3) $\ln|x+\cos x|+C$；　(4) $e^{x-3}+C$；

(5) $x-\arctan x+C$；　(6) $-\frac{1}{6}(3-2x)^3+C$；

(7) $-\frac{1}{2}e^{-x^2}+C$；　(8) $-\frac{1}{2}\cos x^2+C$；

(9) $2\sqrt{x}-2\ln(1+\sqrt{x})+C$；　(10) $\frac{1}{3}(1+x^2)^{\frac{3}{2}}-\sqrt{1+x^2}+C$；

(11) $2\arcsin\frac{x}{2}-\frac{x}{2}\sqrt{4-x^2}+C$；　(12) $\sqrt{2x}-\ln(1+\sqrt{2x})+C$.

3.(1) $\frac{1}{2}x^2\ln x-\frac{1}{4}x^2+C$；　(2) $\frac{1}{2}(x^2+1)\arctan x-\frac{1}{2}x+C$；

(3) $x\arccos x-\sqrt{1-x^2}+C$；　(4) $-x\cos x+\sin x+C$；

(5) $-e^{-x}(x+1)+C$.

4.略.

5.(1) $\frac{32}{5}$；　(2) $2e-1$；　(3) $\frac{14}{3}$；　(4) $\frac{\pi}{2}$；　(5) $\frac{\pi}{6}$；　(6) $1-\frac{\pi}{4}$.

6.(1) 1；　(2) $\frac{7}{72}$；　(3) $\ln(1+e^e)$；　(4) $2\ln 3$；　(5) $\frac{1}{2}$；

(6) $\frac{\pi}{2}$；　(7) $\frac{1}{3}$；　(8) $\sin 2 - \sin 1$.

7. (1) $2\ln 2 - 1$；　(2) $2\ln 2 - 1$；　(3) $\frac{1}{4}(1 + e^2)$；　(4) $\frac{1}{2}(e^{\frac{\pi}{2}} - 1)$.

*8. (1) 收敛；　(2) 收敛.

*9. (1) $\frac{1}{6}$；　(2) $\frac{32}{3}$.

*10. (1) $\frac{8\pi}{5}$；　(2) $\frac{4}{3}\pi a^2 b$.

习题 5

1. (1) $(3, -4, 2)$；(2) $(-3, -4, 2)$；(3) $(3, 4, -2)$；(4) $(-3, 4, -2)$.
2. $x + 2y - 3z - 2 = 0$.
3. (1) 图形为抛物面，如图 1 所示；　(2) 图形为马鞍面，如图 2 所示.

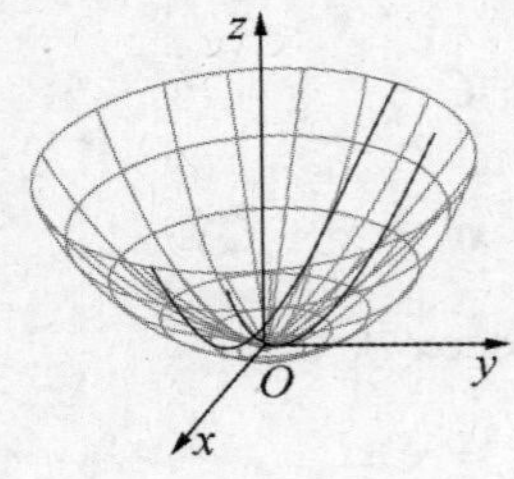

图 1

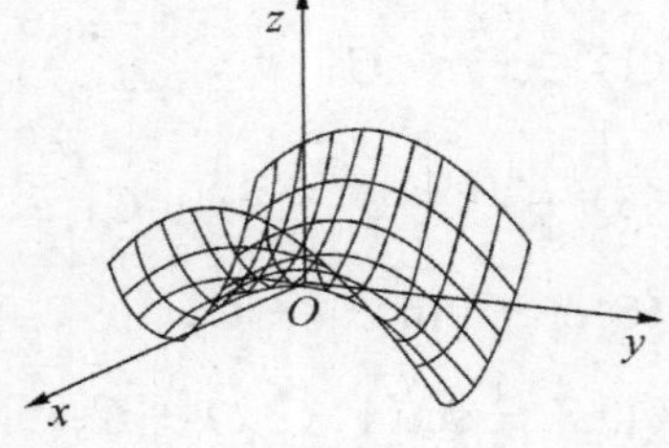

图 2

4. (1) $\{(x, y) \mid x > 0, y > 0$ 或者 $x < 0, y < 0\}$；(2) $\{(x, y) \mid x^2 + y^2 < 9\}$.
5. (1) $z'_x = y^2 + 1$, $z'_y = 2xy + 1$；　(2) $z'_x = \arctan y^2$, $z'_y = \frac{2xy}{1 + y^4}$；

   (3) $z'_x = y\cos xy + \sec^2(x - y)$, $z'_y = x\cos xy - \sec^2(x - y)$；

   (4) $z'_x = \frac{x^2 - y}{x(x^2 + y)}$, $z'_y = \frac{1}{x^2 + y}$.
6. (1) $dz = y^x \ln y dx + xy^{x-1} dy$；　(2) $dz = e^{x-y} dx - e^{x-y} dy$；

   (3) $dz = \cos x \cos y dx - \sin x \sin y dy$.
7. 极小值 $f(-1, 1) = 2$.
8. (1) $\frac{1}{24}$；　(2) $\frac{13}{6}$.

习题 6

1. (1) 一阶非线性；(2) 一阶线性；(3) 二阶非线性；(4) 二阶线性；(5) n 阶线性.
3. (1) $y' = xy$；　(2) $y' = x$.

4.(1)$2\ln|y|+y^2=x^2+C$； (2)$y=Ce^{\arctan x}$；

(3)$y^3=e^x+C$； (4)$\tan y=\sin x+C$.

5.(1)$e^x+e^{-y}=2$； (2)$y^2=2-\cos x$.

6.(1)$x\cos\dfrac{y}{x}=C$； (2)$x^2-2xy-y^2=C$；

(3)$x=Ce^{\frac{y}{x}}$； (4)$\dfrac{y^2}{x^2}=2\ln|x|+C$.

7.(1)$e^{-\frac{y}{x}}=ey$； (2)$y=e^{\frac{x}{y}-1}$.

8.(1)$y=\dfrac{1}{2}x^2\ln x-\dfrac{3}{4}x^2+C_1x+C_2$； (2)$y=\dfrac{1}{6}x^3+e^{-x}+C_1x+C_2$；

(3)$y=C_1\arcsin x+C_2$.

9.(1) 线性无关；(2) 线性相关；(3) 线性无关；(4) 线性相关；

(5) 线性无关；(6) 线性无关.

10.(1)$y=C_1e^{-x}+C_2e^{-4x}$； (2)$y=C_1+C_2e^{3x}$；

(3)$y=(C_1+C_2x)e^{5x}$； (4)$y=e^{-2x}(C_1\cos 3x+C_2\sin 3x)$；

(5)$y=C_1e^{-3x}+C_2e^{3x}$； (6)$y=C_1+C_2e^{4x}$.

11.(1)$y=4e^x+2e^{3x}$； (2)$y=(2+x)e^{-\frac{1}{2}x}$.

12.(1)$y=C_1e^{2x}+C_2e^{3x}+\dfrac{7}{6}$； (2)$y=C_1e^{-x}+C_2e^{\frac{1}{2}x}+e^x$；

(3)$y=C_1e^{2x}+C_2e^{3x}-\dfrac{1}{2}+(x^2+2x)e^{2x}$；

(4)$y=C_1e^{2x}+C_2e^{-2x}-\dfrac{1}{2}\left(x+\dfrac{1}{2}\right)$.

习题7

1.(1)$\begin{bmatrix}2&2&1\\4&4&2\\6&6&3\end{bmatrix}$； (2)6； (3)$\begin{pmatrix}6&0&5\\10&1&9\end{pmatrix}$；

(4)$\begin{bmatrix}-1&3&3&2\\-8&-1&9&-19\\-3&4&6&-1\end{bmatrix}$； (5)$\begin{pmatrix}1&0\\6&1\end{pmatrix}$.

2.$AB=\begin{pmatrix}3&0\\0&3\end{pmatrix}$；$BA=\begin{pmatrix}3&0\\0&3\end{pmatrix}$.

3.$3A-2B=\begin{bmatrix}0&5&4\\5&6&-7\\-7&10&1\end{bmatrix}$；$A^{\mathrm{T}}B=\begin{bmatrix}10&0&7\\11&-5&7\\6&-4&1\end{bmatrix}$；$AB^{\mathrm{T}}=\begin{bmatrix}7&8&4\\6&4&1\\-4&0&-5\end{bmatrix}$.

4. (1) $\frac{1}{3}\begin{pmatrix}-1 & 2\\ 2 & -1\end{pmatrix}$； (2) $\begin{pmatrix}\lambda_1^{-1} & & & \\ & \lambda_2^{-1} & & \\ & & \ddots & \\ & & & \lambda_n^{-1}\end{pmatrix}$； (3) $\frac{1}{40}\begin{pmatrix} & & 5\\ & 8 & \\ 20 & & \end{pmatrix}$；

(4) $\frac{1}{2}\begin{pmatrix}1 & 1 & 0\\ 0 & 1 & 1\\ 1 & 0 & 1\end{pmatrix}$； (5) $\frac{1}{2}\begin{pmatrix}2 & -1 & 0 & 0\\ 0 & 1 & 0 & 0\\ 0 & 0 & -1 & 2\\ 0 & 0 & 3 & -4\end{pmatrix}$.

5. (1) $R=2$； (2) $R=2$； (3) $R=4$； (4) $R=2$； (5) $R=3$.

6. (1) $ad-bc$； (2) 8； (3) $yz^2+xy^2+zx^2-yx^2-zy^2-xz^2$； (4) 0.

7. (1) -40； (2) 32； (3) -80； (4) -3.

8. $[y+(n-1)x](y-x)^{n-1}$.

9. (1) $\begin{cases}x_1=\frac{5}{3}c_1\\ x_2=-\frac{4}{3}c_1\\ x_3=0\\ x_4=c_1\end{cases}$（$c_1$ 为任意常数）； (2) $\begin{cases}x_1=0\\ x_2=0\\ x_3=0\end{cases}$.

10. (1) $\begin{cases}x_1=5\\ x_2=3\\ x_3=-2\end{cases}$； (2) $\begin{cases}x_1=\frac{1}{2}+c_1+c_2\\ x_2=c_1\\ x_3=\frac{1}{2}+2c_2\\ x_4=c_2\end{cases}$ （c_1，c_2 为任意常数）.

*11. 7； 14； 81.

*12. (1) $\sqrt{42}$； (2) $\sqrt{30}$； (3) $\sqrt{3}$； (4) $3\sqrt{6}$.

*13. (1) $\frac{\pi}{4}$； (2) $\frac{\pi}{2}$.

*14. (1) $f=(x,y,z)\begin{pmatrix}-1 & 2 & -5\\ 2 & 3 & -4\\ -5 & -4 & -4\end{pmatrix}\begin{pmatrix}x\\ y\\ z\end{pmatrix}$；

(2) $f=(x_1,x_2,x_3)\begin{pmatrix}0 & 0 & -3\\ 0 & 2 & 1\\ -3 & 1 & -3\end{pmatrix}\begin{pmatrix}x_1\\ x_2\\ x_3\end{pmatrix}$.

*15. (1) $f=y_1^2-2y_2^2+4y_3^2$，$C=\begin{pmatrix}1 & 2 & -3\\ 0 & 1 & -1\\ 0 & 0 & 1\end{pmatrix}$（$|C|=1\neq 0$）；

$$(2) f = z_1^2 - z_2^2 - z_3^2,\ C = \begin{pmatrix} 1 & 1 & 1 \\ 1 & -1 & 1 \\ 0 & 0 & 1 \end{pmatrix} (|C| = -2 \neq 0).$$

习题 8

1. 0.134 8　　2. 0.1；0.3　　3. $\dfrac{m-1}{2n-m-1}$　　4. $\dfrac{3}{8}$

5. $\dfrac{C_a^2}{C_{a+b}^2} \cdot \dfrac{C_{\alpha+2}^2}{C_{\alpha+\beta+2}^2} + \dfrac{C_a^1 C_b^1}{C_{a+b}^2} \cdot \dfrac{C_{\alpha+1}^2}{C_{\alpha+\beta+2}^2} + \dfrac{C_b^2}{C_{a+b}^2} \cdot \dfrac{C_\alpha^2}{C_{\alpha+\beta+2}^2}$　　6. 0.087

7. $F(x) = \begin{cases} 0, & x < 0 \\ \dfrac{1}{4}x^2, & 0 \leqslant x < 2 \\ 1, & x \geqslant 2 \end{cases}$

8. $\dfrac{2}{3}$　　9. 0.045 6　　10. 3，2　　11. 0

12. $\dfrac{1}{4}$　　13. (3.073 5，15.639 1)　　14. 是

附录 2　标准正态分布函数数值表

$$\Phi(x)=\int_{-\infty}^{x}\frac{1}{\sqrt{2\pi}}\mathrm{e}^{-\frac{t^2}{2}}\mathrm{d}t.$$

$$\Phi(-x)=1-\Phi(x).$$

x	0.00	0.01	0.02	0.03	0.04	0.05	0.06	0.07	0.08	0.09
0.0	0.500 0	0.504 0	0.508 0	0.512 0	0.516 0	0.519 9	0.523 9	0.527 9	0.531 9	0.535 9
0.1	0.539 8	0.543 8	0.547 8	0.551 7	0.555 7	0.559 6	0.563 6	0.567 5	0.571 4	0.575 3
0.2	0.579 3	0.583 2	0.587 1	0.591 0	0.594 8	0.598 7	0.602 6	0.606 4	0.610 3	0.614 1
0.3	0.617 9	0.621 7	0.625 5	0.629 3	0.633 1	0.636 8	0.640 6	0.644 3	0.648 0	0.651 7
0.4	0.655 4	0.659 1	0.662 8	0.666 4	0.670 0	0.673 6	0.677 2	0.680 8	0.684 4	0.687 9
0.5	0.691 5	0.695 0	0.698 5	0.701 9	0.705 4	0.708 8	0.712 3	0.715 7	0.719 0	0.722 4
0.6	0.725 7	0.729 1	0.732 4	0.735 7	0.738 9	0.742 2	0.745 4	0.748 6	0.751 7	0.754 9
0.7	0.758 0	0.761 1	0.764 2	0.767 3	0.770 3	0.773 4	0.776 4	0.779 4	0.782 3	0.785 2
0.8	0.788 1	0.791 0	0.793 9	0.796 7	0.799 5	0.802 3	0.805 1	0.807 8	0.810 6	0.813 3
0.9	0.815 9	0.818 6	0.821 2	0.823 8	0.826 4	0.828 9	0.831 5	0.834 0	0.836 5	0.838 9
1.0	0.841 3	0.843 8	0.846 1	0.848 5	0.850 8	0.853 1	0.855 4	0.857 7	0.859 9	0.862 1
1.1	0.864 3	0.866 5	0.868 6	0.870 8	0.872 9	0.874 9	0.877 0	0.879 0	0.881 0	0.883 0
1.2	0.884 9	0.886 9	0.888 8	0.890 7	0.892 5	0.894 4	0.896 2	0.898 0	0.899 7	0.901 5
1.3	0.903 2	0.904 9	0.906 6	0.908 2	0.909 9	0.911 5	0.913 1	0.914 7	0.916 2	0.917 7
1.4	0.919 2	0.920 7	0.922 2	0.923 6	0.925 1	0.926 5	0.927 8	0.929 2	0.930 6	0.931 9
1.5	0.933 2	0.934 5	0.935 7	0.937 0	0.938 2	0.939 4	0.940 6	0.941 8	0.943 0	0.944 1
1.6	0.945 2	0.946 3	0.947 4	0.948 4	0.949 5	0.950 5	0.951 5	0.952 5	0.953 5	0.954 5
1.7	0.955 4	0.956 4	0.957 3	0.958 2	0.959 1	0.959 9	0.960 8	0.961 6	0.962 5	0.963 3
1.8	0.964 1	0.964 8	0.965 6	0.966 4	0.967 1	0.967 8	0.968 6	0.969 3	0.970 0	0.970 6
1.9	0.971 3	0.971 9	0.972 6	0.973 2	0.973 8	0.974 4	0.975 0	0.975 6	0.976 2	0.976 7
2.0	0.977 2	0.977 8	0.978 3	0.978 8	0.979 3	0.979 8	0.980 3	0.980 8	0.981 2	0.981 7
2.1	0.982 1	0.982 6	0.983 0	0.983 4	0.983 8	0.984 2	0.984 6	0.985 0	0.985 4	0.985 7
2.2	0.986 1	0.986 4	0.986 8	0.987 1	0.987 4	0.987 8	0.988 1	0.988 4	0.988 7	0.989 0
2.3	0.989 3	0.989 6	0.989 8	0.990 1	0.990 4	0.990 6	0.990 9	0.991 1	0.991 3	0.991 6
2.4	0.991 8	0.992 0	0.992 2	0.992 5	0.992 7	0.992 9	0.993 1	0.993 2	0.993 4	0.993 6
2.5	0.993 8	0.994 0	0.994 1	0.994 3	0.994 5	0.994 6	0.994 8	0.994 9	0.995 1	0.995 2
2.6	0.995 3	0.995 5	0.995 6	0.995 7	0.995 9	0.996 0	0.996 1	0.996 2	0.996 3	0.996 4
2.7	0.996 5	0.996 6	0.996 7	0.996 8	0.996 9	0.997 0	0.997 1	0.997 2	0.997 3	0.997 4
2.8	0.997 4	0.997 5	0.997 6	0.997 7	0.997 7	0.997 8	0.997 9	0.997 9	0.998 0	0.998 1
2.9	0.998 1	0.998 2	0.998 2	0.998 3	0.998 4	0.998 4	0.998 5	0.998 5	0.998 6	0.998 6
3.0	0.998 7	0.999 0	0.999 3	0.999 5	0.999 7	0.999 8	0.999 8	0.999 9	0.999 9	1.000 0

参考文献

[1] 李文林. 数学史概论[M]. 北京：高等教育出版社，2002.

[2] 林寿. 文明之路——数学史演讲录[M]. 北京：科学出版社，2010.

[3] 张奠宙. 数学史选讲[M]. 上海：上海科技出版社，1998.

[4] 华东师范大学系. 数学分析[M]. 北京：高等教育出版社，1980.

[5] 张国楚，徐本顺. 大学文科数学[M]. 北京：高等教育出版社，2007.

[6] 柳重堪. 高等数学[M]. 北京：中央广播电视大学出版社，1994

[7] 同济大学数学系. 线性代数[M]. 北京：高等教育出版社，2007

[8] 同济大学应用数学系. 高等数学[M]. 北京：高等教育出版社，2007.

[9] 侯风波. 高等数学[M]. 北京：高等教育出版社，2003.

[10] 曹贤通. 线性代数[M]. 北京：高等教育出版社，2008.

[11] 曹贤通. 概率统计[M]. 郑州：黄河水利出版社，1999.

[12] 李贤平. 概率论基础[M]. 北京：高等教育出版社，1997.

[13] 佚名. 国际数学大师陈省身谈二十一世纪的数学[J]. 高等数学研究，2001，4(2):2-5.

[14] 汤彬如. 陈省身先生的数学哲学思想[J]. 南昌教育学院学报，2007，22(1)：5-8.

[15] 燕列雅，权豫西，李琪，等. 大学数学[M]. 西安：西安交通大学出版社，2007.

[16] 林群. 微积分快餐[M]. 北京：科学出版社，2009.

[17] 张景中. 直来直去的微积分[M]. 北京：科学出版社，2009.

[18] 华罗庚. 理论数学与应用[J]. 优选与管理科学，1985(3):3-7.

[19] 陈克艰. 苏步青教授谈中国现代数学[J]. 中国科技史杂志，1990(1):3-9.